内容详实·编排新颖·查询方便·资料充足

第一册

电工大手册

电工基础入门、操作、检测技能

图说帮　编著

中国水利水电出版社
www.waterpub.com.cn

·北京·

内容提要

本书是"电工大手册"系列的第一册，内容主要包括电工基础入门、操作、检测技能。

全书以国家职业资格标准为指导，结合行业培训规范，依托实用案例，全面、细致地介绍了电工基础知识，电工加工、操作及检测等综合技能。

本书共包括8个专业内容：电与磁、电子元器件、电气部件、电工操作安全与急救处理、电动机与变压器、电工工具和检测仪表、电气设备安装、电气检修。

另外，本书采用扫码互动的全新教学模式，在重要知识点的相关图文旁附印了二维码。读者只要**用手机扫描书中相关知识点的二维码**，即可在手机上实时观看对应的教学视频或数据资料，帮助读者轻松领会所学知识、有效提升学习效率。

本书内容全面，实用性强，讲解详尽、文字精练，图文并茂、易学易懂，非常适合电工从业人员学习、查询使用。

本书既适合从事电工电子技术研发、生产、安装、调试、改造与维护的技术人员使用，也可作为电工电子技术学习者和广大电工电子爱好者的实用工具书。

图书在版编目（ＣＩＰ）数据

电工大手册. 第一册，电工基础入门、操作、检测技能 / 图说帮编著. -- 北京 ： 中国水利水电出版社，2024.1（2024.3重印）
ISBN 978-7-5226-1790-9

Ⅰ．①电… Ⅱ．①图… Ⅲ．①电工-手册 Ⅳ．①TM-62

中国国家版本馆CIP数据核字（2023）第179122号

书　　　名	电工大手册（第一册）——电工基础入门、操作、检测技能 DIANGONG DA SHOUCE（DI-YI CE）—DIANGONG JICHU RUMEN, CAOZUO, JIANCE JINENG
作　　　者	图说帮 编著
出版发行	中国水利水电出版社 （北京市海淀区玉渊潭南路 1号 D座　100038） 网址：www.waterpub.com.cn E-mail: sales @waterpub.com.cn 电话：（010）62572966-2205/2266/2201（营销中心）
经　　　售	北京科水图书销售有限公司 电话：（010）68545874、63202643 全国各地新华书店和相关出版物销售网点
排　　　版	北京智博尚书文化传媒有限公司
印　　　刷	河北文福旺印刷有限公司
规　　　格	185mm×260mm　16开本　19.5印张　460千字
版　　　次	2024 年 1月第 1 版　　2024 年 3月第 2 次印刷
印　　　数	3001—8000册
定　　　价	89.80元

前言

"电工大手册"是由"图说帮"专业团队继"从零基础到实战"系列之后全新打造的

电工类"三超"力作！ ● 超新的理念！ ● 超全的内容！ ● 超赞的体验！

1 超新的理念！

◆ 本书打破了传统理念上的"手册"概念，将技能图书的培训特色与工具图书的查询优势相结合。

◆ 本书引入知识技能的"配餐"模式，将电工领域的专业知识和实用技能按照职业培训的理念重组架构，结合实际岗位需求，将电工的知识技能划分成以下3个专业领域：

第一册 电工基础入门、操作、检测技能

第二册 电工常用电路、接线、识读、应用案例

第三册 电气自动化控制、变频、PLC及触摸屏技术

3个专业领域的相关内容独立成册，搭配整合，用户如"配餐"一样，可以根据自身的需要，自由、灵活地搭配选择需要学习或查询的知识内容，让一本手册能够轻松满足不同电工爱好者、初学者和从业者的多重需求。

2 超全的内容！

本书的内容经过了大量的市场调研和资料整合汇总，将电工知识技能划分为3个专业领域，27个专业内容，超过370个实用案例，超过1920张图表演示，为读者提供最全面的电工行业储备知识。

3 超赞的体验！

分册学习、灵活搭配、自由选择，让学习更具针对性。

图文演示与图表查询完美搭配，使手册兼具培训和资料双重价值。

摒弃传统手册中晦涩的文字表述，用生动的图例展现；拒绝枯燥、死板的图表罗列，让具体案例引出拓展的数据资料，一切更好的呈现方式都是为了更好的学习效果。

将手机互联网的特点融入手册中，读者可以在关键的知识点或技能点附近看到相应的二维码，使用手机扫描二维码即可通过手机打开相应的微视频，微视频中的有声讲解和演示操作可以让读者获得绝佳的学习体验。

由于编者水平有限，编写时间仓促，书中难免存在一些疏漏，欢迎读者指正，也期待与您的技术交流。

图说帮

网址：http://www.taoo.cn

联系电话：022-83715667/13114807267

E-mail:chinadse@126.com

地址：天津市南开区榕苑路4号天发科技园8-1-401

邮编：300384

电工基础入门、操作、检测技能

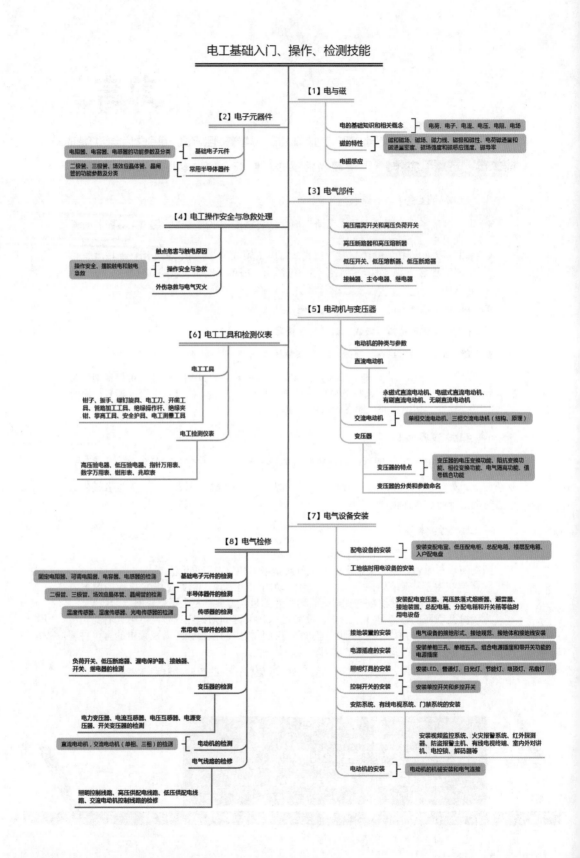

【1】电与磁
- 电的基础知识和相关概念 —— 电荷、电子、电流、电压、电阻、电场
- 磁的特性 —— 磁和磁场、磁场、磁力线、磁极和磁性、电荷磁通量和磁通量密度、磁场强度和磁感应强度、磁导率
- 电磁感应

【2】电子元器件
- 基础电子元件 —— 电阻器、电容器、电感器的功能参数及分类
- 常用半导体器件 —— 二极管、三极管、场效应晶体管、晶闸管的功能参数及分类

【3】电气部件
- 高压隔离开关和高压负荷开关
- 高压断路器和高压熔断器
- 低压开关、低压熔断器、低压断路器
- 接触器、主令电器、继电器

【4】电工操作安全与急救处理
- 触点危害与触电原因
- 操作安全与急救 —— 操作安全、摆脱触电和触电急救
- 外伤急救与电气灭火

【5】电动机与变压器
- 电动机的种类与参数
- 直流电动机 —— 永磁式直流电动机、电磁式直流电动机、有刷直流电动机、无刷直流电动机
- 交流电动机 —— 单相交流电动机、三相交流电动机（结构、原理）
- 变压器
  - 变压器的特点 —— 变压器的电压变换功能、阻抗变换功能、相位变换功能、电气隔离功能、信号耦合功能
  - 变压器的分类和参数命名

【6】电工工具和检测仪表
- 电工工具 —— 钳子、扳手、螺钉旋具、电工刀、开凿工具、管路加工工具、绝缘操作杆、绝缘夹钳、攀高工具、安全护具、电工测量工具
- 电工检测仪表 —— 高压验电器、低压验电器、指针万用表、数字万用表、钳形表、兆欧表

【7】电气设备安装
- 配电设备的安装 —— 安装变配电室、低压配电柜、总配电箱、楼层配电箱、入户配电盘
- 工地临时用电设备的安装 —— 安装配电变压器、高压跌落式熔断器、避雷器、接地装置、总配电箱、分配电箱和开关箱等临时用电设备
- 接地装置的安装 —— 电气设备的接地形式、接地规范、接地体和接地线安装
- 电源插座的安装 —— 安装单相三孔、单相五孔、组合电源插座和带开关功能的电源插座
- 照明灯具的安装 —— 安装LED、普通灯、日光灯、节能灯、吸顶灯、吊扇灯
- 控制开关的安装 —— 安装单控开关和多控开关
- 安防系统、有线电视系统、门禁系统的安装 —— 安装视频监控系统、火灾报警系统、红外探测器、防盗报警主机、有线电视终端、室内外对讲机、电控锁、解码器等
- 电动机的安装 —— 电动机的机械安装和电气连接

【8】电气检修
- 基础电子元件的检测 —— 固定电阻器、可调电阻器、电容器、电感器的检测
- 半导体器件的检测 —— 二极管、三极管、场效应晶体管、晶闸管的检测
- 传感器的检测 —— 温度传感器、湿度传感器、光电传感器的检测
- 常用电气部件的检测 —— 负荷开关、低压断路器、漏电保护器、接触器、开关、继电器的检测
- 变压器的检测 —— 电力变压器、电流互感器、电压互感器、电源变压器、开关变压器的检测
- 电动机的检测 —— 直流电动机、交流电动机（单相、三相）的检测
- 电气线路的检修 —— 照明控制线路、高压供配电线路、低压供配电线路、交流电动机控制线路的检修

电工
大手册（第一册）
电工基础入门、操作、检测技能

目录

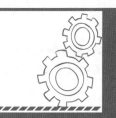

第1章

电与磁

1.1 电的特性

电是静止或移动的电荷所产生的物理现象。

1.1.1 电的基础知识

电具有同性相斥、异性相吸的特性。如图1-1所示，带正电的玻璃棒靠近带正电的软木球时，会相互排斥；带负电的橡胶棒靠近带正电的软木球时，会相互吸引。

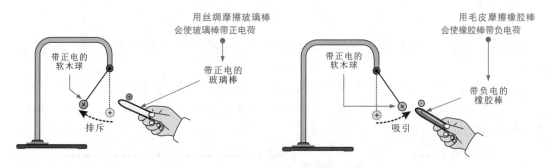

图1-1　电的特性示意图

> **补充说明**
>
> 当一个物体与另一个物体相互摩擦时，其中一个物体会失去电子而带正电荷，另一个物体会得到电子而带负电荷。这里所说的电是静电。带电物体所带电荷的数量称为电量，用 Q 表示。电量的单位是库仑（C）。1C相当于 $6.24146×10^{18}$ 个电子所带的电量。

1.1.2 电的相关概念

1 ▶ **电荷**

电荷是电子负荷的量。在电磁学里，电荷是物体的一种物理性质。一般称带有电荷的物质为"带电物质"。电荷分为两种，带正电的粒子称为"正电荷"（表示符号为"＋"），带负电的粒子称为"负电荷"（表示符号为"－"）。同种电荷相互排斥，异种电荷相互吸引。

2 >> 电子

电子是一种带电粒子，也是物质和原子的组成成分之一，其带有负电荷。

> 电荷和电子的区别：电荷为物体或构成物体的质点所带的具有正电或负电的粒子；电子是带负电的亚原子粒子。

3 >> 电流

电荷在电场力的作用下定向移动，形成电流。严格来说，电流是由自由电子的定向移动形成的。电流的方向为正电荷的移动方向（或负电荷移动的反方向），如图1-2所示。

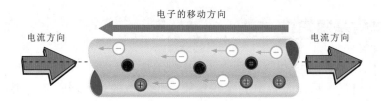

图1-2 电流方向

在导体的两端加上电压，导体内的电子就会在电场力的作用下做定向运动，形成电流。

图1-3所示为由电池、开关和灯泡组成的电路模型，当开关闭合时，电路形成通路，电池的电动势形成了电压，继而产生了电场力。在电场力的作用下，处于电场内的电子便会定向移动，这就形成了电流。

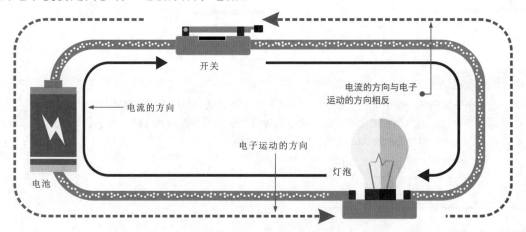

图1-3 由电池、开关和灯泡组成的电路模型

电流的大小称为电流强度，是指在单位时间内通过导体横截面的电荷量。电流强度用符号I或$i(t)$表示。

设在$\Delta t = t_2 - t_1$时间内，通过导体横截面的电荷量为$\Delta Q = Q_2 - Q_1$，则在Δt时间内的电

流强度可表示为

$$I = \frac{Q}{\Delta t}$$

式中，电流I的国际单位制单位为安培（A）；电荷量Q的国际单位制单位为库仑（C）；Δt为很小的时间间隔，国际单位制单位为秒（s）。

常用的电流单位有微安（μA）、毫安（mA）、安（A）、千安（kA）等，它们与安培的换算关系为

$$1\mu A = 10^{-6}A \qquad 1mA = 10^{-3}A \qquad 1kA = 10^{3}A$$

4 ▶ 电压

如图1-4所示，带正电体A和带负电体B之间存在电势差（类似水位差），只要用电线连接带正电体A和带负电体B，就会有电流流动，即从电势高的带正电体A向电势低的带负电体B有电流流动。也就是说，由电引起的压力使原子内的电子移动形成电流，即使电流流动的压力就是电压。

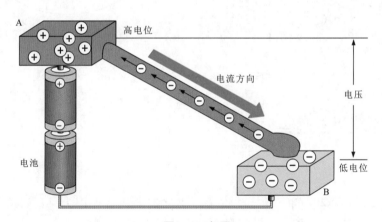

图1-4 电压

因此规定，电压是指电路中带正电体A与带负电体B之间的电势差（简称电压），其大小等于单位正电荷因受电场力的作用从带正电体A移动到带负电体B所做的功，电压的方向规定为从高电位指向低电位的方向。

电压的国际单位制单位为伏特（V），常用的电压单位还有微伏（μV）、毫伏（mV）、千伏（kV）等，它们与伏特的换算关系为

$$1\mu V = 10^{-6}V \qquad 1mV = 10^{-3}V \qquad 1kV = 10^{3}V$$

5 ▶ 电阻

电阻即物质对电流的阻碍能力。电阻将会导致电子流通量的变化，电阻越小，电子流通量越大，反之亦然。

6 ▶ 电场

电场是指正电荷或负电荷周围产生电作用的区域。

1.2 磁的特性

磁是指某些物质能吸引铁、镍等金属的性能。

1.2.1 磁和磁场

任何物质都具有磁性，只是有的物质磁性强，有的物质磁性弱；任何空间都存在磁场，只是有的空间磁场强度强，有的空间磁场强度弱。

图1-5所示为磁和磁场的特性。

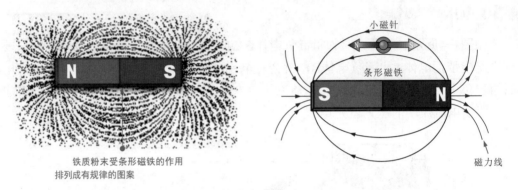

铁质粉末受条形磁铁的作用
排列成有规律的图案

图1-5 磁和磁场的特性

1.2.2 磁的相关概念

1 磁场

磁场是磁体周围存在的一种特殊物质。磁体间的相互作用力是通过磁场传送的。在线圈、电动机、电磁铁和磁头的磁隙附近都存在较强的磁场。

磁场具有方向性，可将自由转动的小磁针放在磁场中的某一点，小磁针N极所指的方向为该点的磁场方向，也可使用指南针确定磁场的方向。

2 磁力线

磁力线是为了理解方便而假想的，即从磁体的N极出发经过空间到磁体的S极，在磁体内部从S极又回到N极，形成一个封闭的环。磁力线的方向就是磁体N极所指的方向。

3 磁极和磁性

磁铁能吸引铁、钴、镍等物质的性质称为磁性。具有磁性的物体称为磁体。磁体上磁性最强的部分称为磁极。两个磁极之间相互作用，同性磁极相互排斥，异性磁极相互吸引。当一棒状磁体处于自由状态时，总是倾向于指向地球的南极或北极。指向北极的称为北极，又称N极；指向南极的称为南极，又称S极。

4 电荷磁通量和磁通量密度

穿过磁场中某一个截面的磁力线的条数称为穿过这个面的磁通量，用Φ表示，单位为韦伯（Wb），简称韦。垂直穿过单位面积的磁力线条数，称为磁通量密度，又称磁感应强度，用B表示，单位为特斯拉（T），简称特。

5 磁场强度和磁感应强度

磁场强度和磁感应强度均为表征磁场性质（即磁场强弱和方向）的两个物理量。由于磁场是电流或运动电荷引起的，而磁介质（除超导体以外不存在磁绝缘的概念，故一切物质均为磁介质）在磁场中发生的磁化对源磁场也有影响（场的叠加原理）。因此，磁场的强弱可以用两种方法表示：在充满均匀磁介质的情况下，若包括介质因磁化而产生的磁场在内时，则磁场的强弱用磁感应强度B表示，其单位为特斯拉（T），是一个基本物理量；若单独由电流或运动电荷所引起的磁场（不包括介质因磁化而产生的磁场时），则磁场的强弱用磁场强度H表示，其单位为安培每米（A/m），是一个辅助物理量。

磁感应强度是一个矢量，它的方向为该点的磁场方向。匀强磁场中各点的磁感应强度大小和方向均相同。用磁感线可形象地描述磁感应强度B的大小，磁感应强度B较大的地方，磁场较强，磁力线较密；磁感应强度B较小的地方，磁场较弱，磁力线较稀；磁力线的切线方向为该点磁感应强度B的方向。

6 磁导率

磁感应强度B与磁场强度H的比值称为磁导率，用μ表示（$\mu=B/H$），其单位为亨利每米（H/m）。

空气的磁导率$\mu=1$。高磁导率的材料，如坡莫合金和铁氧体等材料的磁导率可达几千至几万亨利每米，是磁导率很高的材料，常用来制作磁头的磁芯。

1.3　电磁感应

电能生磁，磁能生电。电流与磁场可以通过某种方式互换，即电流感应出磁场或磁场感应出电流。

1.3.1　电流感应出磁场

电流感应出磁场的示意图如图1-6所示。

如果一条直的金属导线通过电流，那么在导线周围的空间将产生圆形磁场。导线中流过的电流越大，产生的磁场越强。磁场呈圆形，围绕导线周围，如图1-6（a）所示。

通电的螺线管也会产生磁场，其磁场的方向如图1-6（b）所示。在螺线管外部的磁场形状和一根条形磁铁产生的磁场形状是相同的，判别磁场的方向也遵循右手定则。

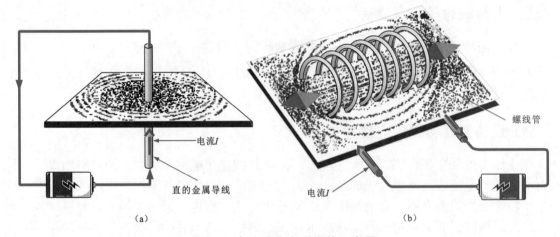

图1-6 电流感应出磁场的示意图

图1-7所示为右手定则示意图。

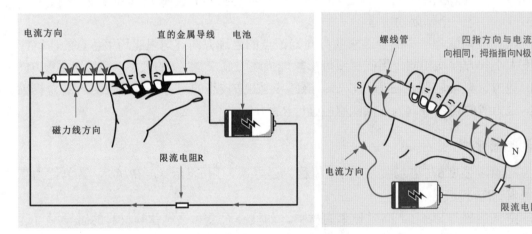

图1-7 右手定则示意图

（1）直的金属导线：用右手握住导线，让伸直的大拇指所指的方向与电流的方向一致，那么弯曲的四指所指的方向是磁力线的环绕方向。

（2）螺线管：让右手弯曲的四指和环形电流的方向一致，那么伸直的大拇指所指的方向就是环形电流中心轴线上磁力线（磁场）的方向。

1.3.2 磁场感应出电流

磁场感应出电流的示意图如图1-8所示。把一个螺线管两端接上检测电流的检流计，在螺线管内部放置一根磁铁。

当把磁铁很快地抽出螺线管时，可以看到检流计指针发生了偏转，而且磁铁抽出的速度越快，检流计指针的偏转程度越大。

同样，如果把磁铁插入螺线管，则检流计也会发生偏转，但是偏转的方向与抽出时相反，检流计指针偏转，表明螺线管内有电流。

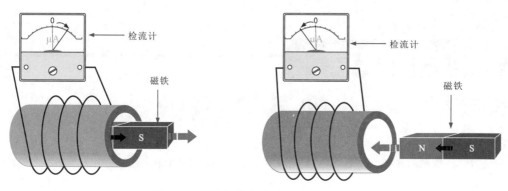

图1-8　磁场感应出电流的示意图

图1-9所示为电磁感应实验。当闭合回路中一部分导体在磁场中做切割磁力线运动时，回路中有电流产生；当穿过闭合线圈的磁通发生变化时，线圈中有电流产生。这种由磁产生电的现象，称为电磁感应现象。

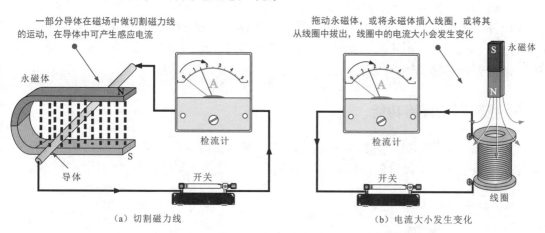

（a）切割磁力线　　　　　　　　　　（b）电流大小发生变化

图1-9　电磁感应实验

图1-10所示为感应电流方向的判断方法。感应电流的方向与导体切割磁力线的运动方向和磁场方向有关，即当闭合回路中一部分导体做切割磁力线运动时，所产生的感应电流的方向可用右手定则来判断。

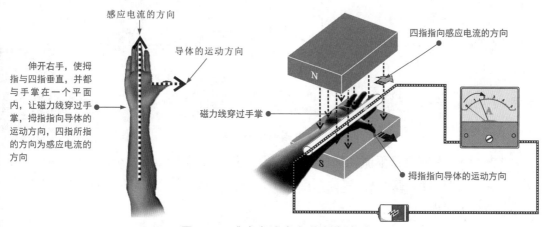

图1-10　感应电流方向的判断方法

第2章
电子元器件

2.1 电阻器的功能参数

2.1.1 电阻器的功能特点

电阻器在电路中主要用来调节、稳定电流和电压，可作为分流器、分压器，也可作为电路的匹配负载，在电路中可用于放大电路的负反馈或正反馈电压/电流转换，输入过载时的电压或电流保护元件又可组成RC电路，作为振荡、滤波、微分、积分及时间常数元器件等。

1▶▶ 电阻器的限流功能

阻碍电流的流动是电阻器最基本的功能。根据欧姆定律，当电阻器两端的电压固定时，电阻值越大，流过的电流越小，因而电阻器常用作限流器件，如图2-1所示。

电阻器阻值较小时，对电流的阻碍作用较小，流过灯泡的电流较大，灯泡较亮

电阻器阻值较大时，对电流的阻碍作用较大，流过灯泡的电流较小，灯泡较暗

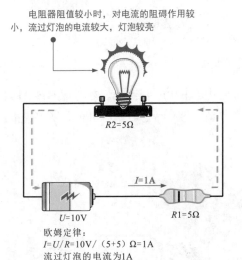

$R2=5\Omega$

$I=1A$

$R1=5\Omega$

$U=10V$

欧姆定律：
$I=U/R=10V/(5+5)\Omega=1A$
流过灯泡的电流为1A

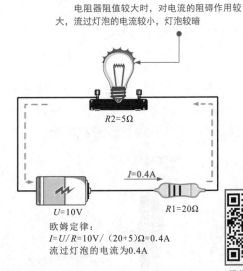

$R2=5\Omega$

$I=0.4A$

$R1=20\Omega$

$U=10V$

欧姆定律：
$I=U/R=10V/(20+5)\Omega=0.4A$
流过灯泡的电流为0.4A

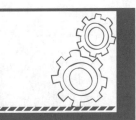

视频：电阻器的
降压特性

图2-1 电阻器的限流功能

图2-2所示为电阻器限流功能的实际应用。鱼缸加热器仅需很小的电流，适度加热即可满足鱼缸水温的加热需求。在电路中设置一个较大的电阻器，即可将加热器的电流控制为小电流。

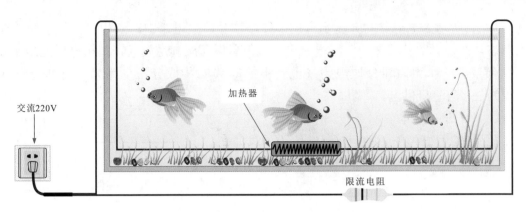

图2-2　电阻器限流功能的实际应用

2 >> 电阻器的降压功能

电阻器的降压功能是通过自身的阻值产生一定的压降，将送入的电压降低后再为其他部件供电，以满足电路中低压的供电需求，如图2-3所示。

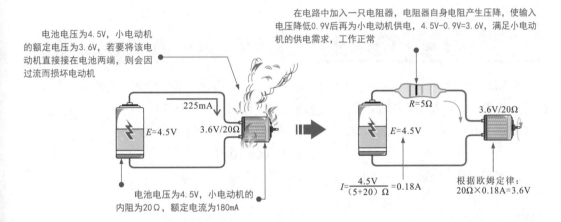

图2-3　电阻器的降压功能

3 >> 电阻器的分流与分压功能

采用两个或两个以上的电阻器并联接在电路中，即可将送入的电流分流，电阻器之间分别为不同的分流点，如图2-4所示。

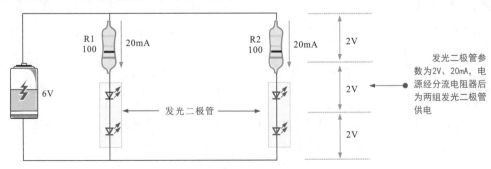

图2-4　电阻器的分流功能

图2-5所示为电阻器的分压示意图。在小信号放大电路中，三极管要处于线性放大状态，静态时的基极电流、集电极电流及偏置电压应满足要求，基极电压为2.8V，为此要设置一个电阻器分压电路（电路中的R1和R2构成分压电路），将9V分压成2.8V为三极管基极供电。

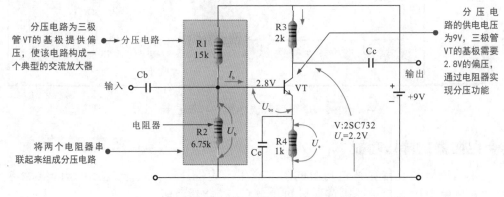

图2-5　电阻器的分压示意图

2.1.2 | 电阻器的主要参数

电阻器用R表示，单位为欧姆，用Ω表示。规定电阻两端加1V（伏特）电压，通过它的电流为1A（安培）时，该电阻的阻值为1欧姆（记为1Ω）。在实际的应用中，还有千欧（kΩ）单位和兆欧（MΩ）单位，它们之间的换算关系为

$$1M\Omega=10^3k\Omega=10^6\Omega$$

电阻器的主要参数有标称阻值、允许偏差及额定功率等。

1 》标称阻值

标称阻值是指电阻体表面上标示的电阻值（对于热敏电阻器，则指25℃时的阻值）。电阻的标称阻值不是随意选定的。为了便于工业上大量生产和使用，国家标准规定了系列标称阻值。

2 》允许偏差

允许偏差是指电阻的实际阻值对于标称阻值所允许的最大偏差范围，它标志着电阻的阻值精度。

3 》额定功率

额定功率是指电阻在直流或交流电路中，当在一定大气压力下（87～107kPa）和在产品标准中规定的温度下（-55～125℃），长期连续工作所允许承受的最大功率。

2.1.3 电阻器的命名及标识方法

1 电阻器的命名

如图2-6所示，根据国家标准规定，固定电阻器型号命名由四个部分构成（不适用敏感电阻）。

图2-6 固定电阻器型号命名格式

> **补充说明**
>
> 第一部分：产品名称，用字母表示，表示产品的名称。例如，R表示电阻，W表示电位器。
> 第二部分：材料，用字母表示，表示电阻体用什么材料制成。例如，R—普通、T—碳膜、H—合成碳膜、S—有机实心、N—无机实心、J—金属膜、Y—氧化膜、C—沉积膜、I—玻璃釉膜、X—线绕、F—复合膜。
> 第三部分：类型，一般用数字表示，个别类型用字母表示，表示产品属于什么类型。例如，1—普通、2—普通或普燃、3—超高频、4—高阻、5—高温、6—高湿、7—精密、8—高压、9—特殊、G—高功率、T—可调、C—防潮、L—测量、X—小型、B—不燃性。
> 第四部分：序号，用数字表示，表示同类产品中的不同品种，以区分产品的外形尺寸和性能指标等。
> 例如：RTG6表示的是6号高功率碳膜固定电阻。

2 电阻器的直标法

电阻器的直标法就是将电阻器的类别、标称阻值、允许偏差、额定功率及其他主要参数的数值等直接标识在电阻器外表面上，如图2-7所示。

图2-7 电阻器的直标法

> **补充说明**
>
> 其中，标称阻值的单位符号有R、K、M、G、T，各自表示的意义如下：
> $R=\Omega$　　$K=k\Omega=10^3\Omega$　　$M=M\Omega=10^6\Omega$　　$G=G\Omega=10^9\Omega$　　$T=T\Omega=10^{12}\Omega$
> 在电阻上标注单位符号时，单位符号代替小数点进行描述。例如：
> 0.68Ω的标称阻值，在电阻外壳表面上标成"R68"；
> 3.6Ω的标称阻值，在电阻外壳表面上标成"3R6"；
> $3.6k\Omega$的标称阻值，在电阻外壳表面上标成"3K6"；
> $3.32G\Omega$的标称阻值，在电阻外壳表面上标成"3G32"。

允许偏差用字母或数字表示，表示电阻实际阻值与标称阻值之间允许的最大偏差范围。其符号表示的含义见表2-1。

表2-1 电阻允许偏差的符号及含义对照表

符号	含义	符号	含义
Y	±0.001%	D	±0.5%
X	±0.002%	F	±1%
E	±0.005%	G	±2%
L	±0.01%	J	±5%
P	±0.02%	K	±10%
W	±0.05%	M	±20%
B	±0.1%	N	±30%
C	±0.25%		

图2-7中的电阻标识为"RSF-3 6K8J"，由前面所述可知，其中，"R"表示普通电阻；"S"表示有机实心电阻；"F"表示复合膜电阻；"3"表示超高频电阻；序号省略未标；"6K8"表示阻值大小；"J"表示允许偏差±5%。因此，该阻值的标识为：超高频、有机实心复合膜电阻，大小为$6.8 \times (1 \pm 5\%)$ kΩ。通常，电阻器的直标采用的是简略方式，也就是说，只标识出重要的信息，而不是所有的都被标识出来。

3 >> 电阻器的色标法

如图2-8所示，电阻器的色标法是将电阻器的参数用不同颜色的色带或色点标示在电阻体表面上的标识方法。常见的电阻器色标法有四环标注法和五环标注法。

当电阻用四环标注法标识时，第4条色环必为金色或银色，前两条色环表示有效数字，第3条色环表示倍乘数，第4条色环表示允许偏差。

当电阻用五环标注法标识时，第5条色环与前面4条色环距离较大，前3条色环表示有效数字，第4条色环表示倍乘数，第5条色环表示允许偏差。

电阻上不同颜色的色环代表的意义不同，相同颜色的色环排列在不同位置上的意义也不同。

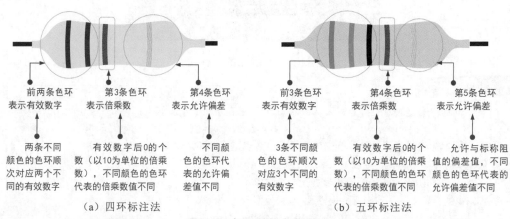

前两条色环 第3条色环 第4条色环
表示有效数字 表示倍乘数 表示允许偏差

前3条色环 第4条色环 第5条色环
表示有效数字 表示倍乘数 表示允许偏差

两条不同颜色的色环顺次对应两个不同的有效数字

有效数字后0的个数（以10为单位的倍乘数），不同颜色的色环代表的倍乘数值不同

不同颜色的色环代表的允许偏差值不同

3条不同颜色的色环顺次对应3个不同的有效数字

有效数字后0的个数（以10为单位的倍乘数），不同颜色的色环代表的倍乘数值不同

允许与标称阻值的偏差值，不同颜色的色环代表的允许偏差值不同

（a）四环标注法　　　　　　　　　　（b）五环标注法

图2-8 电阻器的色标法

图2-9所示为电阻器色环标识的识读。

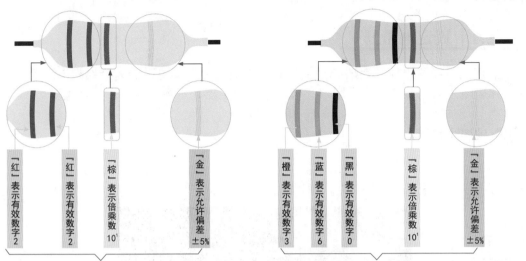

该阻值标注为22Ω×10¹×(1±5%)=220Ω×(1±5%)

（a）四环标识的识读

该阻值标注为360Ω×10¹×(1±5%)=3600Ω×(1±5%)=3.6kΩ×(1±5%)

（b）五环标识的识读

图2-9　电阻器色环标识的识读

补充说明

　　电阻器的色环标注主要是以不同的颜色来表示的，不同颜色代表不同的有效数字和倍乘数。不同位置的色环颜色所表示的含义见表2-2。

表2-2　不同位置的色环颜色所表示的含义

色环颜色	色环所处的排列位			色环颜色	色环所处的排列位		
	有效数字	倍乘数	允许偏差		有效数字	倍乘数	允许偏差
银色	—	10^{-2}	±10%	绿色	5	10^5	±0.5%
金色	—	10^{-1}	±5%	蓝色	6	10^6	±0.25%
黑色	0	10^0	—	紫色	7	10^7	±0.1%
棕色	1	10^1	±1%	灰色	8	10^8	—
红色	2	10^2	±2%	白色	9	10^9	±20%
橙色	3	10^3	—	无色	—	—	—
黄色	4	10^4	—				

图2-10所示为色环电阻器色环起始端的识读方法。

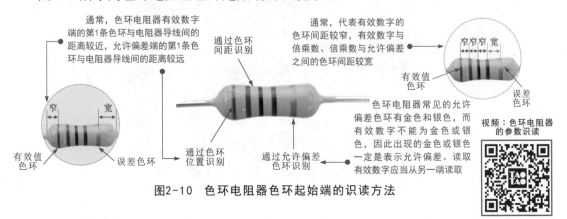

通常，色环电阻器有效数字端的第1条色环与电阻器导线间的距离较近，允许偏差端的第1条色环与电阻器导线间的距离较远

通过色环间距识别

通过色环位置识别

通过允许偏差色环识别

有效值色环

误差色环

通常，代表有效数字的色环间距较窄，有效数字与倍乘数、倍乘数与允许偏差之间的色环间距较宽

窄窄窄 宽

有效值色环

误差色环

色环电阻器常见的允许偏差色环有金色和银色，而有效数字不能为金色或银色，因此出现的金色或银色一定是表示允许偏差。读取有效数字应当从另一端读取

视频：色环电阻器的参数识读

图2-10　色环电阻器色环起始端的识读方法

2.2 电阻器的分类

2.2.1 固定电阻器

固定电阻器为阻值固定的一类电阻器，主要包括碳膜电阻器、金属膜电阻器、金属氧化膜电阻器、合成碳膜电阻器、玻璃釉膜电阻器、水泥电阻器和熔断器等。

1 碳膜电阻器

图2-11所示为典型的碳膜电阻器。碳膜电阻器是将碳在真空高温条件下分解的结晶碳蒸镀沉积在陶瓷骨架上制成的。这种电阻器电压稳定性好，造价低，额定功率较小。

视频：电阻器的
种类特点

电路符号

碳膜电阻器

碳膜电阻器多用色环法标注阻值

字母标志：R

图2-11　典型的碳膜电阻器

2 金属膜电阻器

图2-12所示为典型的金属膜电阻器。金属膜电阻器是用真空蒸镀、化学沉积或高温分解等方法将合金材料沉积在陶瓷骨架表面制成的电阻器。这种电阻器具有耐高温、温度系数小、热稳定性好、噪声小和精度高等特点。

金属膜电阻器

电路符号

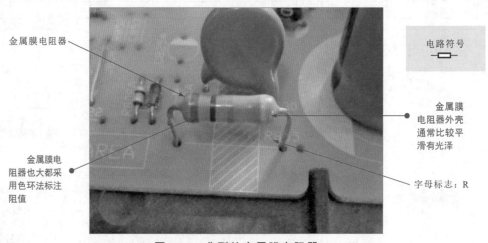

金属膜电阻器也大都采用色环法标注阻值

金属膜电阻器外壳通常比较平滑有光泽

字母标志：R

图2-12　典型的金属膜电阻器

3 >> 金属氧化膜电阻器

图2-13所示为典型的金属氧化膜电阻器。金属氧化膜电阻器是将锡和锑的金属盐溶液进行高温喷雾沉积在陶瓷骨架上制成的电阻器。这种电阻器具有抗氧化、耐酸、抗高温和成本低等特点。

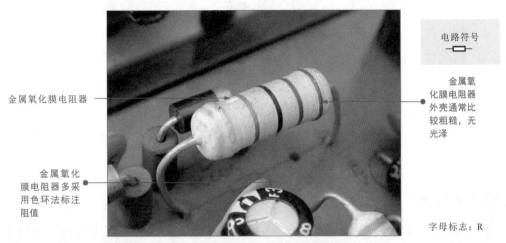

电路符号

金属氧化膜电阻器

金属氧化膜电阻器外壳通常比较粗糙，无光泽

金属氧化膜电阻器多采用色环法标注阻值

字母标志：R

图2-13 典型的金属氧化膜电阻器

4 >> 合成碳膜电阻器

图2-14所示为典型的合成碳膜电阻器。合成碳膜电阻器是将炭黑、填料以及一些有机黏合剂调配成悬浮液，喷涂在绝缘骨架上，再进行加热聚合而成的电阻器。这种电阻器是一种高压、高阻的电阻器。

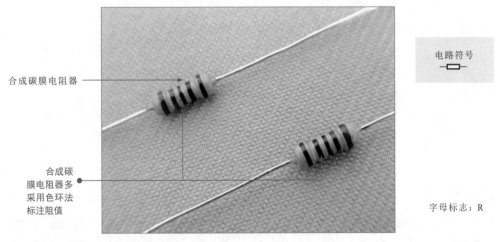

电路符号

合成碳膜电阻器

合成碳膜电阻器多采用色环法标注阻值

字母标志：R

图2-14 典型的合成碳膜电阻器

5 >> 玻璃釉膜电阻器

图2-15所示为典型的玻璃釉膜电阻器。玻璃釉膜电阻器是将银、铑、钉等金属氧化物和玻璃釉黏合剂调配成浆料，喷涂在绝缘骨架上，再进行高温聚合而成的电阻器。

这种电阻器具有耐高温、耐潮湿、稳定、噪声小和阻值范围大等特点。

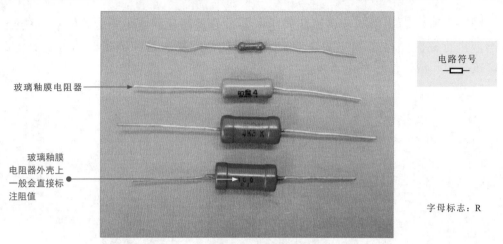

玻璃釉膜电阻器

玻璃釉膜
电阻器外壳上
一般会直接标
注阻值

电路符号

字母标志：R

图2-15 典型的玻璃釉膜电阻器

6 >> 水泥电阻器

图2-16所示为典型的水泥电阻器。水泥电阻器是一种将电阻丝用陶瓷绝缘材料进行包封制成的电阻器。这种电阻器具有绝缘性能良好和功率大等特点。

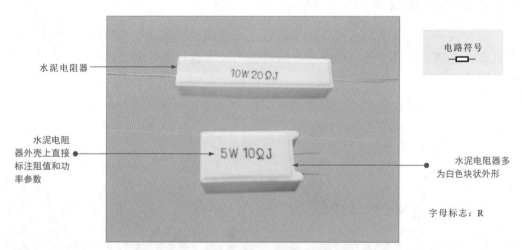

水泥电阻器

水泥电阻
器外壳上直接
标注阻值和功
率参数

10W 20ΩJ

5W 10ΩJ

电路符号

水泥电阻器多
为白色块状外形

字母标志：R

图2-16 典型的水泥电阻器

补充说明

水泥电阻器电阻丝同焊脚引线之间采用压接方式，当负载短路时，电阻丝与焊脚引线之间的压接处会迅速熔断，起到一定的保护作用。

7 >> 熔断器

图2-17所示为典型的熔断器。熔断器又称为保险丝，是一种阻值接近0的电阻器，多用于保证电路安全运行。

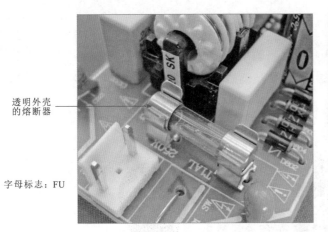

透明外壳
的熔断器

字母标志：FU

不透明外壳的熔断器　　熔断器内的熔丝

电路符号

图2-17　典型的熔断器

2.2.2 | 可变电阻器

可变电阻器是指阻值可以变化的电阻器，通常分为两种：一种是可调电阻器，这种电阻器的阻值可以根据需要人为调整；另一种是敏感电阻器，这种电阻器的阻值会随着周围环境的变化而变化。常见的电阻器主要有可调电阻器、热敏电阻器、光敏电阻器、湿敏电阻器、压敏电阻器和气敏电阻器等。

1 >> 可调电阻器

图2-18所示为典型的可调电阻器。可调电阻器通常又称为电位器，其阻值可以人为调整，在一定范围内进行变化。

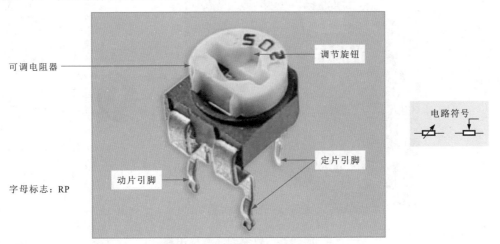

可调电阻器

调节旋钮

电路符号

定片引脚

动片引脚

字母标志：RP

图2-18　典型的可调电阻器

> **补充说明**
>
> 　　可调电阻器一般有三个引脚，其中有两个定片引脚和一个动片引脚，还有一个调节旋钮，可以通过调节旋钮改变动片，从而改变可变电阻器的阻值。可调电阻器常用在电阻值需要调整的电路中，如电视机的亮度调节器件或收音机的音量调节器件等。

2 ▶ 热敏电阻器

图2-19所示为典型的热敏电阻器。热敏电阻器是一种阻值会随温度的变化而自动发生变化的电阻器，有正温度系数（PTC）热敏电阻器和负温度系数（NTC）热敏电阻器两种。

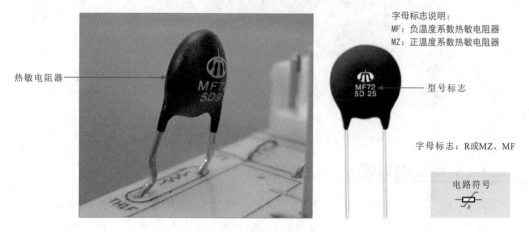

字母标志说明：
MF：负温度系数热敏电阻器
MZ：正温度系数热敏电阻器

热敏电阻器

型号标志

字母标志：R或MZ、MF

电路符号

图2-19 典型的热敏电阻器

3 ▶ 光敏电阻器

图2-20所示为典型的光敏电阻器。光敏电阻器是一种对光敏感的元件，它的阻值会随光照强度的变化而自动发生变化。

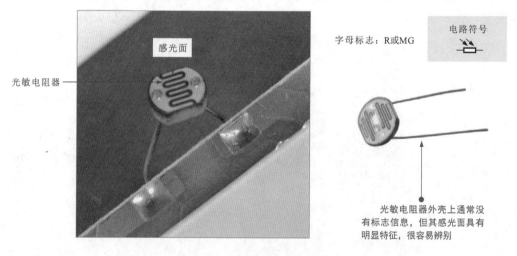

感光面

光敏电阻器

字母标志：R或MG

电路符号

光敏电阻器外壳上通常没有标志信息，但其感光面具有明显特征，很容易辨别

图2-20 典型的光敏电阻器

4 ▶ 湿敏电阻器

图2-21所示为典型的湿敏电阻器。湿敏电阻器的阻值会随周围环境湿度的变化而发生变化（一般湿度越大，阻值越小），常用作湿度检测元件。

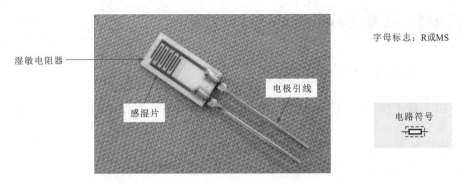

图2-21 典型的湿敏电阻器

5 压敏电阻器

图2-22所示为典型的压敏电阻器。压敏电阻器是一种当外加电压施加到某一临界值时，阻值急剧变小的电阻器，常用作过电压保护器件。

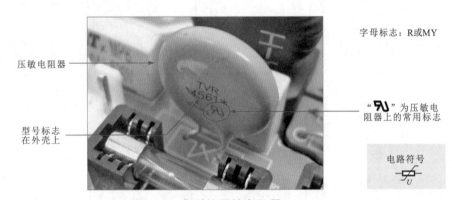

图2-22 典型的压敏电阻器

6 气敏电阻器

图2-23所示为典型的气敏电阻器。气敏电阻器是利用金属氧化物半导体表面吸收某种气体分子时，会发生氧化反应或还原反应使电阻值改变的特性而制成的电阻器。

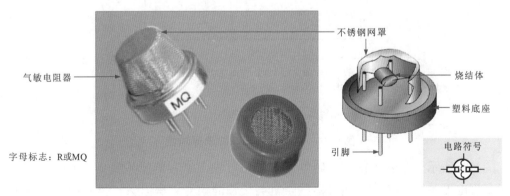

图2-23 典型的气敏电阻器

2.3 电容器的功能参数

2.3.1 电容器的功能特点

电容器的结构非常简单，主要是由两个互相靠近的导体，中间夹一层不导电的绝缘介质构成的。两块金属板相对平行放置，不互相接触，即可构成一个最简单的电容器。电容器具有隔直流、通交流的特点。

图2-24所示为电容器的充、放电原理图。

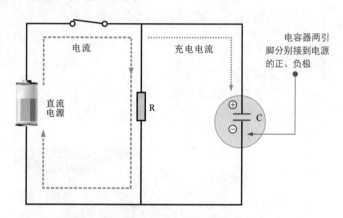

充电过程：把电容器的两端分别接到电源的正、负极，电源电流就会对电容器充电，电容器有电荷后就会产生电压。当电容器所充的电压与电源电压相等时，充电停止。电路中不再有电流流动，相当于开路

（a）电容器的充电过程（积累电荷的过程）

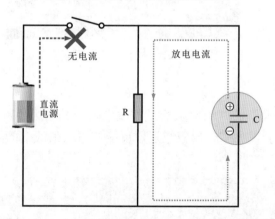

放电过程：将电路中的开关断开，在电源断开的一瞬间，电容器上的电荷会通过电阻流动，电流的方向与原充电时的电流方向相反。随着电流的流动，两极之间的电压逐渐降低，直到两极上的正、负电荷完全消失，这种现象称为"放电"

（b）电容器的放电过程（相当于一个电源）

图2-24 电容器的充、放电原理图

图2-25所示为电容器的频率特性示意图。首先，电容器能够阻止直流电流通过，允许交流电流通过。其次，电容器的阻抗与传输的信号频率有关，信号的频率越高，电容器的阻抗越小。

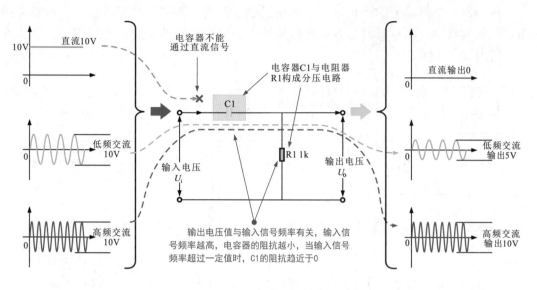

图2-25　电容器的频率特性示意图

　　电容器的充电和放电需要一个过程，电压不能突变。根据这个特性，电容器在电路中可以起到滤波或信号传输的作用。电容器的滤波功能是指能够消除脉冲和噪波的功能，是电容器最基本、最重要的功能。

　　图2-26所示为电容器的滤波功能。

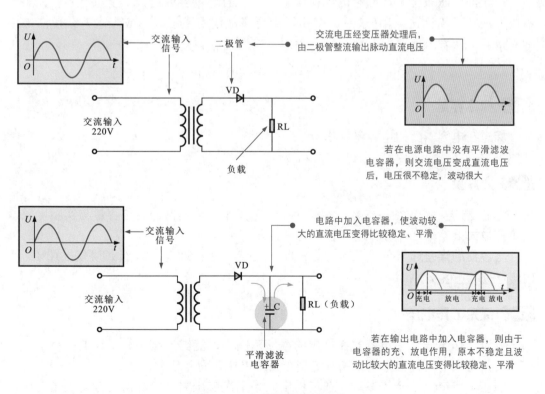

图2-26　电容器的滤波功能

电容器对交流信号的阻抗较小，易于通过，而对直流信号的阻抗很大，可视为断路。在放大器中，电容器常作为交流信号输入和输出传输的耦合器件。图2-27所示为电容器的耦合作用。

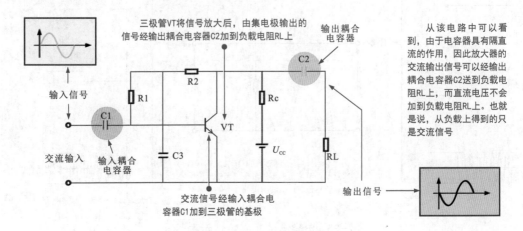

图2-27　电容器的耦合作用

2.3.2 电容器的主要参数

电容器的电容量是指加上电压后储存电荷的能力大小。

在相同电压条件下，储存的电荷越多，电容器的电容量越大。度量电容量大小的单位为法拉，简称法，用F表示。但实际中更多地使用微法（用μF表示）或皮法（用pF表示），还有纳法（用nF表示），它们之间的换算关系为

$$1F=10^6\mu F=10^9 nF=10^{12}pF$$

1 标称容量

标志在电容器上的电容量称作标称容量。

2 允许偏差

电容器的实际电容量与标称容量存在一定偏差，电容器的标称容量与实际电容量的允许最大偏差范围，称作电容量的允许偏差。

电容器的误差通常分为三个等级，即Ⅰ级（误差±5%）、Ⅱ级（误差±10%）和Ⅲ级（误差±20%）。

3 额定工作电压

额定工作电压是指电容器在规定的温度范围内，能够连续可靠工作的最高电压，有时又分为额定直流工作电压和额定交流工作电压（有效值）。

额定工作电压是一个参数，在使用中如果工作电压大于电容器的额定工作电压，电容器就会损坏，表现为击穿故障。

4 >> 频率特性

电容器的频率特性是指电容器在交流电路工作时（在高频工作），其电容量等参数随电场频率而变化的性质。

2.3.3 | 电容器的命名及标识方法

1 >> 电容器的命名

如图2-28所示，根据我国国家标准的规定，电容器型号命名由四个部分构成（不适用于压敏、可变、真空电容器），依次分别代表产品名称、材料、分类和序号。

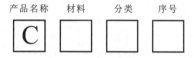

图2-28 电容器的命名格式

> **补充说明**
>
> 第一部分：产品名称，用字母表示，电容器用C表示。
> 第二部分：材料，用字母表示。
> 第三部分：分类，一般用数字表示，个别用字母表示。
> 第四部分：序号，用数字表示。
> 用字母表示产品的材料：A—钽电解、B—聚苯乙烯等非极性有机薄膜、C—高频陶瓷、D—铝电解、E—其他材料电解、G—合金电解、H—纸膜复合、I—玻璃釉、J—金属化纸介、L—聚酯等极性有机薄膜、N—铌电解、O—玻璃膜、Q—漆膜、T—低频陶瓷、V—云母纸、Y—云母、Z—纸介。
> 用字母表示分类：G—高功率型、J—金属化型、Y—高压型、W—微调型。用数字表示的分类比较复杂，对于不同类型的电容器，每个数字表示的含义也不相同，这里不再一一列举，遇到具体问题，可查阅相关资料。
> 例如：CGJ5表示的是5号金属化型合金电解电容器。

2 >> 电容器的直标法

电容器通常使用直标法将一些代码符号标注在电容器的外壳上，通过不同的数字和字母表示容量值及主要参数。根据我国国家标准规定，电容器型号标志由六个部分构成。图2-29所示为电容器参数直标法的识读。

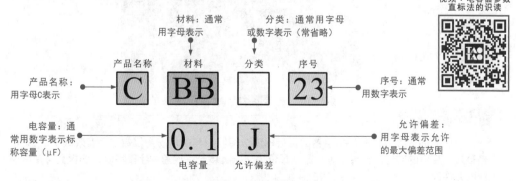

图2-29 电容器参数直标法的识读

电容器直标法中相关代码符号的含义见表2-3。掌握这些符号对应的含义，便可顺利完成直标电容器的识读。

表2-3 电容器直标法中相关代码符号的含义

材料				允许偏差		
符号	含义	符号	含义	符号	含义	符号	含义

符号	含义	符号	含义	符号	含义	符号	含义
A	钽电解	N	铌电解	Y	±0.001%	J	±5%
B	聚苯乙烯等非极性有机薄膜	O	玻璃膜	X	±0.002%	K	±10%
BB	聚丙烯	Q	漆膜	E	±0.005%	M	±20%
C	高频陶瓷	T	低频陶瓷	L	±0.01%	N	±30%
D	铝、铝电解	V	云母纸	P	±0.02%	H	+100%−0
E	其他材料	Y	云母	W	±0.05%	R	+100%−0
G	合金	Z	纸介	B	±0.1%	T	+50%−10%
H	纸膜复合			C	±0.25%	Q	+30%−10%
I	玻璃釉			D	±0.5%	S	+50%−20%
J	金属化纸介			F	±1%	Z	+80%−20%
L	聚酯等极性有机薄膜			G	±2%		

3 ▶▶ 电容器的数字标注法

数字标注法是指用数字或数字与字母相结合的方式标注电容器的主要参数值。图2-30所示为电容器参数数字标注法的识读。

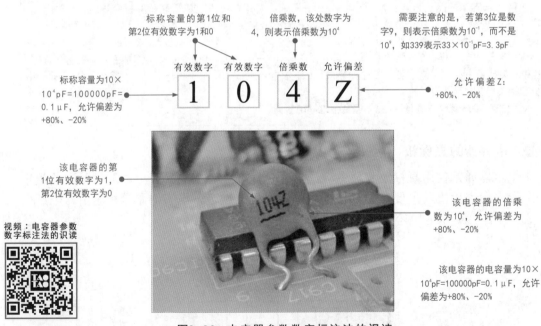

图2-30 电容器参数数字标注法的识读

视频：电容器参数数字标注法的识读

补充说明

电容器的数字标注法与电阻器的直接标注法相似。其中，前两位数字为有效数字，第3位数字为倍乘数，后面的字母为允许偏差，默认单位为pF。具体允许偏差中字母所表示的含义可参考前面电阻器的允许偏差。

4 电容器的色环标注法

图2-31所示为电容器的色环标注法。一般情况下，不同颜色的色环代表的含义不同，相同颜色的色环标注在不同位置上的含义也不同。

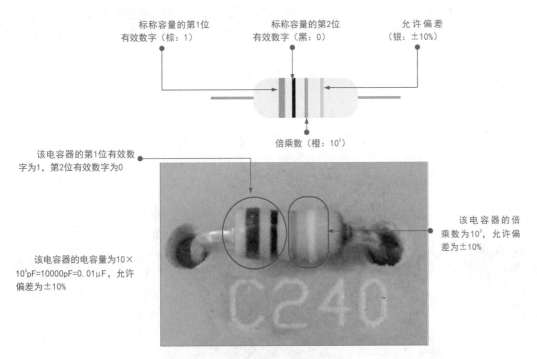

图2-31 电容器的色环标注法

有些电容器的参数标注采用直观的数字+单位（无字母）的形式，即直接在外壳上标注电容量、额定工作电压、允许偏差等参数，可直接根据标注进行识读，如图2-32所示。

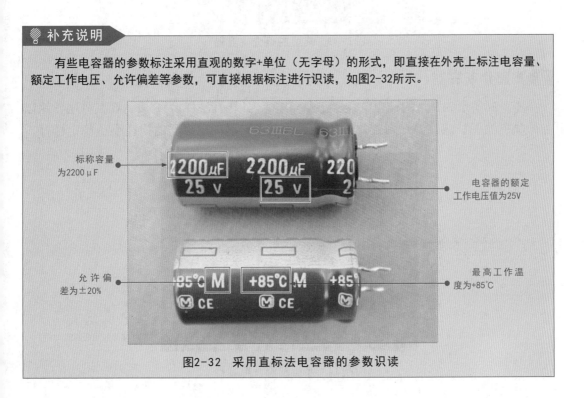

图2-32 采用直标法电容器的参数识读

2.4 电容器的分类

2.4.1 固定电容器

固定电容器为电容量固定的一类电容器，电子产品中最常见的固定电容器主要有纸介电容器、瓷介电容器、云母电容器、涤纶电容器、玻璃釉电容器、聚苯乙烯电容器等。

1 >> 纸介电容器

图2-33所示为典型的纸介电容器。纸介电容器是以纸为介质的电容器。它是用两层带状的铝或锡箔中间垫上浸过石蜡的纸卷成筒状，再装入绝缘纸壳或陶瓷壳中，引出端用绝缘材料封装而制成的。这种电容器的价格低、体积大、损耗大且稳定性较差，常用于电动机启动电路中。

视频：电容器的种类特点

纸介电容器

纸介电容器外壳上标志有电容量等参数信息

CJ41-1
2μF -5%
160V_86,

电路符号

字母标志：C
既是在电路中的名称标志信息，也是区分其他元器件的重要信息

图2-33　典型的纸介电容器

2 >> 瓷介电容器

图2-34所示为典型的瓷介电容器。瓷介电容器以陶瓷材料为介质，在其外层常涂以各种颜色的保护漆，并在陶瓷片上覆银制成电极。这种电容器的损耗小、稳定性好。

分立式瓷介电容器

多为圆片形，外表没有光亮度

电路符号

字母标志：C
这是识别电容器的重要信息

图2-34　典型的瓷介电容器

3 >> 云母电容器

图2-35所示为典型的云母电容器。云母电容器是以云母为介质的电容器，它通常以金属箔为电极，外形多为矩形。这种电容器的电容量较小，具有可靠性高、频率特性稳定等特点。

云母电容器

以矩形最为常见

电路符号

字母标志：C

图2-35 典型的云母电容器

4 >> 涤纶电容器

图2-36所示为典型的涤纶电容器。涤纶电容器是一种采用涤纶薄膜为介质的电容器。这种电容器的成本较低，耐热、耐压和耐潮湿的性能都很好，但稳定性较差，适用于稳定性要求不高的电路。

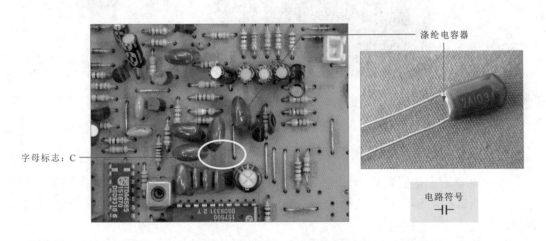

涤纶电容器

字母标志：C

电路符号

图2-36 典型的涤纶电容器

5 >> 玻璃釉电容器

图2-37所示为典型的玻璃釉电容器。玻璃釉电容器使用的介质一般是玻璃釉粉压制而成的薄片，通过调整釉粉的比例，可以得到不同性能的玻璃釉电容器。这种电容器具有介电系数大、耐高温、抗潮湿性强、损耗小等特点。

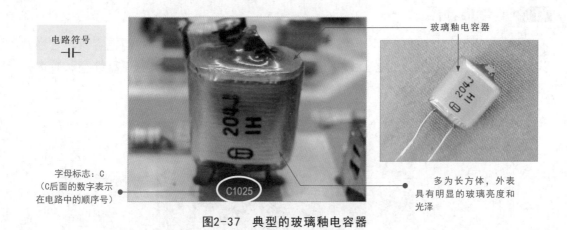

电路符号

字母标志：C
（C后面的数字表示
在电路中的顺序号）

玻璃釉电容器

多为长方体，外表
具有明显的玻璃亮度和
光泽

图2-37 典型的玻璃釉电容器

6 >> 聚苯乙烯电容器

图2-38所示为典型的聚苯乙烯电容器。聚苯乙烯电容器是以非极性的聚苯乙烯薄膜为介质制成的电容器。这种电容器的成本低、损耗小、绝缘电阻高、电容量稳定。

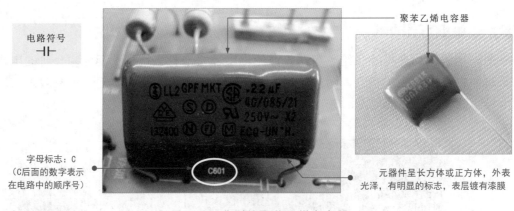

电路符号

字母标志：C
（C后面的数字表示
在电路中的顺序号）

聚苯乙烯电容器

元器件呈长方体或正方体，外表
光泽，有明显的标志，表层镀有漆膜

图2-38 典型的聚苯乙烯电容器

2.4.2 | 电解电容器

电解电容器也是固定电容器的一种，但它与上述几种普通固定电容器不同，这种电容器的引脚有明确的正、负极之分，在安装、使用、检测、代换时，应注意引脚的极性。

常见的电解电容器按电极材料的不同，主要有铝电解电容器和钽电解电容器两种。

1 >> 铝电解电容器

图2-39所示为典型的铝电解电容器。铝电解电容器是一种液体电解质电容器，它的负极为铝圆筒，正极为浸入液体电解质的弯曲铝带，是目前电子电路中应用最广泛的电容器。

铝电解电容器

有明显的正负引脚需要区分

电路符号

多为圆柱体,体积较大

图2-39　典型的铝电解电容器

2 》钽电解电容器

图2-40所示为典型的钽电解电容器。钽电解电容器是采用金属钽作为正极材料制成的电容器,主要有固体钽电解电容器和液体钽电解电容器两种。其中,固体钽电解电容器根据安装形式的不同,又分为分立式钽电解电容器和贴片式钽电解电容器。

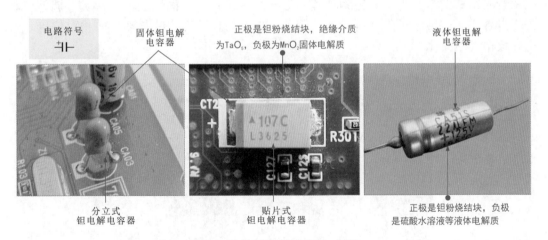

电路符号

固体钽电解电容器

正极是钽粉烧结块,绝缘介质为TaO_5,负极为MnO_2固体电解质

液体钽电解电容器

分立式钽电解电容器

贴片式钽电解电容器

正极是钽粉烧结块,负极是硫酸水溶液等液体电解质

图2-40　典型的钽电解电容器

2.4.3 可变电容器

可变电容器是指电容量在一定范围内可调节的电容器,一般由相互绝缘的两组极片组成。其中,固定不动的一组极片称为定片,可动的一组极片称为动片,可通过改变极片间的相对有效面积或片间距离,使电容量相应地变化。

可变电容器按照结构的不同又可分为微调可变电容器、单联可变电容器、双联可变电容器和四联可变电容器。

1 >> 微调可变电容器

图2-41所示为典型的微调可变电容器。微调可变电容器又称为半可调电容器，电容量调整范围小，主要用于收音机的调谐电路中。

图2-41　典型的微调可变电容器

2 >> 单联可变电容器

图2-42所示为典型的单联可变电容器。单联可变电容器是用相互绝缘的两组金属铝片对应组成的。其中，一组为动片，另一组为定片，中间以空气为介质。调整单联可变电容器上的转轴可带动内部动片转动，由此可以改变定片与动片的相对位置，使电容量相应地变化。

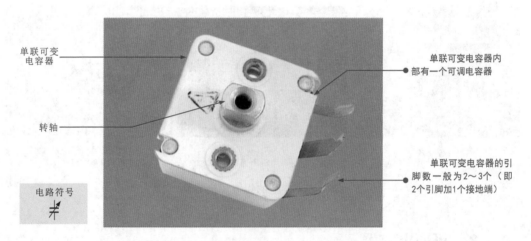

图2-42　典型的单联可变电容器

3 >> 双联可变电容器

图2-43所示为典型的双联可变电容器。双联可变电容器可以简单理解为由两个单联可变电容器组合而成。调整时，两个单联可变电容器同步变化。这种电容器的内部结构与单联可变电容器相似，只是一根转轴带动两个电容器的动片同步转动。

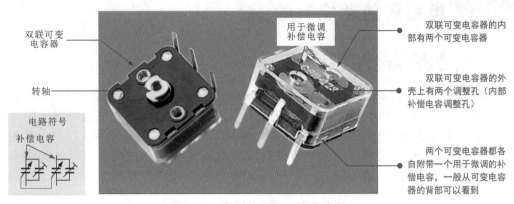

双联可变电容器

转轴

电路符号
补偿电容

用于微调
补偿电容

双联可变电容器的内部有两个可变电容器

双联可变电容器的外壳上有两个调整孔（内部补偿电容调整孔）

两个可变电容器都各自附带一个用于微调的补偿电容，一般从可变电容器的背部可以看到

图2-43　典型的双联可变电容器

图2-44所示为双联可变电容器的内部结构示意图。双联可变电容器中的两个可变电容器都各自附带一个补偿电容，该补偿电容可以单独微调。一般在双联可变电容器背部可以看到两个补偿电容。

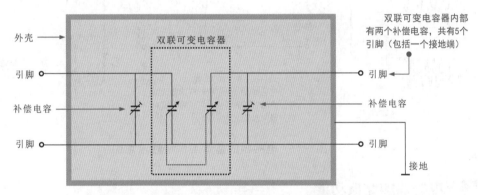

外壳

引脚

补偿电容

引脚

双联可变电容器

双联可变电容器内部有两个补偿电容，共5个引脚（包括一个接地端）

引脚

补偿电容

引脚

接地

图2-44　双联可变电容器的内部结构示意图

4 >> 四联可变电容器

图2-45所示为典型的四联可变电容器。四联可变电容器的内部包含四个单联可同步调整的电容器。

四联可变电容器

转轴

电路符号

用于微调
补偿电容

引脚

四联可变电容器的引脚数一般为7～9个

四联可变电容器的内部有四个可变电容器

四个可变电容器都各自附带一个用于微调的补偿电容，一般从可变电容器的背部可以看到

图2-45　典型的四联可变电容器

2.5 电感器的功能参数

2.5.1 电感器的功能特点

电感器就是将导线绕制成线圈状而制成的，当电流流过时，在线圈（电感）的两端就会形成较强的磁场。由于电磁感应的作用，它会对电流的变化起阻碍作用。因此，电感对直流呈现很小的阻抗（近似于短路），而对交流呈现的阻抗较大，其阻值的大小与所通过的交流信号的频率有关。同一电感元件，通过的交流电流的频率越高，则呈现的阻抗越大。图2-46所示为电感器的基本工作特性示意图。

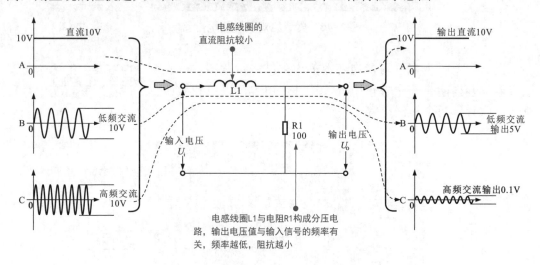

图2-46 电感器的基本工作特性示意图

1 电感器的滤波功能

由于电感器可对脉动电流产生反电动势，对交流电流阻抗很大，对直流电流阻抗很小，因此，如果将较大的电感器串接在整流电路中，就可使电路中的交流电压阻隔在电感上，滞留部分可从电感线圈流到电容器上，起到滤除交流的作用。图2-47所示为电感器滤波功能的应用实例。

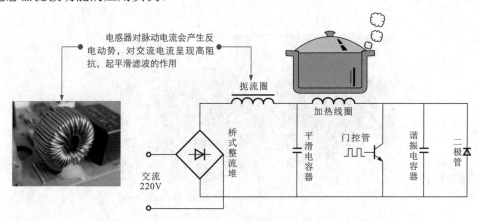

图2-47 电感器滤波功能的应用实例

补充说明

　　交流220V输入，经桥式整流堆整流后输出的直流300V，然后经扼流圈及平滑电容器为加热线圈供电。电路中的电感器，即扼流圈的主要作用就是阻止直流电压中的交流分量和脉冲干扰。

2 电感器的谐振功能

　　电感器通常可与电容器并联构成LC并联谐振电路，主要用来阻止一定频率的信号干扰。图2-48所示为电感器谐振功能示意图。

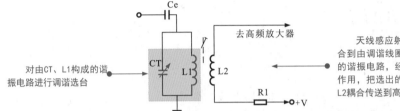

图2-48　电感器谐振功能示意图

　　电感器对交流信号的阻抗随频率的升高而变大。电容器的阻抗随频率的升高而变小。电感器和电容器并联构成的LC并联谐振电路有一个固有谐振频率，即共谐频率。在该频率下，LC并联谐振电路呈现的阻抗最大。利用这种特性可以制成阻波电路，也可以制成选频电路。图2-49所示为LC并联谐振电路示意图。

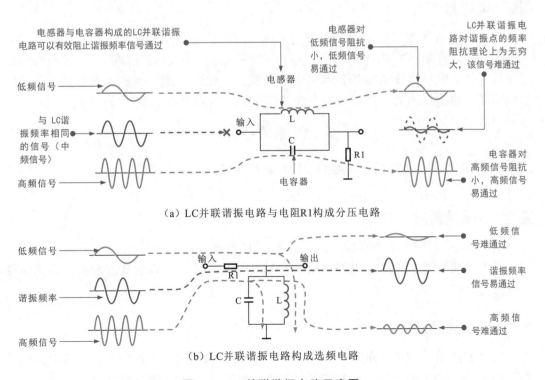

（a）LC并联谐振电路与电阻R1构成分压电路

（b）LC并联谐振电路构成选频电路

图2-49　LC并联谐振电路示意图

若将电感器与电容器串联，则可构成LC串联谐振电路，如图2-50所示。该电路可简单理解为与LC并联谐振电路相反。LC串联谐振电路对谐振频率信号的阻抗几乎为0，阻抗最小，可实现选频功能。电感器和电容器的参数值不同，可选择的频率也不同。

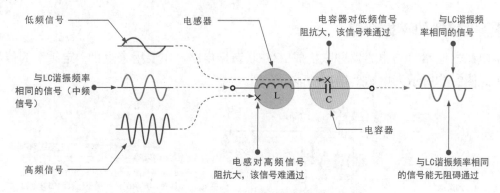

图2-50　LC串联谐振电路

2.5.2 ｜ 电感器的主要参数

在电路中，电感元件通常用L表示，电感量的单位是亨利，简称亨，用H表示，更多地使用毫亨（mH）和微亨（μH）为单位。单位之间的换算关系为

$$1H=10^3mH=10^6\mu H$$

1 ▶ 电感量

电感是衡量线圈产生电磁感应能力的物理量。给一个线圈通入电流，线圈周围就会产生磁场，线圈就有磁通量通过。通入线圈的电流越大，磁场越强，通过线圈的磁通量就越大。通过线圈的磁通量和通入的电流成正比，它的比值称为自感系数，又称为电感量。电感量的大小主要取决于线圈的直径、匝数及有无铁芯等，即

$$L=\frac{\Phi}{I}$$

式中，L为电感量；Φ为通过线圈的磁通量；I为电流。

2 ▶ 电感量精度

实际电感量与要求电感量之间的误差，对电感量精度的要求要视用途而定。例如，对振荡线圈要求较高，电感量精度为0.2%～0.5%；而对耦合线圈和高频扼流圈要求较低，允许10%～15%的误差。

3 ▶ 线圈的品质因数

线圈的品质因数Q又称为Q值，它是用来表示线圈损耗大小的量值，高频线圈通常为50～300。Q值的大小影响回路的选择性、效率、滤波特性及频率的稳定性。

4 >> 额定电流

电感线圈在正常工作时，允许通过的最大电流就是线圈的标称电流值，又称为额定电流。

2.5.3 | 电感器的命名及标识方法

1 >> 电感器的色标法

固定式电感器通常采用色标法标注参数信息。色标法是指将电感器的参数用不同颜色的色环或色码标注在电感器的表面上。图2-51所示为电感器的色标法。

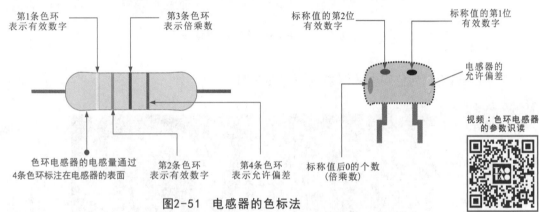

图2-51 电感器的色标法

在电感器参数的色环和色码标注中，不同颜色的色环或色码均表示不同的参数。具体含义见表2-4。

表2-4 不同颜色的色环或色码所表示的参数及其含义

色环颜色	色环所处的排列位			色环颜色	色环所处的排列位		
	有效数字	倍乘数	允许偏差		有效数字	倍乘数	允许偏差
银色	—	10^{-2}	±10%	绿色	5	10^5	±0.5%
金色	—	10^{-1}	±5%	蓝色	6	10^6	±0.25%
黑色	0	10^0	—	紫色	7	10^7	±0.1%
棕色	1	10^1	±1%	灰色	8	10^8	—
红色	2	10^2	±2%	白色	9	10^9	±20%
橙色	3	10^3	—	无色	—	—	—
黄色	4	10^4	—				

图2-52所示为色环电感器的识读案例。

补充说明

色环电感器上标注的色环颜色依次为棕、蓝、金、银。

其中，第1条色环为棕色，表示标称电感量的第1位有效数字为1；第2条色环为蓝色，表示标称电感量的第2位有效数字为6；第3条色环为金色，表示标称电感量的倍乘数为10^{-1}；第4条色环为银色，表示标称电感量的允许偏差为±10%。因此，该电感器的标称电感量为$16×10^{-1}\mu H×(1±10\%)=1.6\mu H×(1±10\%)$（识读电感器的电感量时，在未明确标注电感量的单位时，默认为μH）。

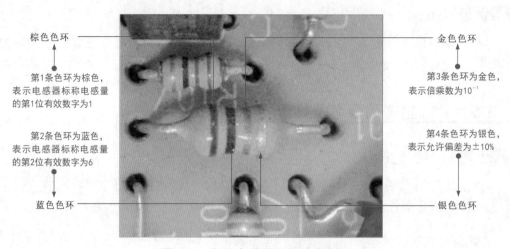

棕色色环

第1条色环为棕色，表示电感器标称电感量的第1位有效数字为1

第2条色环为蓝色，表示电感器标称电感量的第2位有效数字为6

蓝色色环

金色色环

第3条色环为金色，表示倍乘数为10^{-1}

第4条色环为银色，表示允许偏差为±10%

银色色环

图2-52　色环电感器的识读案例

图2-53所示为色码电感器参数的识读案例。

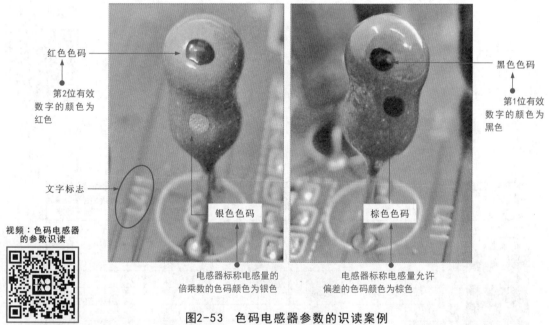

红色色码

第2位有效数字的颜色为红色

文字标志

视频：色码电感器的参数识读

银色色码

电感器标称电感量的倍乘数的色码颜色为银色

黑色色码

第1位有效数字的颜色为黑色

棕色色码

电感器标称电感量允许偏差的色码颜色为棕色

图2-53　色码电感器参数的识读案例

补充说明

　　电感器顶部标志色码颜色从右向左依次为黑色、红色，分别表示标称电感量的第1位、第2位有效数字0、2；左侧面色码颜色为银色，表示标称电感量的倍乘数为10^{-2}；右侧面色码颜色为棕色，表示标称电感量的允许偏差为±1%。因此，该电感器的标称电感量为2×10^{-2}μH×(1±10%)=0.02μH×(1±10%)（识读电感器的电感量时，在未标注电感量的单位时，默认为μH）。

　　一般来说，由于色码电感器从外形上没有明显的正、反面区分，因此左、右侧面可根据电路板中的文字标志进行区分，文字标志为正方向时，对应色码电感器的左侧为其左侧面。另外，由于色码的几种颜色中，无色通常不代表有效数字和倍乘数，因此，色码电感器左、右侧面中出现无色的一侧为右侧面。

2 >> 电感器的直标法

直标法是指通过一些代码符号将电感器的电感量等参数标注在电感器上。通常，电感器直标法采用的是简略方式，也就是说，只标注重要的信息，而不是将所有的信息都标注出来。

图2-54所示为直标法电感器参数的标注形式。直标法通常有普通直接标注法、数字标注法和数字中间加字母标注法三种形式。其中，贴片电感器的参数多采用数字标注法和数字中间加字母标注法。

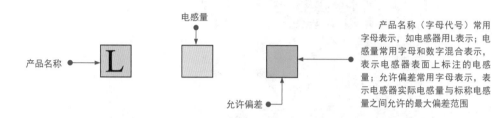

（a）采用普通直接标注法的电感器

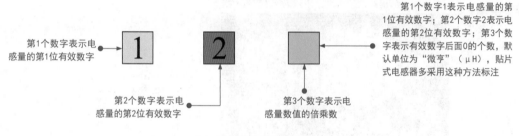

（b）采用数字标注法的电感器

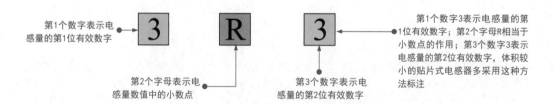

（c）采用数字中间加字母标注法的电感器

图2-54 直标法电感器参数的标注形式

直标法电感器参数的不同字母在产品名称、允许偏差中所表示的含义见表2-5。

表2-5 直标法电感器参数的不同字母在产品名称、允许偏差中所表示的含义

产品名称		允许偏差			
符号	含义	符号	含义	符号	含义
L	电感器、线圈	J	±5%	M	±20%
ZL	阻流圈	K	±10%	L	±15%

图2-55所示为电路板中电感器参数的识读案例。

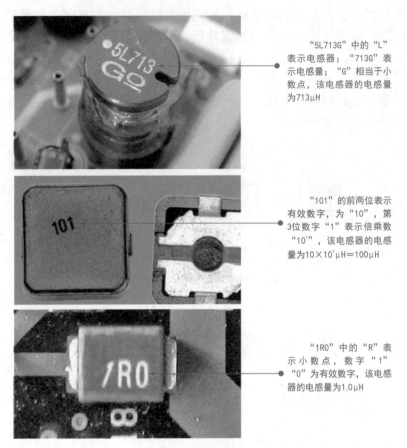

"5L713G"中的"L"表示电感器；"713G"表示电感量；"G"相当于小数点，该电感器的电感量为713μH

"101"的前两位表示有效数字，为"10"，第3位数字"1"表示倍乘数"10¹"，该电感器的电感量为$10\times10^1\mu H=100\mu H$

"1R0"中的"R"表示小数点，数字"1""0"为有效数字，该电感器的电感量为1.0μH

图2-55 电路板中电感器参数的识读案例

补充说明

我国早期生产的电感器直接将相关参数标注在电感器外壳上。在该类标注中，最大工作电流的字母共有A、B、C、D、E五个，分别对应的最大工作电流为50mA、150mA、300mA、700mA、1600mA；表示的型号共有Ⅰ、Ⅱ、Ⅲ三种，分别表示允许偏差为±5%、±10%、±20%。

图2-56所示为实际直接标注电感器的识读案例。

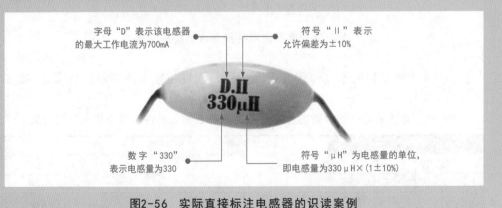

字母"D"表示该电感器的最大工作电流为700mA

符号"Ⅱ"表示允许偏差为±10%

数字"330"表示电感量为330

符号"μH"为电感量的单位，即电感量为330μH×（1±10%）

图2-56 实际直接标注电感器的识读案例

2.6 电感器的分类

2.6.1 固定电感器

固定电感器为电感量固定的一类电感器。较常见的固定电感器主要有色环电感器、色码电感器和贴片电感器等。

1 色环电感器

图2-57所示为典型的色环电感器。色环电感器的电感量固定，是一种具有磁芯的线圈。它是将线圈绕制在软磁性铁氧体的基体上，再用环氧树脂或塑料封装而成的，在其外壳上标以色环表明电感量的数值。

色环电感器

字母标志：L
（即在电路板或
电路图中的代表
字母）

电路符号

视频：电感器的
种类特点

图2-57　典型的色环电感器

2 色码电感器

图2-58所示为典型的色码电感器。色码电感器与色环电感器类似，都属于小型的固定电感器，只是其外形结构为直立式。

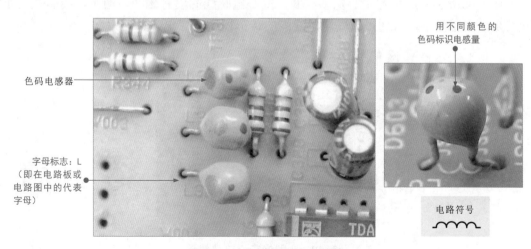

用不同颜色的
色码标识电感量

色码电感器

字母标志：L
（即在电路板或
电路图中的代表
字母）

电路符号

图2-58　典型的色码电感器

3 ▶▶ 贴片电感器

图2-59所示为典型的贴片电感器。贴片电感器是指采用表面贴装方式安装在电路板上的一类电感器，这种电感器一般应用于体积小、集成度高的数码类电子产品中。

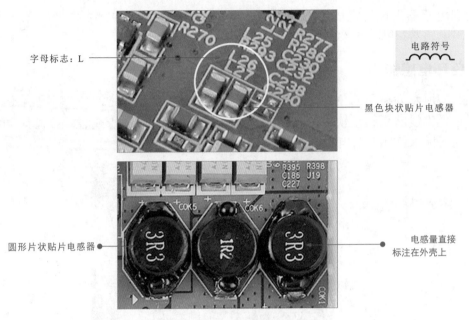

字母标志：L

电路符号

黑色块状贴片电感器

圆形片状贴片电感器

电感量直接标注在外壳上

图2-59 典型的贴片电感器

2.6.2 | 可调电感器

可调电感器为电感量可改变的一类电感器或电感线圈，较常见的可调电感器主要有空心电感线圈、磁芯电感器、磁环电感器、扼流圈和微调电感器等。

1 ▶▶ 空心电感线圈

图2-60所示为典型的空心电感线圈。空心电感线圈没有磁芯，通常，线圈绕的匝数较少，电感量小，可通过改变电感线圈的疏密程度改变电感量的大小。

调整空心电感线圈的疏密程度即可调整电感器的电感量

空心电感线圈

电路符号

图2-60 典型的空心电感线圈

2 >> 磁芯电感器

图2-61所示为典型的磁芯电感器。磁芯电感器是指在磁芯上绕制线圈制成的电感器，这样的绕制方法会大大增加线圈的电感量。可通过线圈在磁芯上的左右移动（调整线圈间的疏密程度）来调整电感量的大小。

磁芯电感器

电路符号

改变绕制在磁芯上线圈的疏密程度即可调整电感器的电感量

字母标志：L

图2-61 典型的磁芯电感器

3 >> 磁环电感器

图2-62所示为典型的磁环电感器。磁环电感器是由线圈绕制在铁氧体磁环上构成的电感器，可通过改变磁环上线圈的匝数和疏密程度来改变电感器的电感量。

磁环电感器

电路符号

可通过改变磁环上线圈的匝数和疏密程度来改变电感器的电感量

字母标志：L

图2-62 典型的磁环电感器

4 >> 扼流圈

图2-63所示为典型的扼流圈。扼流圈也有很多是将线圈绕在由矽钢片叠加而成的铁芯上，图示的扼流圈实际上也是一种磁环电感器，只是其线圈匝数较多且仅有一组线圈，通常串接在整流电路中，其阻抗较高，起扼流和滤波等作用。

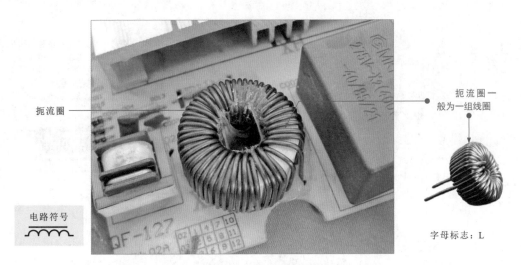

扼流圈

电路符号

扼流圈一般为一组线圈

字母标志：L

图2-63　典型的扼流圈

5 >> 微调电感器

图2-64所示为典型的微调电感器。微调电感器是可以对电感量进行细微调整的电感器。该类电感器一般设有屏蔽外壳，磁芯上设有条形槽口，以便调整。

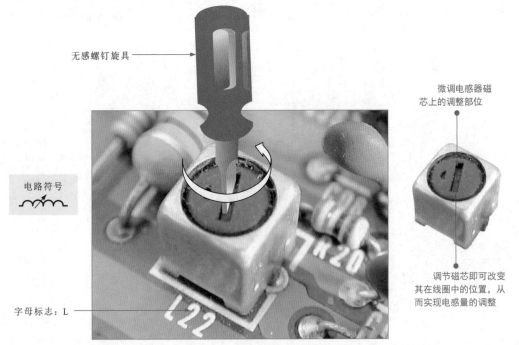

无感螺钉旋具

微调电感器磁芯上的调整部位

电路符号

字母标志：L

调节磁芯即可改变其在线圈中的位置，从而实现电感量的调整

图2-64　典型的微调电感器

2.7 二极管的功能参数与分类

2.7.1 二极管的功能特点

　　二极管具有突出的正向导通、反向截止特性。图2-65所示为二极管单向导电性的原理图。根据二极管的内部结构，一般情况下，只允许电流从正极流向负极，而不允许电流从负极流向正极，这就是二极管的单向导电性。

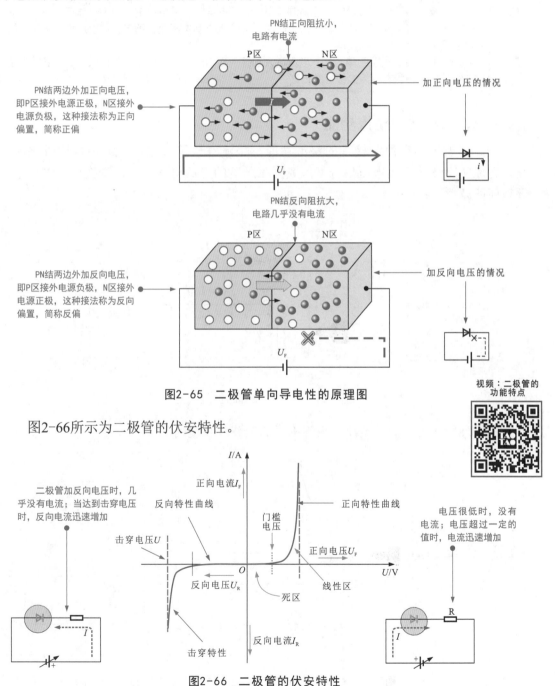

图2-65　二极管单向导电性的原理图

视频：二极管的功能特点

　　图2-66所示为二极管的伏安特性。

图2-66　二极管的伏安特性

◈补充说明

◇ 正向特性。在电子电路中，将二极管的正极接在高电位端，负极接在低电位端，二极管就会导通，这种连接方式称为正向偏置。必须说明，当加在二极管两端的正向电压很小时，二极管仍然不能导通，流过二极管的正向电流十分微弱。只有当正向电压达到某一数值（这一数值称为"门槛电压"，锗管为0.2～0.3V，硅管为0.6～0.7V）以后，二极管才能真正导通。导通后，二极管两端的电压基本上保持不变（锗管约为0.3V，硅管约为0.7V），称为二极管的"正向压降"。

◇ 反向特性。在电子电路中，将二极管的正极接在低电位端，负极接在高电位端，此时二极管中几乎没有电流流过，二极管处于截止状态，这种连接方式称为反向偏置。二极管处于反向偏置时，仍然会有微弱的反向电流流过二极管，称为漏电电流。反向电流（漏电电流）有两个显著特点：一是受温度影响很大；二是反向电压不超过一定范围时，电流大小基本不变，即与反向电压大小无关。因此，反向电流又称为反向饱和电流。

◇ 击穿特性。 当二极管两端的反向电压增大到某一数值时，反向电流急剧增大，二极管将失去单方向导电特性，这种状态称为二极管的击穿。

1 ▶ 整流二极管的整流功能

图2-67所示为整流二极管的整流功能。整流二极管根据自身特性可构成整流电路，将原本交变的交流电压信号整流成同相脉动的直流电压信号，变换后的波形小于变换前的波形。

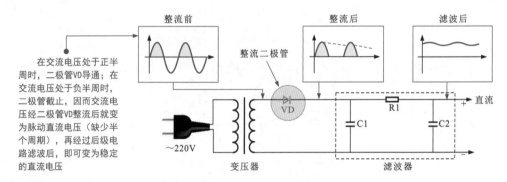

图2-67 整流二极管的整流功能

图2-68所示为由两只整流二极管构成的全波整流电路。

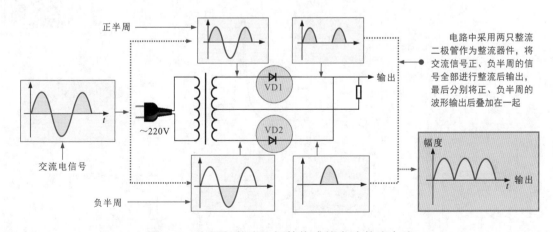

图2-68 由两只整流二极管构成的全波整流电路

2 >> 稳压二极管的稳压功能

图2-69所示为稳压二极管构成的稳压电路。稳压二极管的稳压功能是指能够将电路中某一点的电压稳定维持在一个固定值。

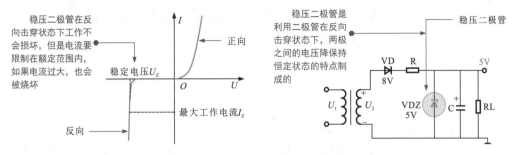

稳压二极管在反向击穿状态下工作不会损坏，但是电流要限制在额定范围内，如果电流过大，也会被烧坏

稳压二极管是利用二极管在反向击穿状态下，两极之间的电压降保持恒定状态的特点制成的

图2-69　稳压二极管构成的稳压电路

补充说明

　　稳压二极管VDZ的负极接外加电压的高端，正极接外加电压的低端。当稳压二极管VDZ反向电压接近稳压二极管VDZ的击穿电压（5V）时，电流急剧增大，稳压二极管VDZ呈击穿状态。在该状态下，稳压二极管两端的电压保持不变（5V），从而实现稳定直流电压的功能。因此，市场上有各种稳压值的稳压二极管。

3 >> 检波二极管的检波功能

检波二极管具有较高的检波效率和良好的频率特性，常用在收音机的检波电路中。图2-70所示为检波二极管在收音机检波电路中的应用。

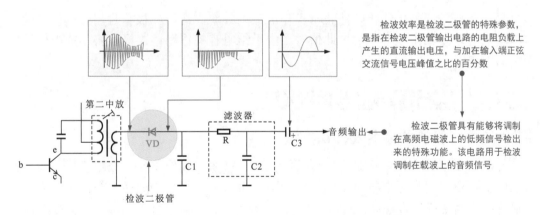

检波效率是检波二极管的特殊参数，是指在检波二极管输出电路的电阻负载上产生的直流输出电压，与加在输入端正弦交流信号电压峰值之比的百分数

检波二极管具有能够将调制在高频电磁波上的低频信号检出来的特殊功能。该电路用于检波调制在载波上的音频信号

图2-70　检波二极管在收音机检波电路中的应用

补充说明

　　将图2-70所示的第二中放输出的调幅波加到检波二极管VD的负极，由于检波二极管的单向导电特性，因此负半周调幅波通过检波二极管时，正半周被截止，通过检波二极管VD后，输出的调幅波只有负半周。负半周的调幅波再由RC滤波器滤除其中的高频成分，输出其中的低频成分，输出的就是调制在载波上的音频信号，这个过程称为检波。

2.7.2 | 二极管的主要参数

1 >> 最大整流电流 I_{OM}

最大整流电流是指二极管长期连续工作时，允许通过的最大正向平均电流值，与PN结面积及外部散热条件等有关，PN结的面积越大，最大整流电流也就越大。

电流超过允许值时，PN结将因过热而烧坏。在整流电路中，二极管的正向电流必须小于该值。

2 >> 最大反向电压 U_{RM}

最大反向电压是指保证二极管不被击穿而给出的最高反向工作电压。有关手册上给出的最大反向电压约为击穿电压的一半，以确保二极管安全工作。点接触型二极管的最大反向电压为数十伏，面接触型二极管的最大反向电压可达数百伏。在电路中，如果二极管受到过高的反向电压，则会损坏。

3 >> 最大反向电流 I_{RM}

最大反向电流是指二极管在规定温度的工作状态下加上最大反向电压时的反向电流。反向电流越大，说明二极管的单向导电性越差，并且受温度影响也越大；反向电流越小，说明二极管的单向导电性越好。硅管的反向电流较小，一般在几微安以下；锗管的反向电流较大，一般在几十微安至几百微安。

值得注意的是：反向电流与温度有着密切的关系，大约温度每升高10℃，反向电流增大一倍。

4 >> 最高工作频率 F_M

最高工作频率是指二极管能正常工作的最高频率。选用二极管时，必须使它的工作频率低于最高工作频率。超过此值时，由于结电容的作用，二极管将不能很好地体现单向导电性。

2.7.3 | 二极管的命名及标识方法

1 >> 国产二极管的命名及标识方法

国产二极管的命名规格是将二极管的类别、材料及其他主要参数数值标注在二极管表面上。根据国家标准规定，二极管的型号命名由五部分构成。图2-71所示为国产二极管的命名及标识方法。

图2-71 国产二极管的命名及标识方法

图2-71 （续）

国产二极管"材料/极性符号"的字母含义见表2-6。

表2-6 国产二极管"材料/极性符号"的字母含义

材料/极性符号	含义	材料/极性符号	含义	材料/极性符号	含义
A	N型锗材料	C	N型硅材料	E	化合物材料
B	P型锗材料	D	P型硅材料		

国产二极管类型符号的含义见表2-7。

表2-7 国产二极管类型符号的含义

类型符号	含义	类型符号	含义	类型符号	含义	类型符号	含义
P	普通管	Z	整流管	U	光电管	H	恒流管
V	微波管	L	整流堆	K	开关管	B	变容管
W	稳压管	S	隧道管	JD	激光管	BF	发光二极管
C	参量管	N	阻尼管	CM	磁敏管		

2 日产二极管的命名及标识方法

图2-72所示为日产二极管的命名及标识方法。

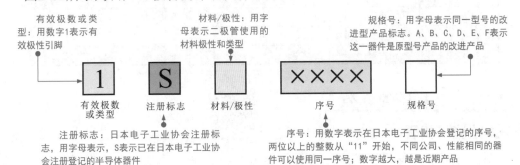

图2-72 日产二极管的命名及标识方法

3 美产二极管的命名及标识方法

图2-73所示为美产二极管的命名及标识方法。

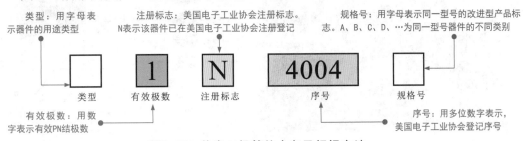

图2-73 美产二极管的命名及标识方法

4 >> 国际电子联合会二极管的命名及标识方法

图2-74所示为国际电子联合会二极管的命名及标识方法。

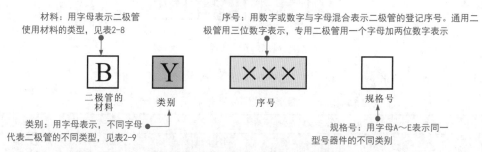

图2-74 国际电子联合会二极管的命名及标识方法

国际电子联合会二极管的"材料"字母的含义见表2-8。

表2-8 国际电子联合会二极管的"材料"字母的含义

材料/极性符号	含义	材料/极性符号	含义	材料/极性符号	含义
A	锗材料	C	砷化镓	R	复合材料
B	硅材料	D	锑化铟		

国际电子联合会二极管的"类别"字母的含义见表2-9。

表2-9 国际电子联合会二极管的"类别"字母的含义

类型符号	含义	类型符号	含义	类型符号	含义
A	检波管	H	磁敏管	Y	整流管
B	变容管	P	光电管	Z	稳压管
E	隧道管	Q	发光管		
G	复合管	X	倍压管		

2.7.4 | 二极管的分类

1 >> 整流二极管

视频：二极管的种类特点

图2-75所示为典型的整流二极管。整流二极管是一种具有整流作用的晶体二极管，即可将交流整流成直流，主要用于整流电路中。

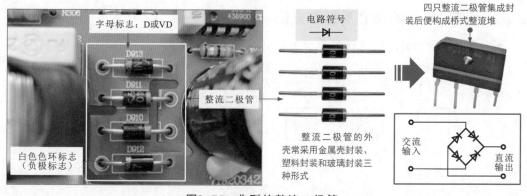

图2-75 典型的整流二极管

2 >> 稳压二极管

图2-76所示为典型的稳压二极管。稳压二极管是由硅材料制成的面接触型晶体二极管，利用PN结反向击穿时，其两端电压固定在某一数值，基本上不随电流大小变化而变化的特点进行工作的，因此可达到稳压的目的。这里的反向击穿状态是正常工作状态，并不会损坏二极管。

稳压二极管

字母标志：D或ZD

靠近引脚一端黑色色环标志

电路符号

图2-76 典型的稳压二极管

3 >> 检波二极管

图2-77所示为典型的检波二极管。检波二极管是利用晶体二极管的单向导电性，再与滤波电容配合，可以把叠加在高频载波上的低频信号检出来的器件。这种二极管具有较高的检波效率和良好的频率特性，常用在收音机的检波电路中。

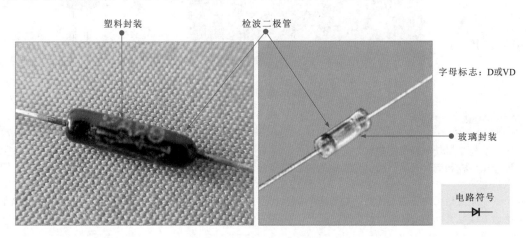

塑料封装

检波二极管

字母标志：D或VD

玻璃封装

电路符号

图2-77 典型的检波二极管

4 >> 开关二极管

图2-78所示为典型的开关二极管。开关二极管利用单向导电性可对电路进行"开通"或"关断"控制，导通、截止速度非常快，能满足高频和超高频电路的需要，广泛应用于开关和自动控制等电路中。

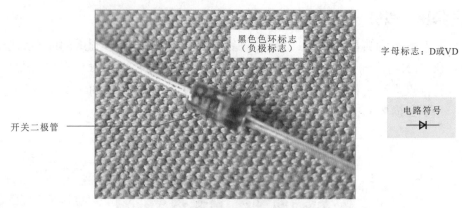

黑色色环标志
（负极标志）

字母标志：D或VD

电路符号

开关二极管

图2-78　典型的开关二极管

5 发光二极管

图2-79所示为典型的发光二极管。发光二极管是指在工作时能够发出亮光的晶体二极管，简称LED，常用作显示器件或光敏控制电路中的光源。

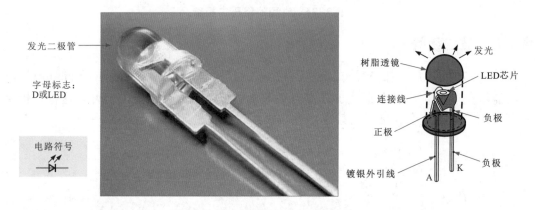

发光二极管

字母标志：
D或LED

电路符号

发光

树脂透镜

LED芯片

连接线

负极

正极

负极

镀银外引线

A　　K

图2-79　典型的发光二极管

补充说明

发光二极管是将电能转化为光能的器件，通常由元素周期表中的Ⅲ族和Ⅴ族元素的砷化镓、磷化镓等化合物制成。采用不同材料制成的发光二极管可以发出不同颜色的光，常见的有红光、黄光、绿光和橙光等。

发光二极管在正常工作时，处于正向偏置状态，在正向电流达到一定值时就发光。具有工作电压低、工作电流很小、抗冲击和抗振性能好、可靠性高、寿命长的特点。

6 光敏二极管

图2-80所示为典型的光敏二极管。光敏二极管的特点是，当受到光照射时，二极管反向阻抗会随之变化（随着光照射的增强，反向阻抗会由大变小），利用这一特性，光敏二极管常用作光敏传感器件使用。

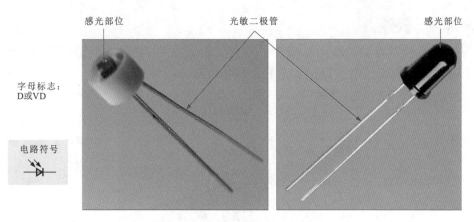

感光部位　　　　　　　光敏二极管　　　　　　　　感光部位

字母标志：
D或VD

电路符号

图2-80 典型的光敏二极管

7 >> 变容二极管

图2-81所示为典型的变容二极管。变容二极管是利用PN结的电容随外加偏压而变化这一特性制成的非线性半导体元件，在电路中起电容器的作用，它被广泛地用于超高频电路中的参量放大器、电子调谐器及倍频器等高频和微波电路中。

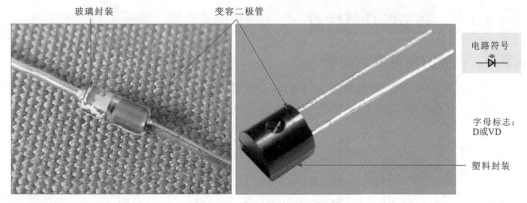

玻璃封装　　　　　　　变容二极管

电路符号

字母标志：
D或VD

塑料封装

图2-81 典型的变容二极管

8 >> 快恢复二极管

图2-82所示为典型的快恢复二极管。这种二极管的开关特性好，反向恢复时间很短。主要应用于开关电源、PWM脉宽调制电路以及变频等电子电路中。

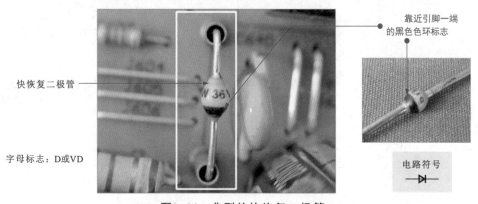

靠近引脚一端
的黑色色环标志

快恢复二极管

字母标志：D或VD

电路符号

图2-82 典型的快恢复二极管

9 ▶▶ 双向二极管

图2-83所示为典型的双向二极管。双向二极管又称为二端交流器件（DIAC），常用于触发晶闸管或过电压保护、定时、移相电路。

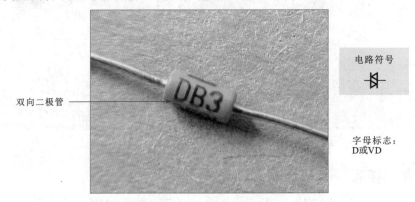

电路符号

双向二极管

字母标志：
D或VD

图2-83 典型的双向二极管

2.8 三极管的功能参数与分类

2.8.1 三极管的功能特点

1 ▶▶ 三极管的电流放大功能

三极管是一种电流放大器件，可制成交流或直流信号放大器，由基极输入一个很小的电流，从而控制集电极输出很大的电流，如图2-84所示。

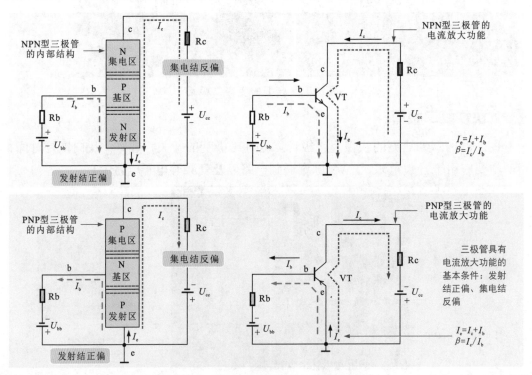

图2-84 三极管的电流放大功能原理图

　　三极管具有放大功能的基本条件是保证基极与发射极之间加正向电压（发射结正偏），基极与集电极之间加反向电压（集电结反偏）。基极相对于发射极为正极性电压，基极相对于集电极为负极性电压。

　　三极管的特性曲线如图2-85所示。

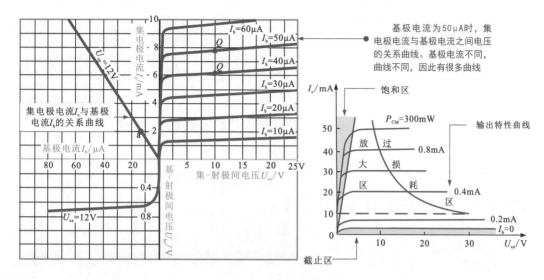

图2-85　三极管的特性曲线

补充说明

　　根据三极管不同的工作状态，输出特性曲线分为以下三个工作区。

◇ 截止区：$I_b=0$曲线以下的区域称为截止区。$I_b=0$时，$I_c=I_{CEO}$，该电流称为穿透电流，其值极小，通常忽略不计，故认为此时$I_c=0$，三极管无电流输出，说明三极管已截止。对于NPN型硅管，当$U_{be}<0.5V$，即在死区电压以下时，三极管就已经开始截止。为了使截止可靠，常使$U_{be}<0$。这样，发射结和集电结都处于反偏状态。此时的U_{ce}近似等于集电极（c）电源电压U_c，意味着集电极（c）与发射极（e）之间开路，相当于集电极（c）与发射极（e）之间的开关断开。

◇ 放大区：在放大区内，三极管的发射结正偏，集电结反偏；$I_c=\beta I_b$，集电极（c）电流与基极（b）电流成正比。因此，放大区又称为线性区。

◇ 饱和区：特性曲线上升和弯曲部分的区域称为饱和区，集电极与发射极之间的电压趋近于0。I_b对I_c的控制作用已达最大值，三极管的放大作用消失，三极管的这种工作状态称为临界饱和；若$U_{ce}<U_{be}$，则发射结和集电结都处于正偏状态，此时的三极管为过饱和状态。在过饱和状态下，因为U_{be}本身小于1V，而U_{ce}比U_{be}更小，于是可以认为U_{ce}近似于0。集电极（c）与发射极（e）短路，相当于集电极（c）与发射极（e）之间的开关接通。

2 ▶▶ 三极管的开关功能

　　三极管的集电极电流在一定范围内随基极电流呈线性变化，这就是放大特性。当基极电流高过此范围时，三极管的集电极电流会达到饱和值（导通）；当基极电流低于此范围时，三极管会进入截止状态（断路）。这种导通或截止的特性在电路中还可起到开关的作用。图2-86所示为三极管的开关功能原理图。

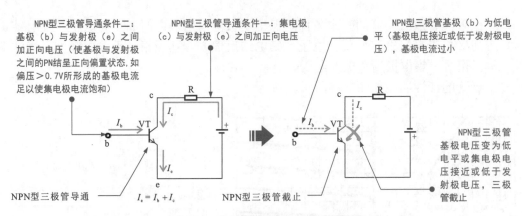

图2-86 三极管的开关功能原理图

2.8.2 三极管的命名及标识方法

1 >> 国产三极管的命名及标识方法

图2-87所示为国产三极管的命名及标识方法。

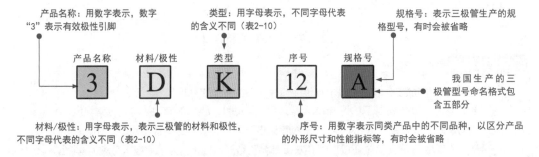

图2-87 国产三极管的命名及标识方法

在国产三极管型号标志中表示"材料/极性"和"类型"的字母或数字的含义见表2-10。

表2-10 在国产三极管型号标志中表示"材料/极性"和"类型"的字母或数字的含义

材料/极性符号	含 义	材料/极性符号	含 义
A	锗材料、PNP型	D	硅材料、NPN型
B	锗材料、NPN型	E	化合物材料
C	硅材料、PNP型		
类型符号	含 义	类型符号	含 义
G	高频小功率三极管	K	开关管
X	低频小功率三极管	V	微波管
A	高频大功率三极管	B	雪崩管
D	低频大功率三极管	J	阶跃恢复管
T	闸流管	U	光敏管（光电管）

图2-88所示为典型国产三极管型号的识别方法。图中标志为"3AD50C"，其中，"3"表示三极管；"A"表示该管为锗材料、PNP型；"D"表示该管为低频大功率三极管；"50"表示序号；"C"表示规格。故该三极管为低频大功率PNP型锗三极管。

型号标志为
3AD50C

三极管的型号为
"3AD50C"，该三极
管为低频大功率PNP型
锗三极管

图2-88 典型国产三极管型号的识别方法

2 日产三极管的命名及标识方法

图2-89所示为日产三极管的命名及标识方法。

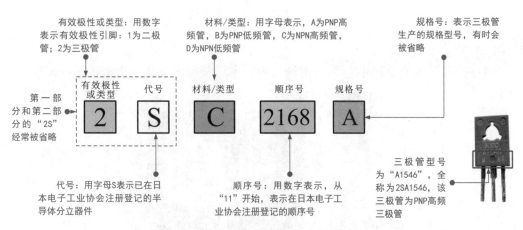

有效极性或类型：用数字
表示有效极性引脚：1为二极
管；2为三极管

材料/类型：用字母表示，A为PNP高
频管，B为PNP低频管，C为NPN高频管，
D为NPN低频管

规格号：表示三极管
生产的规格型号，有时会
被省略

第一部
分和第二部
分的"2S"
经常被省略

代号：用字母S表示已在日
本电子工业协会注册登记的半
导体分立器件

顺序号：用数字表示，从
"11"开始，表示在日本电子工
业协会注册登记的顺序号

三极管型号
为"A1546"，全
称为2SA1546，该
三极管为PNP高频
三极管

图2-89 日产三极管的命名及标识方法

3 美产三极管的命名及标识方法

图2-90所示为美产三极管的命名及标识方法。

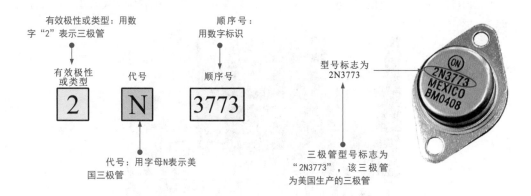

有效极性或类型：用数
字"2"表示三极管

顺序号：
用数字标识

型号标志为
2N3773

代号：用字母N表示美
国三极管

三极管型号标志为
"2N3773"，该三极管
为美国生产的三极管

图2-90 美产三极管的命名及标识方法

2.8.3 三极管的分类

1 ▶▶ 小功率三极管

图2-91所示为典型的小功率三极管。小功率三极管的功率一般小于0.3W。

小功率三极管

图2-91 典型的小功率三极管

2 ▶▶ 中功率三极管

图2-92所示为典型的中功率三极管。中功率三极管的功率一般为0.3～1W。

中功率三极管

图2-92 典型的中功率三极管

3 ▶▶ 大功率三极管

图2-93所示为典型的大功率三极管。大功率三极管的功率一般在1W以上，通常需要安装在散热片上。

散热片

大功率三极管

图2-93 典型的大功率三极管

2.9 场效应晶体管的功能参数与分类

2.9.1 场效应晶体管的功能特点

　　场效应晶体管是一种电压控制器件，栅极不需要控制电流，只需要有一个控制电压就可以控制漏极和源极之间的电流，在电路中常作为放大器件使用。

1 结型场效应晶体管的功能

　　结型场效应晶体管（JFET）利用沟道两边的耗尽层宽窄，改变沟道导电特性来控制漏极电流实现放大功能。图2-94所示为结型场效应晶体管的放大原理图。

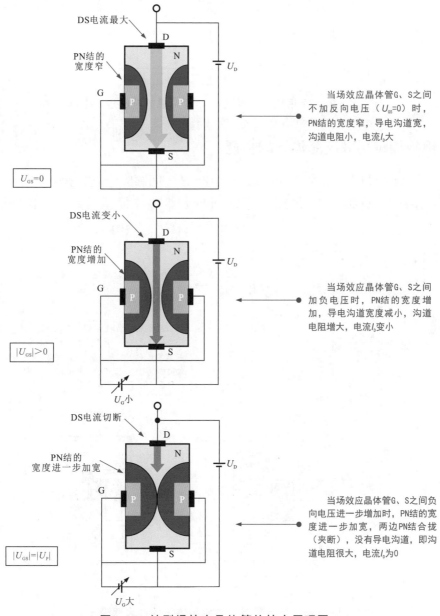

当场效应晶体管G、S之间不加反向电压（$U_{GS}=0$）时，PN结的宽度窄，导电沟道宽，沟道电阻小，电流I_D大

当场效应晶体管G、S之间加负电压时，PN结的宽度增加，导电沟道宽度减小，沟道电阻增大，电流I_D变小

当场效应晶体管G、S之间负向电压进一步增加时，PN结的宽度进一步加宽，两边PN结合拢（夹断），没有导电沟道，即沟道电阻很大，电流I_D为0

图2-94　结型场效应晶体管的放大原理图

结型场效应晶体管一般用于音频放大器的差分输入电路及调制、放大、阻抗变换、稳流、限流、自动保护等电路中。

图2-95所示为采用结型场效应晶体管构成的电压放大电路。在该电路中，结型场效应晶体管可实现对输出信号的放大。

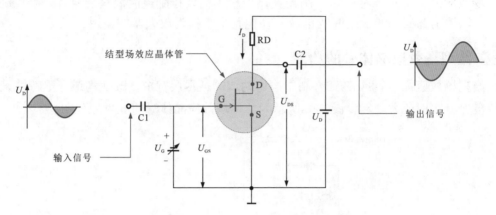

图2-95　采用结型场效应晶体管构成的电压放大电路

2 绝缘栅型场效应晶体管的功能

绝缘栅型场效应晶体管（IGFET）利用PN结之间感应电荷的多少改变沟道导电特性来控制漏极电流实现放大功能。图2-96所示为绝缘栅型场效应晶体管的放大原理图。

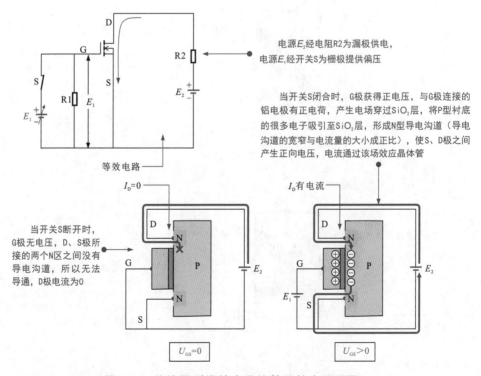

电源E_2经电阻R2为漏极供电，电源E_1经开关S为栅极提供偏压

当开关S闭合时，G极获得正电压，与G极连接的铝电极有正电荷，产生电场穿过SiO_2层，将P型衬底的很多电子吸引至SiO_2层，形成N型导电沟道（导电沟道的宽窄与电流量的大小成正比），使S、D极之间产生正向电压，电流通过该场效应晶体管

当开关S断开时，G极无电压，D、S极所接的两个N区之间没有导电沟道，所以无法导通，D极电流为0

图2-96　绝缘栅型场效应晶体管的放大原理图

绝缘栅型场效应晶体管常用于音频功率放大、开关电源、逆变器、电源转换器、镇流器、充电器、电动机驱动、继电器驱动等电路中。

图2-97所示为绝缘栅型场效应晶体管在收音机高频放大电路中的应用。在电路中，绝缘栅型场效应晶体管可实现高频放大的作用。

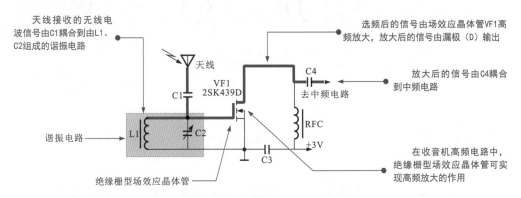

图2-97 绝缘栅型场效应晶体管在收音机高频放大电路中的应用

2.9.2 场效应晶体管的主要参数

1 夹断电压

夹断电压一般用V_p表示。在结型场效应晶体管（或耗尽型绝缘栅型场效应晶体管）中，当栅源间反向偏压V_{GS}足够大时，沟道两边的耗尽层充分地扩展，并会使沟道"堵塞"，即夹断沟道（$I_{DS} \approx 0$），此时的栅源电压，称为夹断电压V_p。通常V_p的值为1～5V。

2 开启电压

开启电压一般用V_T表示。在增强型绝缘栅型场效应晶体管中，当V_{DS}为某一固定数值时，使沟道可以将漏极、源极连通起来的最小V_{GS}为开启电压V_T。

3 饱和漏电流

饱和漏电流一般用I_{DSS}表示。在耗尽型场效应晶体管中，当栅源间电压$V_{GS}=0$，漏源电压V_{DS}足够大时，漏极电流的饱和值称为饱和漏电流I_{DSS}。

2.9.3 场效应晶体管的命名及标识方法

1 国产场效应晶体管的命名及标识方法

国产场效应晶体管的命名方式主要有两种，其包含的信息不同。国产场效应晶体管的命名及标识方法如图2-98所示。

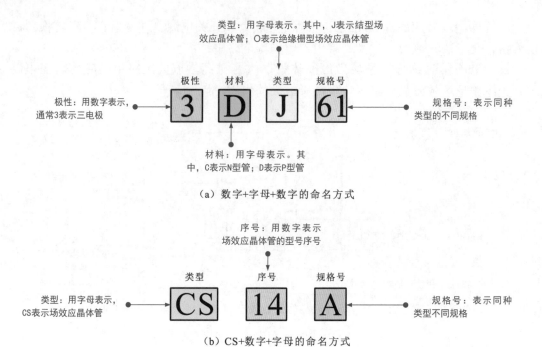

图2-98 国产场效应晶体管的命名及标识方法

2 >> 日产场效应晶体管的命名及标识方法

图2-99所示为日产场效应晶体管的命名及标识方法。日产场效应晶体管的型号标志信息一般由五部分构成，包括名称、代号、类型、顺序号和改进类型。

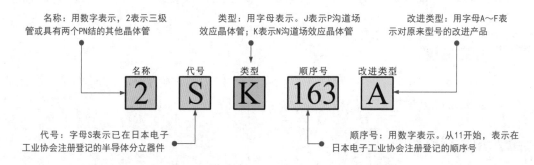

图2-99 日产场效应晶体管的命名及标识方法

2.9.4 | 场效应晶体管的分类

场效应晶体管可分为结型、绝缘栅型两大类。其中，结型场效应晶体管因有两个PN结而得名；绝缘栅型场效应晶体管则因栅极与其他电极完全绝缘而得名。目前，在绝缘栅型场效应晶体管中，应用最为广泛的是MOS场效应晶体管，简称MOS管；此外，还有PMOS、NMOS和VMOS功率场效应晶体管，以及最近刚问世的πMOS场效应晶体管、VMOS功率模块等。

场效应晶体管有三只引脚,分别为漏极(D)、源极(S)、栅极(G),与普通三极管做一对照,分别对应三极管的集电极(c)、发射极(e)、基极(b)。两者的区别是:三极管是电流控制器件,而场效应晶体管是电压控制器件。

1 >> 结型场效应晶体管

结型场效应晶体管是在一块N型(或P型)半导体材料两边制作P型(或N型)区形成PN结所构成的,根据导电沟道的不同可分为N沟道和P沟道两种。结型场效应晶体管的外形特点及内部结构如图2-100所示。

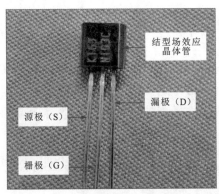
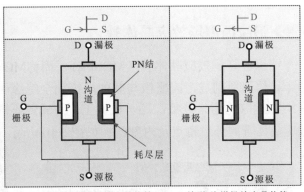

结型N沟道场效应晶体管   结型P沟道场效应晶体管

图2-100 结型场效应晶体管的外形特点及内部结构

视频:结型场效应晶体管

图2-101所示为结型场效应晶体管的应用电路。

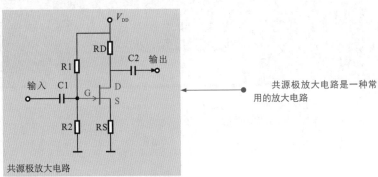

共源极放大电路是一种常用的放大电路

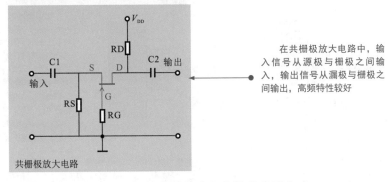

在共栅极放大电路中,输入信号从源极与栅极之间输入,输出信号从漏极与栅极之间输出,高频特性较好

图2-101 结型场效应晶体管的应用电路

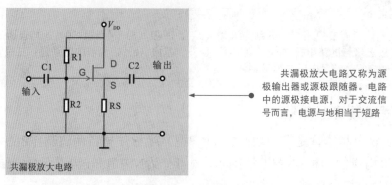

共漏极放大电路又称为源极输出器或源极跟随器。电路中的源极接电源，对于交流信号而言，电源与地相当于短路

共漏极放大电路

图2-101 （续）

2 绝缘栅型场效应晶体管

　　绝缘栅型场效应晶体管（MOSFET，简称MOS场效应晶体管），由金属、氧化物和半导体材料制成，因栅极与其他电极完全绝缘而得名。绝缘栅型场效应晶体管除了有N沟道和P沟道之分外，还可根据工作方式的不同分为增强型与耗尽型。绝缘栅型场效应晶体管的外形特点及内部结构如图2-102所示。

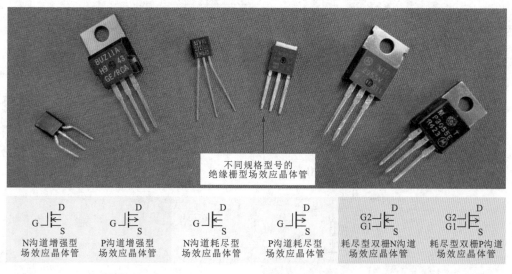

不同规格型号的绝缘栅型场效应晶体管

N沟道增强型场效应晶体管　P沟道增强型场效应晶体管　N沟道耗尽型场效应晶体管　P沟道耗尽型场效应晶体管　耗尽型双栅N沟道场效应晶体管　耗尽型双栅P沟道场效应晶体管

视频：绝缘栅型场效应晶体管

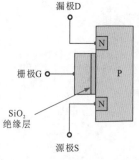

N沟道增强型MOS场效应晶体管

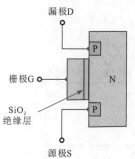

P沟道增强型MOS场效应晶体管

增强型MOS场效应晶体管以P型（N型）硅片作为衬底，在衬底上制作两个含有杂质的N型（P型）材料，其上覆盖很薄的二氧化硅（SiO_2）绝缘层，在两个N型（P型）材料上引出两个铝电极，分别称为漏极（D）和源极（S），在两极中间的SiO_2绝缘层上制作一层铝质导电层，即栅极（G）

图2-102　绝缘栅型场效应晶体管的外形特点及内部结构

2.10 晶闸管的功能参数与分类

2.10.1 晶闸管的功能特点

晶闸管在实际应用中主要作为可控整流器件和可控电子开关使用。

1 ▶ 晶闸管作为可控整流器件使用

晶闸管可与整流器件构成调压电路，使整流电路的输出电压具有可调性。

图2-103所示为由晶闸管构成的典型调压电路。

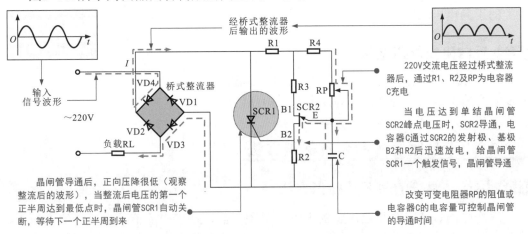

图2-103 由晶闸管构成的典型调压电路

2 ▶ 晶闸管作为可控电子开关使用

图2-104所示为晶闸管作为可控电子开关在电路中的应用。在电路中由其自身的导通和截止控制电路的接通、断开。

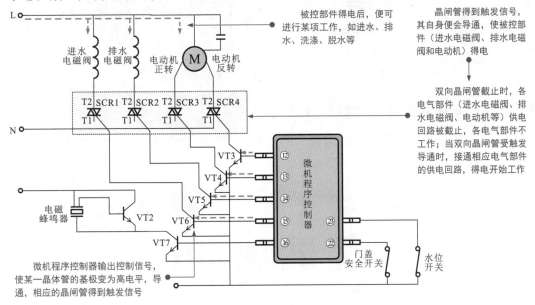

图2-104 晶闸管作为可控电子开关在电路中的应用

2.10.2 | 晶闸管的主要参数

1 >> 额定正向平均电流

额定正向平均电流I_F是指在规定的环境温度、标准散热和全导通的条件下，阴极和阳极间通过的工频（50Hz）正弦电流的平均值。

2 >> 正向阻断峰值电压

正向阻断峰值电压V_{DRM}是指在控制极开路、正向阻断条件下，可以重复加在元器件上的正向电压峰值。

3 >> 反向阻断峰值电压

反向阻断峰值电压是指当控制极开路、结温为额定值时，允许重复加在元器件上的反向峰值电压，按规定为最高反向测试电压的80%。

2.10.3 | 晶闸管的命名及标识方法

1 >> 国产晶闸管的命名及标识方法

国产晶闸管通常会将晶闸管的名称、类型、额定通态电流值及重复峰值电压级数等信息标注在晶闸管的表面。根据国家规定，国产晶闸管的型号命名由四部分构成。图2-105所示为国产晶闸管的命名及标识方法。

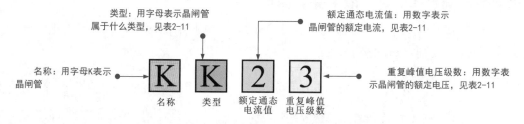

图2-105 国产晶闸管的命名及标识方法

2 >> 日产晶闸管的命名及标识方法

日产晶闸管的命名由三部分构成，即将晶闸管的额定通态电流值、类型及重复峰值电压级数等信息标注在晶闸管的表面，如图2-106所示。

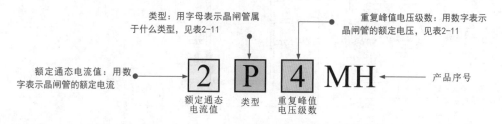

图2-106 日产晶闸管的命名及标识方法

晶闸管类型、额定通态电流、重复峰值电压级数的符号含义见表2-11。

表2-11　晶闸管类型、额定通态电流、重复峰值电压级数的符号含义

额定通态电流表示数字	含义	额定通态电流表示数字	含义	重复峰值电压级数	含义	重复峰值电压级数	含义	类型字母	含义
1	1A	50	50A	1	100V	7	700V	P	普通反向阻断型
2	2A	100	100A	2	200V	8	800V		
5	5A	200	200A	3	300V	9	900V	K	快速反向阻断型
10	10A	300	300A	4	400V	10	1000V		
20	20A	400	400A	5	500V	12	1200V	S	双向型
30	30A	500	500A	6	600V	14	1400V		

3 >> 国际电子联合会晶闸管的命名及标识方法

国际电子联合会晶闸管分立器件的命名及标识方法如图2-107所示。

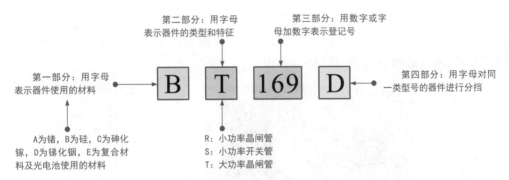

图2-107　国际电子联合会晶闸管分立器件的命名及标识方法

2.10.4 | 晶闸管的分类

1 >> 单向晶闸管

图2-108所示为典型的单向晶闸管（SCR）。单向晶闸管是指其触发后只允许一个方向的电流流过半导体器件，相当于一个可控的整流二极管。它是由P-N-P-N共四层三个PN结组成的，被广泛应用于可控整流、交流调压、逆变器和开关电源电路中。

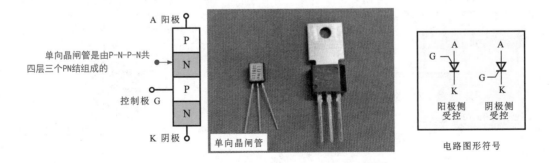

图2-108　典型的单向晶闸管

图2-109所示为单向晶闸管的内部结构及控制原理图。

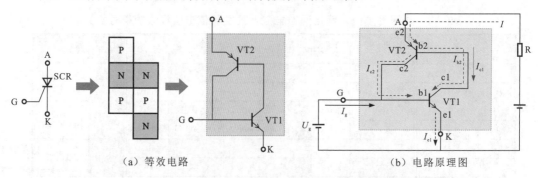

（a）等效电路 　　　　　　　　　　（b）电路原理图

图2-109　单向晶闸管的内部结构及控制原理图

2 >> 双向晶闸管

双向晶闸管又称为双向可控硅元件，属于N-P-N-P-N共五层半导体器件，有第一电极（T1）、第二电极（T2）、控制极（G）三个电极，在结构上相当于两个单向晶闸管反极性并联，常用于交流电路调节电压、电流或作为交流无触头开关。图2-110所示为典型双向晶闸管的外形结构。

视频：双向晶闸管

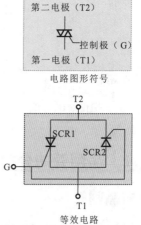

电路图形符号

等效电路

图2-110　典型双向晶闸管的外形结构

图2-111所示为双向晶闸管的基本特性。

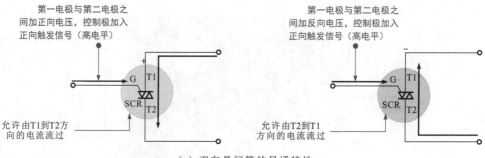

（a）双向晶闸管的导通特性

图2-111　双向晶闸管的基本特性

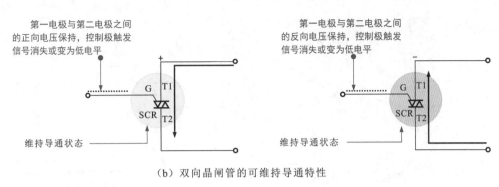

（b）双向晶闸管的可维持导通特性

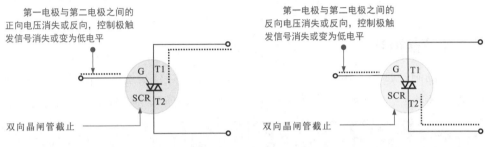

（c）双向晶闸管的截止条件

图2-111 （续）

3 单结晶闸管

单结晶闸管（UJT）也称为双基极二极管，是由一个PN结和两个内电阻构成的三端半导体器件，广泛用于振荡、定时、双稳电路及晶闸管触发等电路中。单结晶闸管的实物外形及基本特性如图2-112所示。

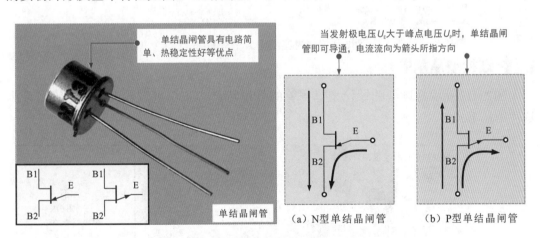

图2-112 单结晶闸管的实物外形及基本特性

4 门极关断晶闸管

门极关断晶闸管（GTO）俗称为门控晶闸管。

门极关断晶闸管的主要特点是当门极加负向触发信号时能自行关断，其实物外形及基本特性如图2-113所示。

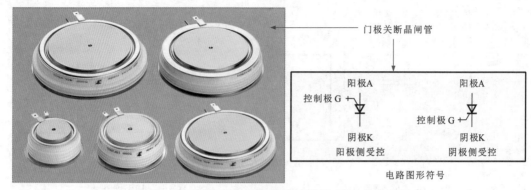

图2-113 门极关断晶闸管的实物外形及基本特性

5 ▶ 快速晶闸管

快速晶闸管是一个P-N-P-N共四层三端器件，符号与普通晶闸管一样，主要用于较高频率的整流、斩波、逆变和变频电路。图2-114所示为快速晶闸管的外形特点。

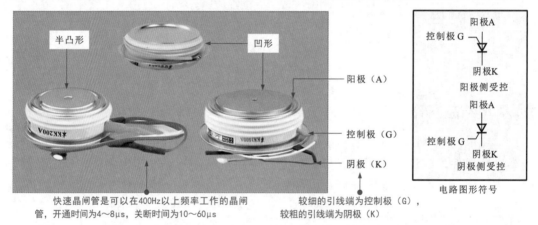

快速晶闸管是可以在400Hz以上频率工作的晶闸管，开通时间为4～8μs，关断时间为10～60μs

较细的引线端为控制极（G），较粗的引线端为阴极（K）

图2-114 快速晶闸管的外形特点

6 ▶ 螺栓型晶闸管

图2-115所示为典型的螺栓型晶闸管的外形特点。工作电流较大的晶闸管多采用这种结构形式。

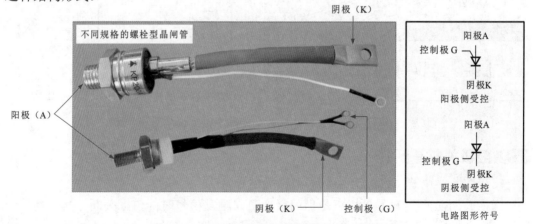

图2-115 典型的螺栓型晶闸管的外形特点

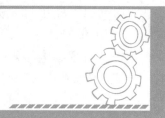

第3章

电气部件

3.1 高压隔离开关的特点与分类

3.1.1 高压隔离开关的功能与命名标识

高压隔离开关主要用于变电站的高压输入部分，不同的变电站中高压隔离开关的结构和型号有很大的不同。例如，工作在10kV的隔离开关和工作在300~500kV的隔离开关因所承受的电压不同，其结构也有很大的差别。

高压隔离开关需要与高压断路器配合使用，主要用于检修时隔离电压或运行时进行倒闸操作，能起到隔离电压的作用。因结构上无灭弧装置，一般不能将其用于切断电流和投入电流，即不能进行带负荷分断的操作，目前也有一些能分断负荷的隔离开关。

图3-1所示为高压隔离开关产品型号的命名及标识方法。

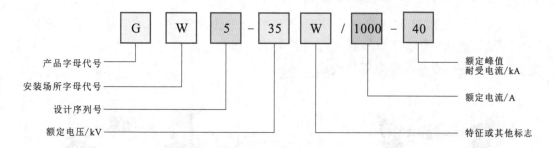

图3-1 高压隔离开关产品型号的命名及标识方法

产品字母代号：G表示隔离开关。

安装场所字母代号：N表示户内；W表示户外。

设计序列号：通常用1、2、3、…表示。

特征或其他标志：D表示带接地开关；G表示改进型；TH表示湿热带；W表示污秽地区。

高压隔离开关根据安装地点的不同，可以分为户内高压隔离开关和户外高压隔离开关；根据绝缘与支柱数量的不同，可以分为单柱式、双柱式和三柱式等；根据装设接地刀数量的不同，可以分为不接地（无接地刀）、单接地（一侧有接地刀）、双接地（两侧有接地刀）三类。

3.1.2 | 户内高压隔离开关

户内高压隔离开关的额定电压普遍不高，一般均在35kV以下，多采用三相共座式结构，如图3-2所示。户内高压隔离开关由导电部分、支持瓷瓶、转轴和底座构成。其中，每相导电部分由触座、导电刀闸和静触头等组成，并安装在支持瓷瓶上端，通过支持瓷瓶固定在底座上。

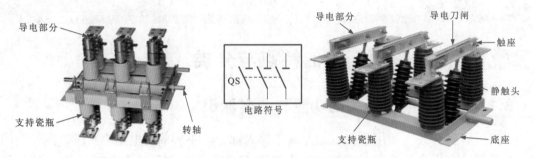

图3-2 户内高压隔离开关的外形及电路符号

补充说明

当高压隔离开关发生故障时，无法保证检测电路与带电体之间是否隔离，可能会导致需要被隔离的电路带电，从而发生触电事故。

3.1.3 | 户外高压隔离开关

户外高压隔离开关与户内高压隔离开关的工作原理相同，但结构形式不同，图3-3所示为35kV及以下户外高压隔离开关的外形及电路符号。户外高压隔离开关主要由底座、支持瓷瓶及导电部分构成。

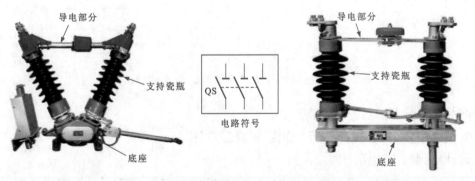

图3-3 35kV及以下户外高压隔离开关的外形及电路符号

补充说明

由于户外高压隔离开关的工作环境比较恶劣，在结构形式上根据环境因素而有所不同。例如，应用在冰雪地区的户外高压隔离开关需装设破冰机构；应用在脏污严重的环境时，为防止触头表面沉积污垢和氧化物的影响，触头分、合时应具有自动清除功能；为防止烧伤接触面，还应采取引弧或灭弧等措施。

3.2 高压负荷开关的特点与分类

3.2.1 高压负荷开关的功能与命名标识

高压负荷开关（UGS）是一种介于高压断路器和高压隔离开关之间的电器，主要用于3～63kV高压配电线路中。高压负荷开关常与熔断器串联使用，用于控制电力变压器或电动机等设备。其具有简单的灭弧装置，能通断一定负荷的电流，但不能断开短路电流，所以要和熔断器串联使用，靠熔断器进行短路保护。

高压负荷开关在变配电设备中，是对高压电路的负载电流、变压器的励磁电流、电容充放电电流进行开关控制的装置。在其电路发生短路或有异常电流出现时，可在规定时间内进行断电。高压负荷开关产品的命名及标识方法如图3-4所示。

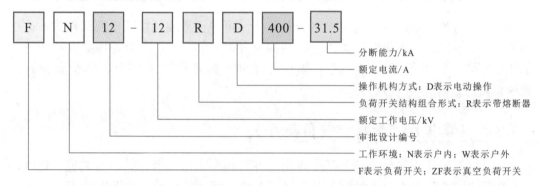

图3-4 高压负荷开关产品的命名及标识方法

高压负荷开关根据其灭弧的方式可以分为空气负荷开关、油负荷开关和真空负荷开关等。其中，空气负荷开关由于无线圈、价格便宜等特点而成为目前的主流产品。

3.2.2 室内用空气负荷开关

空气负荷开关是指电路的开关动作是在空气中进行的，室内用空气负荷开关的外形如图3-5所示。这种开关作为负荷电流的开关、变压器一次侧电路的开关、进相电容器的开关，是以防止普通断路器误操作而引发故障为目的而使用的开关装置。

图3-5 室内用空气负荷开关的外形

额定电流的选择要考虑用电容量，通常因负荷的变动和负荷的增加等因素，应选两倍于负荷电流的产品，而在带熔断器的情况下，还要根据容量专门进行选择。室内用空气负荷开关的参数见表3-1。

表3-1　室内用空气负荷开关的参数

额定电压/kV	额定电流/A	额定短路开断电流/kA	额定短路投入电流/kA	额定开关容量/A
7.2	100	2.0 4.0	5.0 10.0	负荷电流：100、200、300、400、600
	200	4.0 8.0	10.0 20.0	励磁电流：5、10、15、20、30
	300 400 600	8.0 12.5	20.0 31.5	充电电流：10

额定负荷开关容量是在规定电路的条件下，可进行接通、切断电流的限度。高压负荷开关在不同的电压和电流条件下，结构也有很大的不同。此外，因其介质不同，结构也不同。常见的室内用空气负荷开关有空气负荷开关（AS）、真空负荷开关（VS）和油负荷开关（OS）。

3.2.3　带电力熔断器空气负荷开关

带电力熔断器空气负荷开关是空气负荷开关和电力熔断器相结合的装置。通常，负荷电流和过负荷电流由这种负荷开关进行开合，而短路电流由熔断器切断。这种开关兼有断路器、负荷开关和熔断器三种功能，其外形如图3-6所示。

图3-6　带电力熔断器空气负荷开关的外形

3.3　高压断路器的特点与分类

3.3.1　高压断路器的功能与命名标识

高压断路器（QF）是高压供配电线路中具有保护功能的开关装置，当高压供配电的负载电路中出现短路故障时，高压断路器会自行断开，对整个高压供配电线路进行保护，以防止短路造成电路中其他设备的故障。

高压断路器是一种工作在高压环境的设备，各种高压变配电站中都设有断路器，由于工作电压不同，其结构和型号也不同。我国对额定高压的等级划分有一定的系列标准，如3kV、6kV、10kV、35kV、60kV、110kV、220kV、330kV、500kV、750kV、1000kV等，工作在不同电压等级中的断路器的结构也有很大的不同。

高压断路器的命名及标识方法如图3-7所示。

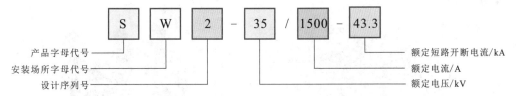

图3-7 高压断路器的命名及标识方法

产品字母代号：S表示"少"油断路器；D表示"多"油断路器；K表示空气断路器；Z表示真空断路器。

安装场所字母代号：N表示户内；W表示户外。

设计序列号：通常用1、2、3、…表示。

补充说明

高压断路器不仅可以切断或闭合高压电路中的空载电流和负载电流，还可以在系统发生故障时通过断路器和保护装置的配合，自动切断过载电流或短路电流，其内部具有相当完善的灭弧装置和足够的断路能力。由于在高电压或大电流的条件下，开关电路在接点处会产生电弧，电弧的高热量易于引发火灾，因而断路器中必须设置灭弧装置。

3.3.2 油断路器

所谓油断路器，就是以密封的绝缘油作为开断故障的灭弧介质的开关设备。图3-8所示为油罐型断路器的外形结构。它将开关触片设置于钢制油罐中，通过带绝缘子的端子引出，当触点闭合时，触点所产生的电弧能对油进行热分解，从而产生油流或油气流，起到灭弧的效果。该断路器安装在配电盘的操作面板上，用手握住手柄或通过操作箱可进行开关操作。

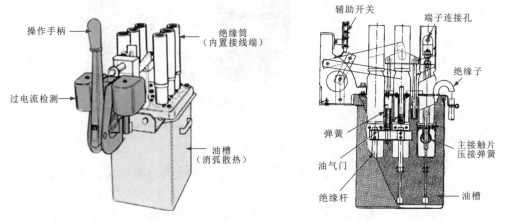

图3-8 油罐型断路器的外形结构

3.3.3 | 真空断路器

真空断路器是一种主断路器（CB），其触头都处在真空中，具有灭弧功能，是当变配电设备中发生故障时切断供电电源的装置。CB型断路器是将断路器与保护继电器组合为一体的设备。

真空断路器的外形如图3-9所示。

（a）吊装式真空断路器　　　　　　　　（b）支架式真空断路器

图3-9　真空断路器的外形

真空断路器采用真空灭弧室，也就是以真空作为灭弧和绝缘介质。图3-10所示为真空断路器的灭弧室。当动静触头在外力作用下带电分闸时，在触头间会产生真空电弧，由于触头采用特殊结构，使得电弧均匀分布在触头表面，在电流自然过零时，残留的离子、电子和金属蒸气会在很短的时间内复合或凝聚在触头表面和屏蔽罩上。灭弧室端口介质强度很快恢复，使电弧被熄灭达到分断的目的。

图3-10　真空断路器的灭弧室

真空灭弧室的外壳主要由绝缘筒、静端盖板和动端盖板构成，该部分形成了一个密封真空容器，同时也是动静触头之间的绝缘支持。

主屏蔽罩的作用是在开断电流时，由于电弧会使触头材质熔化、蒸发或喷溅，主屏蔽罩可有效防止金属蒸气喷溅到绝缘外壳内表面，避免内表面绝缘性能下降。另外，在交流电流自然过零时，灭弧室内剩余金属蒸气和导电粒子会迅速扩散到主屏蔽罩，经冷却、复合、凝结后，可有效提升开断性能。

3.4　高压熔断器的特点与分类

3.4.1　高压熔断器的功能与命名标识

高压熔断器（FU）在高压供配电线路中是用于保护设备安全的装置，当高压供配电线路中出现过电流的情况时，高压熔断器会自动断开电路，以确保高压供配电线路及设备的安全。高压熔断器的命名及标识方法如图3-11所示。

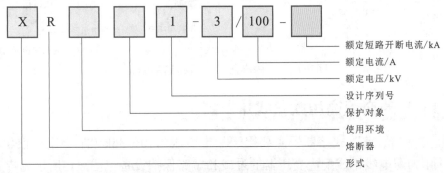

图3-11　高压熔断器的命名及标识方法

形式：X表示限流式（常见的有户内高压限流熔断器）；P表示喷射式（常见的有户外交流高压跌落式熔断器）。

使用环境：N表示户内；W表示户外。

保护对象：T表示保护变压器；M表示保护电动机；P表示保护电压互感器；C表示保护电容器；G表示不限制使用场所。

设计序列号：通常用1、2、3、…表示。

在高压供配电系统中，常用的高压熔断器主要有户内高压限流熔断器和户外交流高压跌落式熔断器两种类型。

3.4.2　户内高压限流熔断器

在变配电设备中，熔断器用于高压电路和机器的短路保护，高压变压器、高压进相电容器、高压电动机电路等器件发生故障时，由短路电流进行断路保护的器件就是熔断器。其中，户内高压限流熔断器被广泛使用。

户内高压限流熔断器主要用于3～35kV、三相交流50Hz电力系统中，用于对电气设备进行严重过负荷和短路电流保护。

户内高压限流熔断器的结构如图3-12所示，其主要由熔管、弹性触座、连接端子、支柱绝缘子、底座等几部分组成。

支柱绝缘子安装在底座上，弹性触座固定在支柱绝缘子上，两端的连接端子与弹性触座相连。高压熔断器的熔管多采用高密度陶瓷支撑，两端装有铜制的端帽，端帽与两端的弹性触座紧密连接，进而确保与连接端子保持良好的连接状态。

高压熔断器的熔管内装有熔丝，熔丝周围用石英砂填料填充。当通过过载电流或短路电流时，熔丝会立即熔断，产生的电弧会被石英砂填料立即熄灭。与此同时，弹簧拉线也会熔断，熔断指示器便会弹出，指示高压熔断器熔断保护。

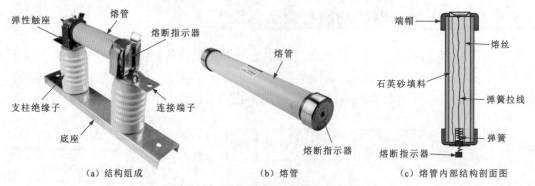

（a）结构组成　　　　　　（b）熔管　　　　　（c）熔管内部结构剖面图

图3-12　户内高压限流熔断器的结构

3.4.3 | 户外交流高压跌落式熔断器

户外交流高压跌落式熔断器主要用于额定电压为10~35kV的三相交流50Hz电力系统中，作为配电线路或配电变压器的过载和短路保护设备。图3-13所示为户外交流高压跌落式熔断器的结构及电路符号。

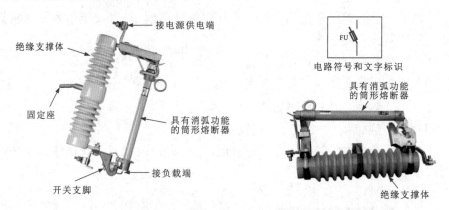

图3-13　户外交流高压跌落式熔断器的结构及电路符号

3.5　低压开关的特点与分类

3.5.1 | 开启式负荷开关

开启式负荷开关又称为胶盖刀闸开关，简称刀开关，其主要作用是在带负荷状态下可以接通或切断电路。通常应用在电气照明电路、电热回路、建筑工地供电、农用机械供电，或者作为分支电路的配电开关。

图3-14所示为开启式负荷开关的外形。通常情况下，可将开启式负荷开关分为二极开启式负荷开关和三极开启式负荷开关两种，但其内部结构基本相似。其中，二极开启式负荷开关的额定电压为250V，三极开启式负荷开关的额定电压为380V，其额定电流为10~100A。

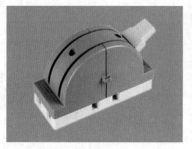

（a）二极开启式负荷开关　　　　　（b）三极开启式负荷开关

图3-14 开启式负荷开关的外形

🖹 补充说明

　　在选用开启式负荷开关时，主要应考虑其型号、额定电流等。开启式负荷开关的型号含义如图3-15所示。

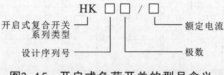

图3-15 开启式负荷开关的型号含义

　　开启式负荷开关按其常用规格，主要分为HK1系列、HK8系列、HH3系列，根据其自身的不同特点应用在不同的电路中。

1 ▶▶ HK1系列开启式负荷开关

　　HK1系列开启式负荷开关的额定电流为15～60A，常用在电气照明电路、电热回路的控制开关中，也可用作分支电路的配电开关。

2 ▶▶ HK8系列开启式负荷开关

　　HK8系列开启式负荷开关用于交流50Hz，额定电压单相220V、三相380V，额定电流为63A的电路中，常作为总开关、支路开关及电灯、电热器等操作开关，在手动操作不频繁接通与分断的负载电路和小容量电路中还起到短路保护的作用。

3 ▶▶ HH3系列开启式负荷开关

　　HH3系列开启式负荷开关主要用于各种配电设备中，在手动操作不频繁的带负载的电路中，有熔断器作为短路保护。

3.5.2 封闭式负荷开关

　　封闭式负荷开关又称为铁壳开关，通常用于电力灌溉、电热器、电气照明电路的配电设备中，即额定电压小于500V、额定电流小于200A的电气设备中，用于手动操作不频繁的接通和分断电路中。其中，额定电流小于60A的封闭式负荷开关还用作异步电动机的手动操作不频繁全电压启动控制开关。封闭式负荷开关的外形如图3-16所示。

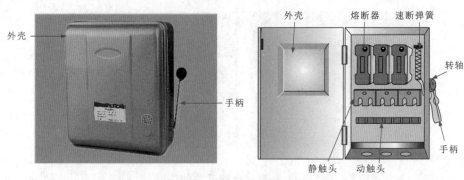

图3-16 封闭式负荷开关的外形

封闭式负荷开关的技术参数见表3-2。

表3-2 封闭式负荷开关的技术参数

参数	HH3系列				HH4系列			HH10系列				HH11系列		
	HH3 -15	HH3 -30	HH3 -60	HH3 -100	HH4 -15	HH4 -30	HH4 -60	HH10 -10	HH10 -20	HH10 -30	HH10 -60	HH11 -100	HH11 -200	HH11 -400
额定电流/ A	15	30	60	100	15	30	60	10	20	30	60	100	200	400
极限通断能力 （110%额定电压时通断电流/ A）	60	120	240	250	60	120	240	40	80	120	240	300	600	1200
通/断次数	10	10	10	10	2	2	2	3	3	3	3	3	3	3

3.5.3 组合开关

组合开关又称为转换开关，是一种转动式的刀闸开关，主要用于接通或切断电路、换接电源或局部照明等。组合开关的外形如图3-17所示。

组合开关根据其常用的型号规格，主要分为HZ10系列、HZ15系列和HZW1（3ST、3LB）系列。

图3-17 组合开关的外形

1 ▶▶ HZ10系列组合开关

HZ10系列组合开关一般用于电气设备中，用于手动操作不频繁的接通和分断电路、换接电源和负载、测量三相电压，以及控制小容量异步电动机的正反转和Y-△的启动等，此系列开关的额定电流为10A、25A、60A、100A。

2 HZ15系列组合开关

HZ15系列组合开关主要用于交流50Hz、额定电压为380V以下，直流额定电压为220V及以下的供电线路中，用于手动操作不频繁的接通、分断，以及转换交流电路和直流电阻性负载电路（常用于控制配电电器和电动机）。

3 HZW1（3ST、3LB）系列组合开关

HZW1（3ST、3LB）系列组合开关主要用于交流50Hz或60Hz、额定电压为220～600V、额定电流低于63A，直流电压为24～600V、控制电流低于15A，控制电动机功率低于22kW的供电线路中，用于三相异步电动机负载启动、变速、换向，以及主电路和辅助电路的转换。

3.5.4 控制开关

控制开关主要用于家庭照明线路中，根据其内部的结构不同，主要分为单联单控开关、双联单控开关和单联双控开关等。控制开关的外形如图3-18所示。

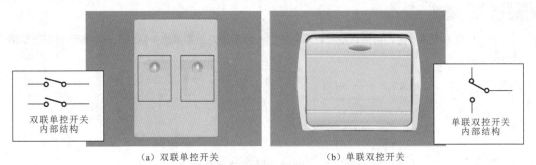

（a）双联单控开关　　　　　　　　　（b）单联双控开关

图3-18　控制开关的外形

3.5.5 功能开关

功能开关包括触摸开关、声控开关和光控开关等，不同功能开关的外形如图3-19所示。其中，触摸开关通过人体的温度实现开关的通断控制功能，常用于楼道照明电路中。声、光控开关利用声波或光线控制照明电路的通断，常用于楼道照明中，白天楼道中光线充足，照明灯无法点亮；夜晚黑暗的楼道中不方便找照明开关，用声波即可控制照明灯照明，等待行人路过后照明灯可以自行熄灭。

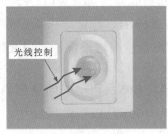

（a）触摸开关　　　　　　　（b）光控开关　　　　　　　（c）声控开关

图3-19　不同功能开关的外形

3.6 低压断路器的特点与分类

3.6.1 塑壳断路器

塑壳断路器又称为装置式断路器，通常用作电动机及照明系统的控制开关、供电线路的保护开关等。图3-20所示为塑壳断路器的外形及电路符号。

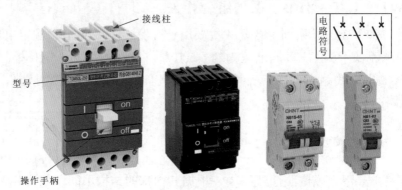

图3-20 塑壳断路器的外形及电路符号

> **补充说明**
>
> 在选择塑壳断路器时，可根据塑壳断路器的型号判断塑壳断路器的类别。图3-21所示为塑壳断路器的型号含义。

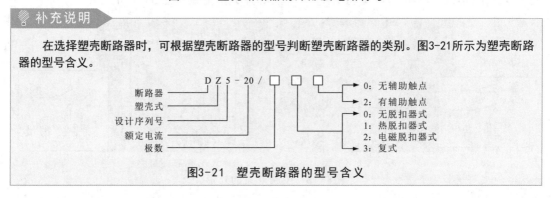

图3-21 塑壳断路器的型号含义

目前，塑壳断路器主要有BM系列、C45/DPN/NC100系列、C65系列、SB/GM系列、BHC系列、M-PACT系列、K系列、DZ20系列、TO/TG系列、NZM系列、S2/S900系列、TM30系列等。

（1）BM系列塑壳断路器。BM系列塑壳断路器适用于交流50Hz或60Hz、额定电压为240V/415V、额定电流为63A的配电线路中，用于对建筑物和类似场所的线路设施、电气设备等进行过负荷和短路保护，正常条件下也可用于线路的不频繁操作。

（2）C45/DPN/NC100系列塑壳断路器。C45/DPN/NC100系列塑壳断路器为小型塑壳断路器，适用于交流50Hz或60Hz、额定电压为240V/415V及以下的配电线路中，用于线路、照明及动力设备的过负载与短路保护，以及线路和设备的通断转换，而且此系列的断路器也可用于直流电路中。

（3）C65系列塑壳断路器。C65系列塑壳断路器属于微型断路器，适用于交流50Hz或60Hz、额定电压为230V/400V及以下的系统中，用于照明和动力设备的过负荷、短路保护，以及接通或断开不频繁启动的线路和设备。在使用此系列的断路器时，应根据不同的工作电流选择不同型号的断路器。

（4）SB/GM系列塑壳断路器。SB/GM系列塑壳断路器适用于交流50Hz或60Hz、额定电压为690V、直流电压为220V或440V、额定电流为10～2000A的低压电网中。此系列断路器一般作为配电使用，额定电压为400V及以下的断路器可用于电动机的保护，正常情况下，也可用于线路的不频繁转换及电动机的不频繁启动。

（5）BHC系列塑壳断路器。BHC系列塑壳断路器具有3kA和6kA两种断路分断能力，根据其内部结构的不同可分为B、C两类脱扣特性，B类脱扣特性适用于工业及民用低感照明配电系统，C类脱扣特性适用于电动机配电及高感照明配电系统。

（6）M-PACT系列塑壳断路器。M-PACT系列塑壳断路器为空气断路器，适用于交流50Hz或60Hz、额定电压为690V、额定电流为400～4000A的供配电线路中，用于线路和设备的过电流保护。

（7）K系列塑壳断路器。K系列塑壳断路器可用于线路、照明及动力设备的过负载与短路保护，也可用于线路的不频繁转换及电动机的不频繁启动，常用于宾馆、公寓、住宅和工商企业的低压配电系统中。

（8）DZ20系列塑壳断路器。DZ20系列塑壳断路器适用于交流50Hz、额定电压为380V、直流额定电压为220V及以下的配电系统中，用于配电和保护电动机。此类断路器在配电系统中用于分配电能，而且用于线路和电源设备的过负载、欠电压和短路保护。作为保护电动机的断路器，其在电路中用于笼型电动机过负载、欠电压和短路保护。

（9）TO/TG系列塑壳断路器。TO/TG系列塑壳断路器适用于交流50Hz或60Hz、额定电压为440V、直流额定电压为250V及以下的船用或陆用的电力线路中，用于过载、欠电压及短路保护。

（10）NZM系列塑壳断路器。NZM系列塑壳断路器适用于交流额定电压为660V及以下的配电系统中，作为配电使用，用于线路、电动机、发电机、变压器的过负载和短路保护，以及不频繁的通断操作中。

（11）S2/S900系列塑壳断路器。S2/S900系列塑壳断路器常用于住宅、商业和一般工业用途的终端配电线路的过电流保护。其使用的额定电压为交流230V/400V、直流60V/110V，额定电流为0.5～63A，工作温度为-25～55℃。

（12）TM30系列塑壳断路器。TM30系列塑壳断路器适用于交流50Hz，额定电压为800V、690V及以下，额定电流为16～2000A的电路中，用于电缆、变压器、发电机、电动机等的过负荷、短路、接地和欠电压保护，以及不频繁转换和不频繁启动、分断电动机。

3.6.2 万能断路器

万能断路器主要用于低压电路中不频繁接通和分断容量较大的电路，即适用于交流50Hz、额定电流为6300A、额定电压为690V的配电设备中。图3-22所示为万能断路器的实物外形。

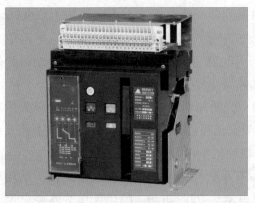

图3-22　万能断路器的实物外形

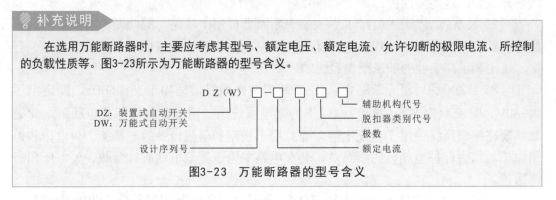

图3-23　万能断路器的型号含义

> **补充说明**
>
> 　　在选用万能断路器时，主要应考虑其型号、额定电压、额定电流、允许切断的极限电流、所控制的负载性质等。图3-23所示为万能断路器的型号含义。

目前，万能断路器根据常用的参数规格主要分为3WE系列、DW15/DW15C系列、F系列、ME/DW17系列等。

（1）3WE系列万能断路器。3WE系列万能断路器适用于交流50Hz、额定电压为1000V的配电系统中，用于分配电能和线路及电源设备的过负载、短路、欠电压保护，正常情况下，也可用于线路不频繁转换。

（2）DW15/DW15C系列万能断路器。DW15/DW15C系列万能断路器适用于交流50Hz、额定电流为4000A、额定电压为380～1140V的配电系统中，用于过负载、欠电压和短路保护。

（3）F系列万能断路器。F系列万能断路器适用于交流50Hz或60Hz、额定电压为690V及以下、直流电压为250V及以下的配电系统中，用于分配电能和设备、线路的过负载、短路、欠电压、接地故障保护，以及正常条件下线路的不频繁转换。

（4）ME/DW17系列万能断路器。ME/DW17系列万能断路器适用于交流50Hz或60Hz、额定电压为690V及以下的配电系统中，用于分配电能及线路和设备的过负载、短路、欠电压、接地故障等保护，也可用于电动机保护。

3.6.3 │ 漏电保护断路器

漏电保护断路器是一种具有漏电保护功能的断路器，如图3-24所示。这种开关具有漏电、触电、过载、短路的保护功能，对防止触电伤亡事故、避免因漏电而引起的火灾事故具有明显的效果。

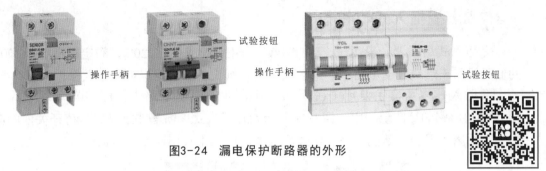

图3-24 漏电保护断路器的外形

视频：漏电保护断路器

3.7 低压熔断器的特点与分类

3.7.1 低压熔断器的功能与命名标识

低压熔断器是指在低压配电系统中用作线路和设备的短路及过载保护的电器。当系统正常工作时，低压熔断器相当于一根导线，起通路的作用；当通过低压熔断器的电流大于规定值时，低压熔断器会使自身的熔体熔断而自动断开电路，在一定的短路电流范围内起到保护线路上其他电气设备的作用。

低压熔断器有瓷插入式熔断器（RC）、螺旋式熔断器（RL或PLS）、无填料封闭管式熔断器（RM）、有填料封闭管式熔断器（RT）、快速式熔断器（RS、NGT）等。

图3-25所示为熔断器的命名及标识方法。在选择使用熔断器时，为了能够对某一特定的使用场合选用一种合适的熔断器，应该了解熔断器的相关特性。

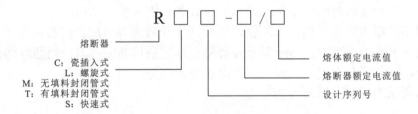

图3-25 熔断器的命名及标识方法

熔断器的主要参数包括温度环境、分断能力、额定电压和额定电流。

（1）温度环境：熔断器的工作温度环境，即熔断器周围的空气温度。目前，在许多场合中，熔断器熔丝的温度都很高。环境温度越高，熔断器在工作时就越热，其寿命也就越短。

（2）分断能力：熔断器的熔断额定值，也称为短路额定容量，是熔断器在额定电压下能够确保熔断的最大许可电流。

（3）额定电压：熔断器长期工作所能承受的电压，如220V、380V、500V等，允许长期工作在100%的额定电压。

（4）额定电流：熔断器的额定电流值由被保护电器、电路的容量确定，并规定有效标准值，即熔断器内部的熔丝或熔体的最小熔断电流和熔化因数。

3.7.2 │ 瓷插入式熔断器

瓷插入式熔断器一般用于交流50Hz、三相380V或单相220V、额定电流低于200A的低压线路末端或分支电路中，用于电缆及电气设备的短路保护和过载保护。

瓷插入式熔断器主要用于民用和工业企业的照明电路中，即220V单相电路和380V三相电路的短路保护中。图3-26所示为瓷插入式熔断器在封闭式负荷开关内的应用。这种熔断器因分断能力小，电弧比较大，所以不宜用在精密电器中。

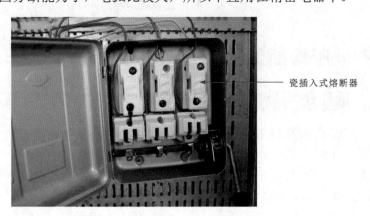

瓷插入式熔断器

图3-26　瓷插入式熔断器在封闭式负荷开关内的应用

3.7.3 │ 螺旋式熔断器

螺旋式熔断器主要用于交流50Hz或60Hz、额定电压为660V、额定电流为200A左右的电路中，主要起到对配电设备、导线等过载和短路保护的作用。

螺旋式熔断器主要由瓷帽、熔断管、接线端子和底座等组成。熔芯内除了装有熔丝外，还填有灭弧的石英砂。熔断管上装有标有红色的熔断指示器，当熔丝熔断时，指示器跳出，可从瓷帽上的玻璃窗口检查熔芯是否完好。

图3-27所示为螺旋式熔断器的外形。

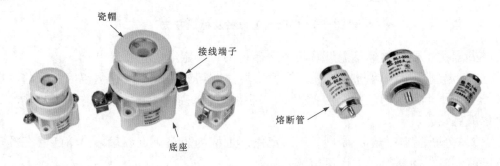

瓷帽

接线端子

底座

熔断管

图3-27　螺旋式熔断器的外形

螺旋式熔断器具有体积小、结构紧凑、熔断快、分断能力强、熔丝更换方便、熔丝熔断后能自动指示等优点，常用于机床控制线路中的短路保护。在其内部有熔断指示器，当熔丝熔断时指示器跳出，从而体现其自动指示的优点。

螺旋式熔断器根据其规格参数的不同，电路中所应用的参数规格也有所区别。常用的螺旋式熔断器主要分为RL8D系列，RL6、RL7系列，RL1系列，RLS2系列，RL8B系列等。

（1）RL8D系列螺旋式熔断器。RL8D系列螺旋式熔断器主要用于交流50Hz、额定电压为380V、额定电流为2～200A的电路中，用于过负荷和短路保护。

（2）RL6、RL7系列螺旋式熔断器。RL6、RL7系列螺旋式熔断器主要用于交流50Hz或60Hz、额定电压为500V（RL6系列）、600V（RL7系列）的配电系统中，用于线路的过负载及系统的短路保护。

（3）RL1系列螺旋式熔断器。RL1系列螺旋式熔断器一般用于交流50Hz、额定电压为380V、额定电流为200A的低压线路末端或分支电路中，作为电缆及电气设备的短路保护器，起到过载保护的作用。

（4）RLS2系列螺旋式熔断器。RLS2系列螺旋式熔断器常用于交流50Hz或60Hz、额定电压为500V及以下的电路中，用于半导体硅整流元件和晶闸管保护。

（5）RL8B系列螺旋式熔断器。RL8B系列螺旋式熔断器常用于交流或直流、额定电压为600V及以下、额定电流为100A及以下的配电、电控系统中，用于过负荷保护与短路保护。

3.7.4 │ 无填料封闭管式熔断器

无填料封闭管式熔断器的断流能力大、保护性好，主要用于交流电压为500V、直流电压为400V、额定电流为1000A以内的低压线路及成套配电设备中，具有短路保护和防止连续过载的功能。图3-28所示为无填料封闭管式熔断器的外形和结构，其内部主要由熔体、夹座、黄铜套管、黄铜帽、插刀、钢纸管等构成。

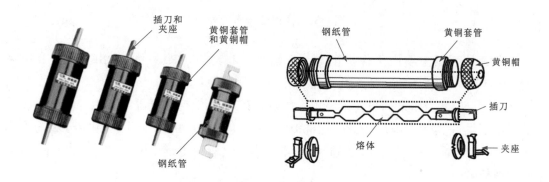

图3-28 无填料封闭管式熔断器的外形和结构

常用的无填料封闭管式熔断器有RM10系列和RM7系列。其中，RM10系列一般用于交流50Hz、额定电压为380V、额定电流为1000A的低压线路末端或分支电路中，也可用于电缆及电气设备的短路保护和过载保护。

3.7.5 有填料封闭管式熔断器

有填料封闭管式熔断器内部填充石英砂，主要应用于交流电压为380V、额定电流为1000A以内的电力网络和成套配电装置中。图3-29所示为有填料封闭管式熔断器的外形和结构，其主要由熔断器和底座构成。

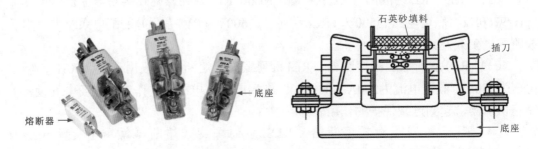

图3-29 有填料封闭管式熔断器的外形和结构

3.7.6 快速熔断器

快速熔断器是一种灵敏度高、快速动作型的熔断器。图3-30所示为快速熔断器的外形，它主要由熔断管和底座构成，其中，熔断管为一次性使用部件。

图3-30 快速熔断器的外形

快速熔断器主要用于保护半导体元器件，有NGT、RS系列，RSF系列，RSG系列，RST3/4系列，不同的系列用于保护不同的元器件。

（1）NGT、RS系列快速熔断器。NGT、RS系列快速熔断器又称为半导体元器件保护熔断器，其额定电压为380～1000V，额定电流为630A及以下，额定分断能力为100kA。该熔断器能够良好地保护半导体元器件，避免电子电力元器件及其成套装置的短路故障。

（2）RSF系列快速熔断器。RSF系列快速熔断器主要用于保护半导体元器件，用于交流50Hz、额定电压为1000V、额定电流为2100A的电路中，用于大功率整流二极管、晶闸管及其成套变流装置的短路和不允许的过负载保护。

（3）RSG 系列快速熔断器。RSG系列快速熔断器用于交流50Hz、额定电压为250～2000V、额定电流为10～7000A的电路中，用于整流二极管、晶闸管及其由半导体元器件组成的成套装置的短路和不允许过流设备的过负荷保护。

（4）RST3/4系列快速熔断器。RST3/4系列快速熔断器用于交流50Hz、额定电压为800V及以下、额定电流为1200A及以下的大容量新型半导体整流电路，用于半导体元器件及其所组成的电路中的短路故障保护，也可用于交流调压、调功中频、逆变电源等装置中。

3.8 接触器的特点与分类

3.8.1 接触器的功能与命名标识

接触器是通过电磁机构动作，频繁接通和分断主电路的远距离操纵装置。在电路中通常用KM表示，而在型号上通常用C表示。接触器按触头通过电流种类的不同，可分为交流接触器和直流接触器。图3-31所示为接触器的命名及标识方法。

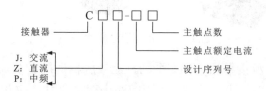

图3-31 接触器的命名及标识方法

3.8.2 交流接触器

交流接触器主要用于远距离接通与分断电路，并用于控制交流电动机的频繁启动和停止。常用的交流接触器主要有CJ0系列、CJ12系列、CJ18系列、CJ20系列、CJX系列、CJ45系列、SC系列等。图3-32所示为交流接触器的外形。

视频：交流接触器

图3-32 交流接触器的外形

交流接触器常用于电动机控制电路中。当线圈通电后，将产生电磁吸力，从而克服弹簧的弹力使铁芯吸合，并带动触头动作，即辅助触头断开、主触头闭合；当线圈失电后，电磁铁失磁，电磁吸力消失，在弹簧的作用下触头复位。

3.8.3 直流接触器

直流接触器主要用于远距离接通与分断电路，频繁启动、停止直流电动机及控制直流电动机的换向或反接制动。常用的直流接触器主要有3TC系列、TCC1系列、CZ0系列、CZ22-63系列等。图3-33所示为直流接触器的外形，每个系列的直流接触器都是按其主要用途进行设计的。在选用直流接触器时，首先应了解其使用场合和控制对象的工作参数。

视频：直流接触器

图3-33　直流接触器的外形

（1）3TC系列直流接触器。3TC系列直流接触器适用于直流电压为750V及以下、额定电流为400A及以下的电力线路中，用于远距离接通与分断电路，频繁启动、停止直流电动机及控制直流电动机的换向或反接制动。

（2）TCC1系列直流接触器。TCC1系列直流接触器适用于直流电压为110V、额定电流为400A及以下的直流电力系统中。此系列直流接触器主要可用于内燃机车的各种辅助机械的驱动、电动机和励磁线路，也可用于电力机车、工矿机车、电动车组等的电力系统中。

（3）CZ0系列直流接触器。CZ0系列直流接触器主要用于直流电压为440V及以下、额定电流为600A及以下的电力线路中，用于远距离接通与分断电路，频繁启动、停止直流电动机及控制直流电动机的换向或反接制动，常用于冶金、机床等电气控制设备中。

在CZ0系列直流接触器中，CZ0-40C、CZ0-40D、CZ0-40C/22、CZ0-40D/22型直流接触器主要用于供远距离瞬时接通与分断35kV及以下的高压油断路器操动机构。

（4）CZ22-63系列直流接触器。CZ22-63系列直流接触器主要用于直流电压为440V、直流电流为63A的直流电力系统中，用于接通和分断电路及频繁地启动和控制直流电动机。由于接触器的控制电源为交流，因此该系列的直流接触器特别适用于输出电压为可调的整流设备中。

3.9 主令电器的特点与分类

主令电器是用来频繁地按顺序操纵多个控制回路的主指令控制电器。它具有接通与断开电路的功能，利用这种功能，可以实现对生产机械的自动控制。主令电器有按钮、位置开关、接近开关及主令控制器等。

3.9.1 | 按钮

按钮可以实现在小电流电路中短时接通和断开电路的功能，以手动控制电路中的继电器或接触器等器件，间接起到控制主电路的功能。图3-34所示为几种按钮的外形。

图3-34 几种按钮的外形

不同类型的按钮，其内部结构也有所不同，常见的有动合按钮、动断按钮和复合按钮三种，如图3-35所示。

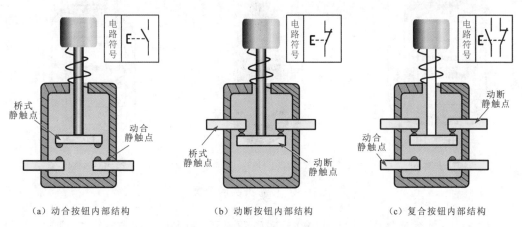

（a）动合按钮内部结构　　　（b）动断按钮内部结构　　　（c）复合按钮内部结构

图3-35 三种典型按钮的内部结构

按钮根据其应用场合、用途、回路等需要选择使用的类型，如果是嵌装在操作面板上的按钮，可选用开启式；如果需要显示工作状态，可选用光标式；如果在非常重要处，为防止无关人员误操作宜用钥匙操作式；如果在有腐蚀性气体处，要用防腐式。

根据工作状态指示或工作情况需求，可以选择按钮或指示灯的颜色：启动按钮可选用白色、灰色、黑色、绿色；急停按钮可选用红色；停止按钮可选用黑色、灰色或白色，优先用黑色，也允许选用红色。

不同系列的按钮其应用范围也有所区别，可分为LAY3系列按钮和KS系列按钮。

（1）LAY3系列按钮。LAY3系列按钮适用于交流50Hz或60Hz、电压为660V及直流电压为440V的电磁启动器、接触器、继电器及其他电气线路中，起遥控的作用。

（2）KS系列按钮。KS系列按钮适用于交流50Hz、电压为380V及直流电压为220V的磁力启动器、接触器及其他电气线路中。

3.9.2 | 位置开关

位置开关又称为行程开关或限位开关，是一种小电流电气开关，可用来限制机械运动的行程或位置，使运动机械实现自动控制。位置开关在控制电路中摆脱了手动操作的限制，其内部的操动机构在机器的运动部件到达一个预定位置时进行了接通和断开电路的操作，从而达到一定的控制要求。

位置开关按其结构可以分为按钮式、单轮旋转式和双轮旋转式三种，如图3-36所示。

应用位置开关时，可以根据使用的环境及控制对象来选择使用的类型。若是用于有规则的控制并频繁通断的电路中，可以选择使用按钮式位置开关或单轮旋转式位置开关；若是用于无规则的通断电路中，可以选用双轮旋转式位置开关；另外，还应根据控制回路的电压和电流来选择位置开关的类型。目前，常采用的位置开关主要有JW2系列、JLXK1系列、LX44系列。

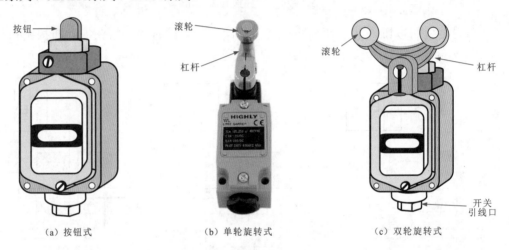

（a）按钮式　　　　　（b）单轮旋转式　　　　　（c）双轮旋转式

图3-36　位置开关的分类

（1）JW2系列位置开关。JW2系列位置开关主要用于交流50Hz、交流电压为380V、直流电压为220V的电路中，用于控制运动机构的行程或变换其运动方向或速度。JW2系列位置开关的主要技术参数见表3-3。

表3-3　JW2系列位置开关的主要技术参数

工作电压/V	直流220	交流380
控制容量/VA	30	100
额定发热电流/A	3	30

（2）JLXK1系列位置开关。JLXK1系列位置开关主要用于交流50Hz、交流电压为380V、直流电压为220V的电路中，用于机床的自动控制、限制运动机构动作或程序控制。JLXK1系列位置开关的主要技术参数见表3-4。

表3-4 JLXK1系列位置开关的主要技术参数

型号	JLXK1-411M	JLXK1-311M	JLXK1-211M	JLXK1-111M
结构形式	直动滚轮防护式	直动防护式	双轮防护式	单轮防护式
工作电压/V	交流380、直流220			
额定电流/A	5			
动作角度/ (°)	—	—	≤45	12～15
行程动作/mm	1～3	1～3	—	—
超行程动作/mm	2～4	2～4	—	—
触头转制时间/s	≤0.04			

（3）LX44系列位置开关。LX44系列位置开关主要用于交流50Hz、交流电压为380V的电力电路中，用于限制0.5～100t的CD1、MD1型的钢丝绳式电动葫芦升降运动的限位保护，可以直接分断主电路。LX44系列位置开关的主要技术参数见表3-5。

表3-5 LX44系列位置开关的主要技术参数

额定电压/V	380		
型号	LX44-40	LX44-20	LX44-10
额定电流/A	40	20	10
可控电动机最大功率/kW	13	7.5	4.5
动作行程/mm	12～14	8～10	6～8
操作力/N	≤100	≤50	≤30
允许动作行程/mm	≤3		

3.9.3 | 接近开关

如图3-37所示，接近开关也称为无触点位置开关，当某种物体与之接近到一定距离时，就发出"动作"信号，它无须施以机械力。接近开关的用途已经远远超出一般位置开关的行程和限位保护，它还可以用于高速计数、测速、液面控制、检测金属体的存在、检测零件尺寸，还可以在自动控制系统中用作位置传感器等。

（a）方形接近开关　　　　　（b）圆形接近开关

图3-37 接近开关的外形

常用的接近开关主要有电感式接近开关、电容式接近开关和光电式接近开关等，如图3-38所示。

（a）电感式

（b）电容式

（c）光电式

图3-38 常用的接近开关

 补充说明

　　电感式接近开关由振荡器、开关电路和放大输出电路三大部分组成。振荡器的信号产生一个交变磁场。当金属物体接近这一磁场并达到感应距离时，在金属物体内产生涡流，从而导致振荡衰减，以致停振。振荡器振荡及停振的变化被后级放大电路处理并转换成开关信号，触发驱动控制器件，从而达到非接触式的检测目的。

　　电容式接近开关的测量头通常构成电容的一个极板，而另一个极板是开关的外壳，这个外壳在测量过程中通常接地或与设备的机壳连接。当有物体移向接近开关时，不论它是否为导体，由于它的接近，总要使电容的介电常数发生变化，从而使电容量发生变化，使与测量头相连的电路状态也随之发生变化，由此便可控制开关的接通或断开。

　　光电式接近开关是利用光电效应制成的开关。它将发光器件与光电器件按一定的方向装在同一个测量头内，当有反光面（被检测物体）接近时，光电器件接收到反射光后便有信号输出，由此便可"感知"有物体接近。它可用作移动物体的检测装置。

3.9.4 主令控制器

　　主令控制器可以实现频繁手动控制多个回路，并可以通过接触器来实现被控电动机的启动、调速和反转。图3-39所示为主令控制器的外形及结构。从图3-39中可知，主令控制器主要由弹簧、转动轴、手柄、接线柱、动触头、静触头、支杆及凸轮块等组成。

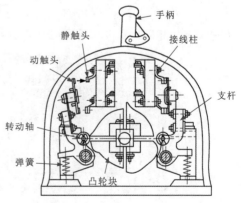

图3-39 主令控制器的外形及结构

在选用主令控制器时应注意：被控电路的数量应和主令控制器的可控制电路的数量相同；触头闭合的顺序要有规则性；长期工作时的电流及接通或分断电路时的电流应在允许电流范围之内。选用主令控制器时，也可以参考其相应的技术参数。常见LK系列主令控制器的技术参数见表3-6。

表3-6 常见LK系列主令控制器的技术参数

主令控制器的型号	LK4-148	LK4-658	LK5-227	LK5-051-1003
可控制电路的数量	8	3或5	2	10
防护形式	保护式	防水式	防水式	保护式

3.10 继电器的特点与分类

继电器是电气自动化的基本元器件之一，是一种根据外界输入量来控制电路接通或断开的自动电器，当输入量的变化达到规定要求时，在电气输出电路中使控制量发生预定的阶跃变化。其输入量可以是电压、电流等电量，也可以是非电量，如温度、速度和压力等；输出量则是触点的动作。继电器主要用于控制、线路保护或信号转换。

继电器按其用途可以分为通用继电器、控制继电器和保护继电器，按其工作原理可以分为电磁式继电器、电子式继电器和电动式继电器，而按其信号反应可以分为电流继电器、电压继电器、热继电器、温度继电器、中间继电器、速度继电器、时间继电器和压力继电器等。

3.10.1 通用继电器

通用继电器既可以实现控制功能，也可以实现保护功能。通用继电器可以分为电磁式继电器和固态继电器。图3-40所示为通用继电器的外形。

（a）电磁式继电器

（b）固态继电器

图3-40 通用继电器的外形

3.10.2 电流继电器

电流继电器属于保护继电器之一，是根据继电器线圈中电流大小而接通或断开电路的继电器。图3-41所示为电流继电器的外形。通常情况下，电流继电器分为过电流继电器、欠电流继电器、直流继电器、交流继电器和交/直流继电器等。根据电流继电器应用范围的不同可以选择不同的电流继电器。

图3-41 电流继电器的外形

1 >> 交/直流继电器

交/直流继电器的常用型号有JL14系列、JL15系列、JT4系列、JTX系列等，不同的系列应用在不同的领域中。

（1）JL14系列交/直流继电器。JL14系列交/直流继电器常作为过电流或欠电流保护继电器，应用于交流电压为380V及以下或直流电压为440V及以下的控制电路中。

（2）JL15系列交/直流继电器。JL15系列交/直流继电器属于一种过电流瞬时动作的电磁式继电器。此系列继电器作为电力传动系统的过电流保护元器件，应用于交流50Hz、交流电压为380V及以下或直流电压为440V及以下、电流为1200A及以下的一次回路中。

（3）JT4系列交/直流继电器。JT4系列交/直流继电器作为零电压继电器、过电流继电器、过电压继电器和中间继电器，应用于交流50Hz或60Hz、额定电压为380V及以下的自动控制电路中。

（4）JTX系列交/直流继电器。JTX系列交/直流继电器为小型通用继电器，由直流或交流的控制电路系统控制。此系列继电器主要应用于一般的自动装置、继电保护装置、信号装置和通信设备中，作为信号指示和启闭电路。

2 >> 直流继电器

直流继电器根据不同的应用场合、要求等，常采用JT3系列、JT3A系列和JT18系列。

（1）JT3系列直流继电器。JT3系列直流继电器作为电压继电器、中间继电器、电流继电器和时间继电器，主要用于交流电压为440V及以下的电力传动控制系统中。此系列继电器派生的双线圈继电器具有独特的性能，应用在电气联锁繁多的自动控制系统中。

（2）JT3A系列直流继电器。JT3A系列直流继电器可在直流自动控制线路中作为时间（断电延时）、电压、欠电流、高返回系数的电压或电流及中间继电器使用。

（3）JT18系列直流继电器。JT18系列直流继电器为直流电磁式继电器，主要用于直流电压为440V的主电路，作为断电延时时间、电压、欠电流继电器，而在直流电压为220V、直流电流为630A的电路中，一般作为控制继电器使用。

3.10.3 电压继电器

电压继电器属于保护继电器之一，是一种按电压值动作的继电器。常用的电压继电器为电磁式电压继电器，此种继电器线圈并联在电路上，其触点的动作与线圈电压的大小有直接的关系。电压继电器在电力拖动控制系统中起电压保护和控制的作用，用于控制电路的接通或断开。图3-42所示为电压继电器的外形。

图3-42 电压继电器的外形

电压继电器按照其线圈所接电压的不同，可分为交流电压继电器和直流电压继电器；按其吸合电压的不同，又可分为过电压继电器和欠电压继电器。其中，过电压继电器主要用于零电压保护电路中；欠电压继电器则用于欠电压保护电路中。

电压继电器常用的有JY-1系列、JY-20系列、DY-30/30H系列和DY-70。

（1）JY-1系列电压继电器。JY-1系列电压继电器用于输电线路、发电机和电动机保护线路中的过电压保护或作为低压闭锁的启动元件。此种继电器带红色信号牌，信号牌可以手动复位。该类继电器操作面板上的拨轮开关可直接对动作值进行整定，直观方便。

（2）JY-20系列电压继电器。JY-20系列电压继电器作为过电压保护或低电压闭锁的启动元件，主要用于发电机、变压器和输电线路的继电保护装置中。

（3）DY-30/30H系列电压继电器。DY-30/30H系列电压继电器为瞬时动作电磁式继电器，主要作为过电压保护或低电压闭锁的动作元件，常用于继电保护线路中。

（4）DY-70电压继电器。DY-70电压继电器为直流电压继电器，主要作为过电压保护或低电压闭锁的动作元件，常用于发电机保护中。

3.10.4 | 热继电器

热继电器属于保护继电器之一，是一种利用电流的热效应原理实现过热保护的继电器。图3-43所示为热继电器的外形。

图3-43 热继电器的外形

目前，常用的热继电器主要有JR20系列、GR1系列、LR1-D系列等。

在选用热继电器时，主要是根据负载设备的额定电流来确定其型号和热元件的电流等级的，而且热继电器的额定电流通常与负载设备的额定电流相等。

（1）JR20系列热继电器。JR20系列热继电器是一种双金属片式热继电器，此系列继电器作为三相异步电动机的过负载和断相保护，用于交流50Hz，主电路电压为660V、电流为160A的传动系统中。

（2）GR1系列热继电器。GR1系列热继电器用于交流电动机的过负荷和断路保护，常用于交流50Hz或60Hz、额定电压为660V及以下的电力系统中。

（3）LR1-D系列热继电器。LR1-D系列热继电器具有差动机构和温度补偿功能，主要用于交流50Hz或60Hz、电压为660V、电流为80A以下的电路中，用于交流电动机的热保护。

3.10.5 | 温度继电器

温度继电器属于保护继电器之一，与热继电器相比，使用温度继电器保护电动机能够充分利用电动机的过载能力。当电动机频繁启动、反复短时工作使操作频率过高，或者电动机过电流工作时，由于电网电压过高、电动机进风口被堵等情况，热继电器不能起到有效的保护作用，此类问题，借助温度继电器就能很好地解决。

图3-44所示为温度继电器的外形。

图3-44 温度继电器的外形

3.10.6 中间继电器

中间继电器属于控制继电器，通常用于控制各种电磁线圈使信号得到放大，将一个输入信号转变成一个或多个输出信号。图3-45所示为中间继电器的外形。

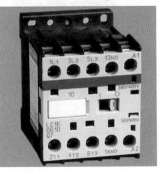

图3-45　中间继电器的外形

中间继电器的主要特点是触点数量较多，在控制电路中起到在中间增加触点数量和触点容量的作用。

选用中间继电器，主要依据控制电路的电压等级，同时还要考虑所需触点数量、种类及容量是否满足控制线路的要求。目前，常用的中间继电器主要有JZ17系列、JZ18系列、DZ-430系列、DZ-100系列、JTZ1系列、YZJ1系列等。

（1）JZ17系列中间继电器。JZ17系列中间继电器适用于交流50Hz或60Hz、额定电压为380V及以下的控制电路中，用于信号传递、放大、联锁、转换及隔离。

（2）JZ18系列中间继电器。JZ18系列中间继电器用于信号放大和增加信号数量，适用于交流50Hz、交流电压为380V及以下或直流电压为220V及以下的控制电路中。

（3）DZ-430系列中间继电器。DZ-430系列中间继电器用于交/直流操作的各种保护盒自动控制装置中，此系列的继电器以增加触点数量和触点容量对电路进行控制。

（4）DZ-100系列中间继电器。DZ-100系列中间继电器为电磁式快速动作继电器，用于扩大被控制的电路，主要用于直流电压不超过110V的自动化电路中。

（5）JTZ1系列中间继电器。JTZ1系列中间继电器用于电子设备、通信设备、数字控制装置及自动控制等交/直流电路中，作为切换电路与扩大控制范围的元器件。

（6）YZJ1系列中间继电器。YZJ1系列中间继电器作为阀型电磁式中间继电器，主要用于继电保护的直流回路中，用于增加保护和控制回路的触点数量和触点容量。

3.10.7 速度继电器

速度继电器又称为反接制动继电器，是控制继电器之一。这种继电器主要与接触器配合使用，可以按照被控制电动机的转速大小使电动机接通或断开，用于实现电动机的反接制动。图3-46所示为速度继电器的外形，常见的型号有JY1系列和JFZ0系列。

图3-46 速度继电器的外形

3.10.8 时间继电器

时间继电器属于控制继电器之一，常用于控制各种电磁线圈，使信号得到放大，将一个输入信号转变成一个或多个输出信号。图3-47所示为时间继电器的外形。常见的时间继电器主要有DS-30H系列、JS11系列、JSK4系列、JS25系列等。

图3-47 时间继电器的外形

3.10.9 压力继电器

压力继电器属于控制继电器之一，是将压力转换成电信号的液压器件。图3-48所示为压力继电器的外形。压力继电器主要用于液晶、发电、石油、化工等行业检测水、油、气体及蒸气的压力等。

图3-48 压力继电器的外形

目前，常用的压力继电器主要有DYK系列差压压力继电器、SZK系列数显回差可调型压力继电器、YKV系列通用型真空压力继电器、YSJ系列数字显示压力继电器、ZKA系列滞后回差可调型半导体继电器等。

第4章 电工操作安全与急救处理

4.1 触电危害与触电原因

4.1.1 触电危害

触电是电工作业中经常发生的，也是危害最大的一类事故。触电所造成的危害主要体现在，当人体接触或接近带电体造成触电事故时，电流流经人体可对接触部位和人体内部器官等造成不同程度的伤害，甚至威胁到生命，造成严重的伤亡事故。

触电电流是造成人体伤害的主要原因。触电电流的大小不同，触电引起的伤害也会不同。触电电流按照伤害大小可分为感觉电流、摆脱电流、伤害电流和致死电流，如图4-1所示。

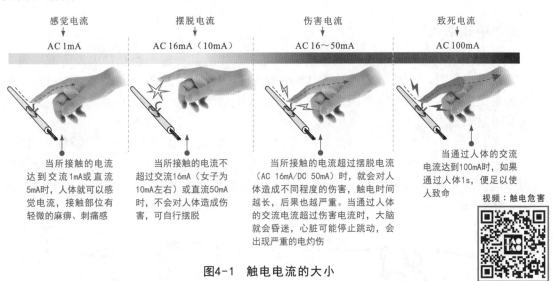

感觉电流	摆脱电流	伤害电流	致死电流
AC 1mA	AC 16mA（10mA）	AC 16～50mA	AC 100mA

当所接触的电流达到交流1mA或直流5mA时，人体就可以感觉电流，接触部位有轻微的麻痹、刺痛感

当所接触的电流不超过交流16mA（女子为10mA左右）或直流50mA时，不会对人体造成伤害，可自行摆脱

当所接触的电流超过摆脱电流（AC 16mA/DC 50mA）时，就会对人体造成不同程度的伤害，触电时间越长，后果也越严重。当通过人体的交流电流超过伤害电流时，大脑就会昏迷，心脏可能停止跳动，会出现严重的电灼伤

当通过人体的交流电流达到100mA时，如果通过人体1s，便足以使人致命

视频：触电危害

图4-1　触电电流的大小

根据触电电流危害程度的不同，触电危害主要表现为"电伤"和"电击"两大类。

（1）"电伤"是指电流通过人体某一部分或电弧效应而造成的人体表面伤害，主要表现为烧伤或灼伤。一般情况下，虽然"电伤"不会直接造成十分严重的伤害，但可能会因电伤造成精神紧张等情况，从而导致摔倒、坠落等二次事故，间接造成严重危害，需要注意防范。

（2）"电击"是指电流通过人体内部造成内部器官（如心脏、肺部和中枢神经等）的损伤。电流通过心脏时，危害性最大。相比较来说，"电击"比"电伤"造成的危害更大。

4.1.2 触电原因

人体组织中有60%以上是由含有导电物质的水分组成的。人体是导体，当人体接触设备的带电部分并形成电流通路时，就会有电流流过人体造成触电，如图4-2所示。

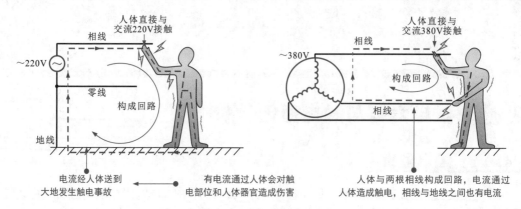

图4-2 人体触电的原因

触电事故是电工作业中威胁人身安全的严重事故。触电事故产生的原因多种多样，大多是因作业疏忽或违规操作，使身体直接或间接接触带电部位造成的。在电工操作过程中容易发生的触电危险有三类：一是单相触电；二是两相触电；三是跨步触电。

1 >> 单相触电

单相触电是指在地面上或其他接地体上，人体的某一部分触及带电设备或线路中的某相带电体时，一相电流通过人体经大地回到中性点引起的触电。常见的单相触电多为电工操作人员在工作中因操作失误、工作不规范、安全防护不到位或非电工专业人员用电安全意识不到位等引起的。

（1）作业疏忽或违规操作易引发单相触电事故。电工人员连接线路时，因为操作不慎，手碰到线头引起单相触电事故；或者因为未在线路开关处悬挂警示标志和留守监护人员，致使不知情人员闭合开关，导致正在操作的人员发生单相触电，如图4-3所示。

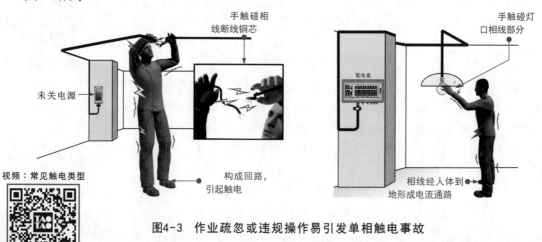

视频：常见触电类型

图4-3 作业疏忽或违规操作易引发单相触电事故

（2）设备安全措施不完善易引发单相触电事故。电工人员进行作业时，若工具绝缘失效、绝缘防护措施不到位、未正确佩戴绝缘防护工具等，极易与带电设备或线路碰触，进而造成触电事故，如图4-4所示。

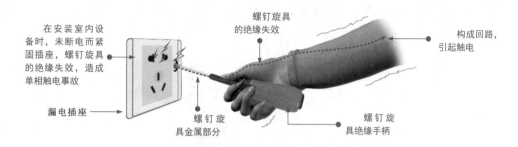

在安装室内设备时，未断电而紧固插座，螺钉旋具的绝缘失效，造成单相触电事故

漏电插座

螺钉旋具的绝缘失效

构成回路，引起触电

螺钉旋具金属部分

螺钉旋具绝缘手柄

图4-4 设备安全措施不完善易引发单相触电事故

（3）安全防护不到位易引发触电事故。电工操作人员在进行线路调试或维修过程中，未佩戴绝缘手套、穿绝缘鞋等，碰触到裸露的电线（正常工作中的配电线路，有电流流过），造成单相触电事故，如图4-5所示。

手触碰裸露电线

未佩戴绝缘手套

绝缘防护不到位极易引发触电事故

相线经人体到地产生强电流

非电工操作人员安全意识相对薄弱

配电设备周围未设置隔离防护，非电工操作人员因安全意识相对薄弱，倚靠有漏电异常故障的配电柜引发触电事故

配电柜漏电故障

非电工操作人员触电事故多因安全意识薄弱、配电系统安全防护和监管不到位引起

图4-5 安全防护不到位易引发触电事故

（4）安全意识薄弱易引发触电事故。电工作业的危险性要求所有电工人员必须具备强烈的安全意识，安全意识薄弱易引发触电事故，如图4-6所示。

脱落电线搭在人体上引起触电

脱落的导线仍带电，人体触碰到断线铜芯引起触电。通常这种触电不容易挣脱，需要救助，救助时一定不可盲目拉拽触电者，否则也会因接触而引发触电

电工作业人员或非电工专业人员因缺乏安全意识捡拾掉落的低压供电导线，造成触电事故

图4-6 安全意识薄弱易引发触电事故

2 两相触电

两相触电是指人体两处同时触及两相带电体（三根相线中的两根）所引起的触电事故。这时人体承受的是交流380V电压，危险程度远大于单相触电，轻则导致烧伤或致残，重则引起死亡。图4-7所示为两相触电示意图。

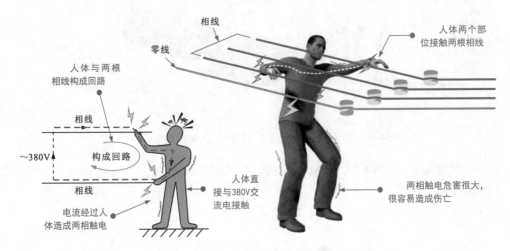

图4-7　两相触电示意图

3 跨步触电

高压输电线掉落到地面上时，由于电压很高，因此电线断头会使一定范围（半径为8～10m）的地面带电。以电线断头处为中心，离电线断头越远，电位越低。如果此时有人走入这个区域，则会造成跨步电压触电，步幅越大，造成的危害也就越大。图4-8所示为跨步触电示意图。

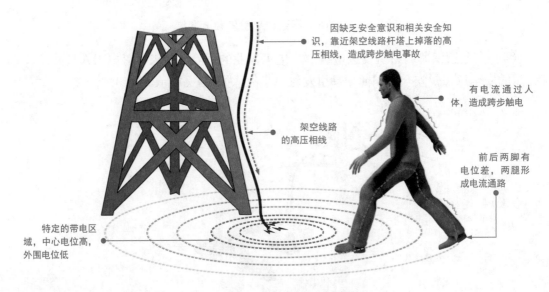

图4-8　跨步触电示意图

4.2 操作安全与急救

4.2.1 操作安全

由于触电的危害性较大，造成的后果非常严重，为了防止触电，必须采用可靠的安全技术措施。目前，常用的防止触电的基本安全措施有绝缘、屏护、间距、安全电压、漏电保护、保护接地和保护接零等。

1 ▶ 绝缘

绝缘通常是指通过绝缘材料在带电体与带电体之间、带电体与其他物体之间进行电气隔离，使设备能够长期安全、正常地工作，同时防止人体触碰带电部分，避免发生触电事故。

良好的绝缘是设备和线路正常运行的必要条件，也是防止直接触电事故的重要措施，如图4-9所示。

操作人员拉合电气设备隔离开关时，佩戴绝缘手套，实现与电气设备操作杆之间的电气隔离

绝缘外壳

电工操作中的大多数工具、设备等采用绝缘材料制成外壳或手柄，实现与内部带电部分的电气隔离

图4-9　电工操作中的绝缘措施

补充说明

目前，常用的绝缘材料有玻璃、云母、木材、塑料、胶木、布、纸、漆等，每种材料的绝缘性能和耐压数值都有所不同，应视情况合理选择。绝缘手套、绝缘鞋及各种维修工具的绝缘手柄都是为了起到绝缘防护的作用。

绝缘材料在腐蚀性气体、蒸汽、潮气、粉尘和机械损伤的作用下，绝缘性能会下降，应严格按照电工操作规程进行操作，使用专业的检测仪对绝缘手套和绝缘鞋定期进行绝缘和耐高压测试。

补充说明

对绝缘工具的绝缘性能、绝缘等级进行定期检查，周期通常为一年左右。防护工具应当进行定期耐压检测，周期通常为半年左右。

2 ▶ 屏护

如图4-10所示，屏护通常是指使用防护装置将带电体所涉及的场所或区域范围进行防护隔离，防止电工操作人员和非电工人员因靠近带电体而引发直接触电事故。

图4-10　屏护措施

> **补充说明**
>
> 常见的屏护措施有围栏屏护、护盖屏护、箱体屏护等。屏护装置必须具备足够的机械强度和较好的耐火性能。若材质为金属，则必须采取接地（或接零）处理，防止屏护装置意外带电造成触电事故。屏护应按电压等级的不同而设置，变配电设备必须安装完善的屏护装置。通常，室内围栏屏护高度不应低于1.2m，室外围栏屏护高度不应低于1.5m，栏条间距不应大于0.2m。

3 ▶ 间距

间距一般是指进行作业时，操作人员与设备之间、带电体与地面之间、设备与设备之间应保持的安全距离。合理的间距可以防止人体触电、防止电气短路、防止火灾等事故的发生。

> **补充说明**
>
> 根据带电体电压不同、类型不同、安装方式不同等，要求操作人员作业时所需保持的间距也不一样。安全距离一般取决于电压、设备类型、安装方式等相关因素。间距类型及说明见表4-1。

表4-1　间距类型及说明

间距类型	说　　明
线路间距	是指厂区、市区、城镇低压架空线路的安全距离。一般情况下，低压架空线路导线与地面或水面的距离不应小于6m，330kV线路与附近建筑物之间的距离不应小于6m
设备间距	电气设备或配电装置的装设应考虑搬运、检修、操作和试验的方便性。为确保安全，电气设备周围需要保持必要的安全通道。例如，在配电室内，低压配电装置正面通道宽度，单列布置时应不小于1.5m
检修间距	是指在维护检修中人体及所带工具与带电体之间、与停电设备之间必须保持的足够的安全距离。起重机械在架空线路附近作业时，要注意其与线路导线之间应保持足够的安全距离

4.2.2 摆脱触电

触电事故发生后，救护者首先要保持冷静，迅速观察现场，采取最直接、最有效的方式实施救援，让触电者尽快摆脱触电环境。如图4-11所示，低压触电环境的脱离是指在触电者的触电电压低于1000V的环境下，若救护者在开关附近，应当马上断开电源开关，然后再将触电者移开进行急救。

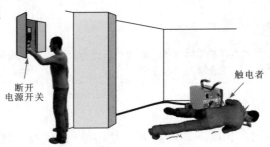

图4-11　低压触电环境的脱离

　　若救护者离开关较远，无法及时断开电源开关，切忌直接用手去拉触电者，否则极易触电。在条件允许的情况下，需采取穿上绝缘鞋、戴上绝缘手套等防护措施来切断电线，从而断开电源，如图4-12所示。

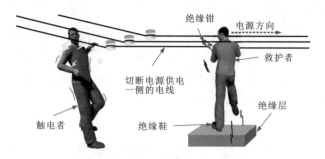

图4-12　断开电源帮助触电人员摆脱触电

　　若触电者无法脱离电线，应利用绝缘物体使触电者与地面隔离。例如，用干燥木板塞垫在触电者身体底部，直到身体全部隔离地面，此时救护者即可将触电者脱离电线，如图4-13所示。

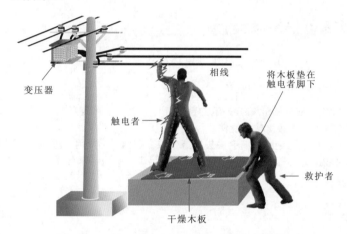

图4-13　利用绝缘物体使触电者与地面隔离

　　若电线压在触电者身上，可以利用干燥的木棍、竹竿、塑料制品、橡胶制品等绝缘物挑开触电者身上的电线，如图4-14所示。

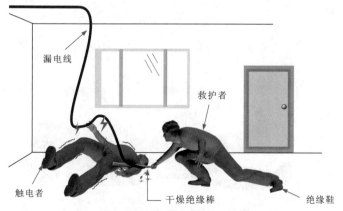

图4-14　挑开触电者身上的电线

高压触电脱离是指在电压达到1000V以上的高压线路和高压设备的触电事故中脱离电源的方法。当发生高压触电事故时，其应急措施应比低压触电更加谨慎，因为高压已超出安全电压范围很多，接触高压时一定会发生触电事故，而且在不接触时，靠近高压设备也会发生触电事故。

如图4-15所示，若发现在高压设备附近有人触电，切不可盲目上前，可采取抛金属线（如钢、铁、铜、铝等）急救的方法，即先将金属线的一端接地，然后抛另一端金属线。这里注意，抛出的另一端金属线不要碰到触电者或其他人，同时救护者应与断线点保持8～10m的距离，以防跨步触电伤人。

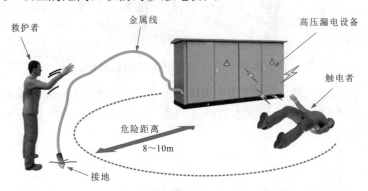

图4-15　高压触电环境的脱离

> **补充说明**
>
> 　一旦出现高压触电事故，应立即通知有关电力部门断电，在没有断电的情况下，不能接近触电者。否则，有可能会产生电弧，导致抢救者烧伤。
> 　在高压的情况下，一般的低压绝缘材料会失去绝缘效果，因此，不能用低压绝缘材料去接触带电部分。需利用高电压等级的绝缘工具断开电源，如高压绝缘手套、高压绝缘鞋等。

4.2.3 触电急救

触电者脱离触电环境后，不要将其随便移动，应将触电者仰卧，并迅速解开触电者的衣服、腰带等，保证其正常呼吸；疏散围观者，保证周围空气畅通，同时拨打120急救电话。做好以上准备工作后，就可以根据触电者的情况做相应的救护。

1 急救判断

当发生触电事故时，若触电者意识丧失，应在10s内迅速观察并判断触电者呼吸及心跳情况，如图4-16所示。

首先查看触电者的腹部、胸部等有无起伏动作；接着用耳朵贴近触电者的口鼻处，听触电者是否有呼吸声音；最后感觉触电者嘴和鼻孔是否有呼气的气流

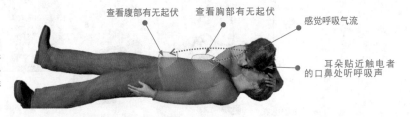

图4-16　呼吸、心跳情况的判断

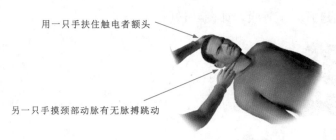

用一只手扶住触电者额头

触电者无呼吸、颈部动脉也无跳动时，才可以判定触电者呼吸、心跳停止

另一只手摸颈部动脉有无脉搏跳动

图4-16 （续）

补充说明

　　若触电者神志清醒，但有心慌、恶心、头痛、头昏、出冷汗、四肢发麻、全身无力等症状，则应让触电者平躺在地，并仔细观察触电者，最好不要让触电者站立或行走。

　　若触电者已经失去知觉，但仍有轻微的呼吸和心跳，则应让触电者就地仰卧平躺，气道通畅，应把触电者的衣服及有碍于其呼吸的腰带等物解开，帮助其呼吸，并且在5s内呼叫触电者或轻拍触电者肩部，以判断触电者的意识是否丧失。在触电者神志不清时，不要摇动触电者的头部或呼叫触电者。

　　图4-17所示为触电者的正确躺卧姿势。

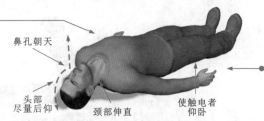

解开触电者衣服、腰带，使触电者的胸部和腹部能够自由扩张

天气炎热时，应让触电者在阴凉的环境下休息。天气寒冷时，应帮助触电者保温并等待医生的到来

鼻孔朝天

头部尽量后仰

颈部伸直

使触电者仰卧

发现口腔内有异物，如食物、呕吐物、血块、脱落的牙齿、泥沙、假牙等，均应尽快清理，否则也可造成气道阻塞。无论选用何种畅通气道（开放气道）的方法，均应使耳垂与下颌角的连线与触电者仰卧的平面垂直，气道方可开放

图4-17　触电者的正确躺卧姿势

2 急救措施

　　通常情况下，若正规医疗救援不能及时到位，而触电者已无呼吸，但是仍然有心跳时，应及时采用人工呼吸法进行救治。在进行人工呼吸前，首先要确保触电者口鼻的畅通，如图4-18所示。

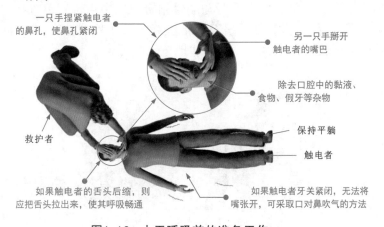

一只手捏紧触电者的鼻孔，使鼻孔紧闭

另一只手掰开触电者的嘴巴

除去口腔中的黏液、食物、假牙等杂物

救护者

保持平躺

触电者

如果触电者的舌头后缩，则应把舌头拉出来，使其呼吸畅通

如果触电者牙关紧闭，无法将嘴张开，可采取口对鼻吹气的方法

图4-18　人工呼吸前的准备工作

做完前期准备后，开始进行人工呼吸，如图4-19所示。

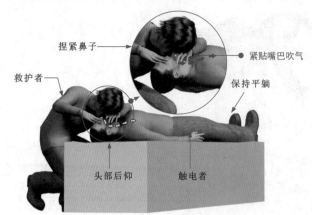

捏紧鼻子

救护者

紧贴嘴巴吹气

保持平躺

头部后仰　　触电者

救护者深吸一口气，紧贴着触电者的嘴巴大口吹气，使其胸部膨胀，然后救护者换气，放开触电者的嘴鼻，使触电者自动呼气，如此反复进行上述操作，吹气时间为2～3s，放松时间为2～3s，5s左右为一个循环。重复操作，中间不可间断，直到触电者苏醒为止

在进行人工呼吸时，救护者吹气时要捏紧鼻孔，紧贴嘴巴，不能漏气，放松时应能使触电者自动呼气，对体弱者和儿童吹气时只可小口吹气，以免肺泡破裂

图4-19　人工呼吸急救措施

在触电者心音微弱、心跳停止或脉搏短而不规则的情况下，可采用胸外心脏按压救治的方法，来帮助触电者恢复正常心跳，如图4-20所示。

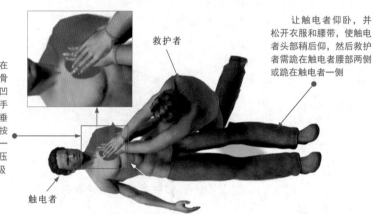

救护者

让触电者仰卧，并松开衣服和腰带，使触电者头部稍后仰，然后救护者需跪在触电者腰部两侧或跪在触电者一侧

救护者左手掌放在触电者心脏上方（胸骨处），中指对准其颈部凹陷的下端，救护者将右手掌压在左手掌上，用力垂直向下挤压。成人胸外按压频率为100次/min。一般在实际救治时，每按压30次后实施两次人工呼吸

触电者

图4-20　胸外心脏按压急救

寻找按压点位时，可将右手食指和中指沿着触电者的右侧肋骨下缘向上，找到肋骨和胸骨结合处的中点，如图4-21所示。

将两根手指并齐，中指放在胸骨与肋骨结合处的中点位置，食指平放在胸骨下部（按压区），将左手的手掌根紧挨着食指上缘，置于胸骨上；然后将定位的右手移开，并将掌根重叠放于左手背上，有规律地按压即可。

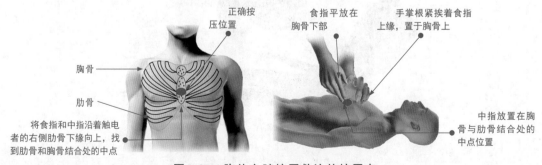

正确按压位置

食指平放在胸骨下部

手掌根紧挨着食指上缘，置于胸骨上

胸骨

肋骨

将食指和中指沿着触电者的右侧肋骨下缘向上，找到肋骨和胸骨结合处的中点

中指放置在胸骨与肋骨结合处的中点位置

图4-21　胸外心脏按压救治的按压点

补充说明

在抢救过程中，要不断观察触电者面部动作，若嘴唇稍有开合，眼皮微微活动，喉部有吞咽动作，则说明触电者已有呼吸，可停止救助。如果触电者仍没有呼吸，需要同时利用人工呼吸和胸外心脏按压法进行急救。

在抢救过程中，如果触电者身体僵冷，医生也证明无法救治时，才可以放弃治疗。反之，如果触电者瞳孔变小，皮肤变红，则说明抢救起到了效果，应继续救治。

4.3 外伤急救

4.3.1 割伤急救

如图4-22所示，伤者割伤出血时，需要在割伤的部位用棉球蘸取少量的酒精或盐水将伤口清洗干净，另外，为了保护伤口，需要用纱布（或干净的毛巾等）进行包扎。

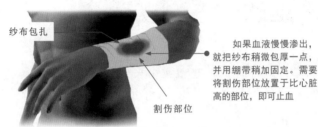

纱布包扎

如果血液慢慢渗出，就把纱布稍微包厚一点，并用绷带稍加固定。需要将割伤部位放置于比心脏高的部位，即可止血

割伤部位

图4-22 割伤的应急处理

补充说明

若经初步救护还不能止血或血液大量渗出时，则需要赶快拨打120急救电话呼叫救护车。在救护车到来以前，要压住患处接近心脏的血管，接着可用下列方法进行急救。

（1）手指割伤出血：伤者可用另一只手用力压住受伤处两侧。

（2）手、手肘割伤出血：伤者需要用四个手指，用力压住上臂内侧隆起的肌肉，若压住后仍然出血不止，则说明没有压住出血的血管，需要重新改变手指的位置。

（3）上臂、腋下割伤出血：这种情形必须借助救护者来完成。救护者拇指向下、向内用力压住伤者锁骨下凹处的位置即可。

（4）脚部割伤出血：这种情形也需要借助救护者来完成。首先让伤者仰躺，将其脚部微微垫高，救护者用两只拇指压住伤者的股沟、腰部、阴部间的血管即可。

4.3.2 摔伤急救

在电工作业过程中，摔伤主要发生在一些登高作业中。摔伤应急处理的原则是先抢救、后固定。首先快速准确查看伤者的状态，应根据不同受伤程度和部位进行相应的应急救护措施，如图4-23所示。

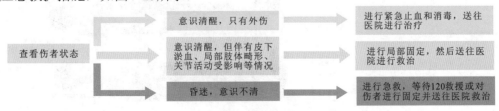

图4-23 不同程度摔伤伤害的应急措施

若伤者是从高处坠落、受挤压等，则可能有胸腹内脏破裂出血，需采取恰当的救治措施，如图4-24所示。

从外观看，若伤者并无出血，但有脸色苍白、脉搏细弱、全身出冷汗、烦躁不安，甚至神志不清等休克症状，则应让伤者迅速躺平，使用椅子将其下肢垫高，并让其肢体保持温暖，然后迅速送到医院救治。若送往医院的路途时间较长，则可给伤者饮用少量的糖盐水

保持平躺　保持肢体温暖　　垫高下肢　　椅子

小心抬起下肢

保持平躺

对于摔伤，应在6～8h内进行处理及缝合伤口。如果摔伤的同时有异物刺入体内，则切忌擅自将异物拔除，要保持异物与身体相对固定，及时送到医院进行处理

图4-24　摔伤应急处理

如图4-25所示，肢体骨折时，一般用夹板、木棍、竹竿等将断骨上、下两个关节固定，也可将伤者的身体固定，以免骨折部位移动，导致伤者的伤势恶化。

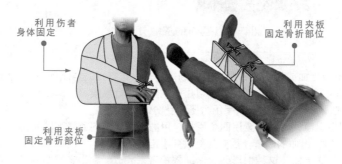

利用伤者身体固定　　　　　　　　　　利用夹板固定骨折部位

利用夹板固定骨折部位

图4-25　肢体骨折的固定方法

图4-26所示为颈椎和腰椎骨折的急救方法。

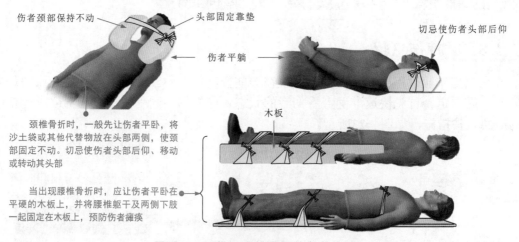

伤者颈部保持不动　　　头部固定靠垫　　　　切忌使伤者头部后仰

伤者平躺

颈椎骨折时，一般先让伤者平卧，将沙土袋或其他代替物放在头部两侧，使颈部固定不动。切忌使伤者头部后仰、移动或转动其头部

木板

当出现腰椎骨折时，应让伤者平卧在平硬的木板上，并将腰椎躯干及两侧下肢一起固定在木板上，预防伤者瘫痪

图4-26　颈椎和腰椎骨折的急救方法

4.3.3 | 烧伤处理

如图4-27所示，烧伤多由于触电及火灾事故引起。一旦出现烧伤，应及时对烧伤部位进行降温处理，并在降温过程中小心除去衣物，降低可能的伤害，然后等待就医。

对烧伤部位冲20～30min冷水

及时使用冷水冲、泡烧伤部位，可通过降温缓解疼痛，并在冲泡过程中小心去除烧伤部位的衣物

使用剪刀将烧伤部位的衣物剪开，再小心与烧伤部位分离

图4-27 烧伤的应急处理措施

4.4 电气灭火

4.4.1 | 灭火器的种类及应用

电气火灾通常是指由于电气设备或电气线路操作、使用或维护不当而直接或间接引发的火灾事故。一旦发生电气火灾事故，应及时切断电源，拨打火警电话119报警，并使用身边的灭火器灭火。图4-28所示为几种电气火灾中常用灭火器的类型。

视频：灭火器的种类及应用

（a）二氧化碳灭火器　　　（b）1211灭火器　　　（c）干粉灭火器

图4-28 几种电气火灾中常用灭火器的类型

> **补充说明**
>
> 一般来说，对于电气线路引起的火灾，应选择干粉灭火器、二氧化碳灭火器、二氟一氯一溴甲烷灭火器（1211灭火器）或二氟二溴甲烷灭火器，这些灭火器中的灭火剂不具有导电性。
>
> 注意，电气类火灾不能使用泡沫灭火器、清水灭火器或直接用水灭火，因为泡沫灭火器和清水灭火器都属于水基类灭火器，这类灭火器其内部灭火剂具有导电性，适用于扑救油类等其他易燃液体引发的火灾，不能用于扑救带电体火灾及其他导电物体火灾。

图4-29所示为灭火器的使用方法。

提握提把

铅封

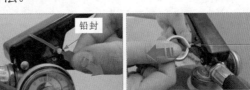

保险销

与火点保持安全距离，用手握住灭火器软管前端的喷管（头），对准着火点。调整灭火器喷管（头）的喷射角度

用提握灭火器的手的拇指用力按下压把，使提握提把的四指与拇指合拢，这时，灭火剂便会从喷管（头）中喷出

喷管（头）

提把

压把

四指向上握住提把

拇指向下用力按压压把

图4-29 灭火器的使用方法

4.4.2 | 灭火操作

灭火时，应保持有效喷射距离和安全角度（不超过45°），对火点由远及近，猛烈喷射，并用手控制喷管（头）左右、上下来回扫射。与此同时，快速推进，保持灭火剂猛烈喷射的状态，直至将火扑灭，如图4-30所示。

值得注意的是，在扑灭易燃液体火灾时，灭火器的喷管要尽可能压低，使其对准火焰根部，由远及近，左右扫射，切忌使喷射角度过大，以防液体飞溅扩大火势，增加灭火难度。

图4-30 灭火器操作要领

灭火人员在灭火过程中需具备良好的心理素质，遇事不要惊慌，保持安全距离和安全角度，严格按照操作规程进行灭火操作，如图4-31所示。

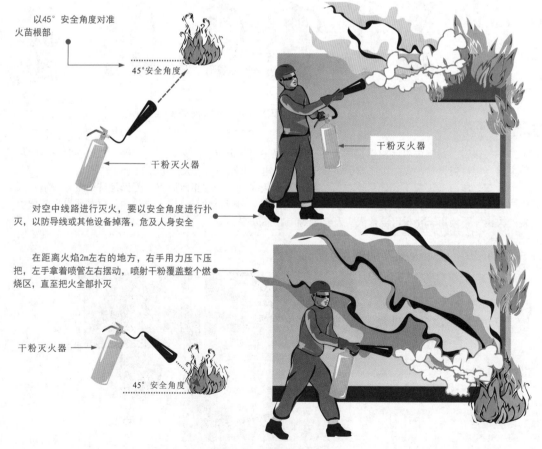

图4-31 灭火操作规范

第5章 电动机与变压器

5.1 电动机的种类与参数

5.1.1 电动机的种类

电动机俗称马达,其主要作用是产生驱动力矩,作为用电器或机械设备的动力源。

电动机的种类很多,应用的领域也非常广泛,通常可根据电动机的供电电源进行分类,如图5-1所示。例如,使用直流电源供电的被称为直流(DC)电动机,使用交流电源供电的被称为交流(AC)电动机,每种电动机又可以细致分类。

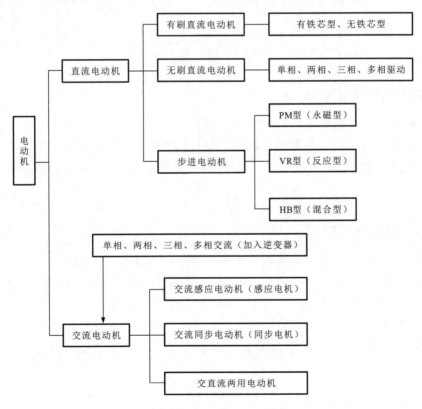

图5-1 不同电源类型的电动机分类

电动机按运动形态分为旋转型电动机、线性电动机和振动型电动机,如图5-2所示。

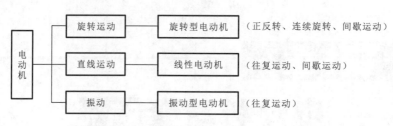

图5-2　不同运动形态的电动机分类

5.1.2 | 电动机的参数

1 >> 电动机的额定功率

电动机的额定功率是指在额定工作状态下（即电动机工作电压、工作频率、负载都为额定值），转轴上每秒输出的机械能。

该参数是反映电动机做功能力的参数。通常，电动机的额定功率都会标注在电动机铭牌上。额定功率的单位通常用kW（千瓦）表示，有时也会用hp（马力）表示。它们之间的换算关系为

$$1kW=1.36hp$$
$$1hp=0.736kW$$

电动机的额定功率并不等于电动机实际工作时的输出频率。实际输出功率与负载有关，负载重，输出功率就大；负载轻，输出功率就小。

2 >> 电动机的额定频率

电动机的额定频率是保证电动机定子同步转速为额定值的电源频率，单位为Hz。

由于我国交流电源频率为50Hz，因此我国所使用电动机的额定频率为50Hz。东南亚、大洋洲、非洲和欧洲等地也多采用50Hz额定频率，而北美和日本则采用60Hz的额定频率。

3 >> 电动机的额定电压

电动机的额定电压是指电动机在正常运行时，外加在定子绕组上的线电压，单位为V（伏）或kV（千伏）。一般，国内低压电动机的额定电压为220V或380V，高压电动机的额定电压有3kV、6kV、10kV等。如果电动机适用两种额定电压，则用"/"隔开，如有些低压电动机铭牌标识上标识"220V/380V"，说明该电动机适用220V和380V两种额定电压。根据规定，电动机的实际工作电压不应低于或高于额定电压的5%。

4 >> 电动机的额定电流

电动机的额定电流是指在额定电压下，电动机按照额定功率运行时定子绕组上的电流，单位为A（安培）。根据规定，电动机的实际工作电流不应超过其额定电流。

5 >> 电动机的启动电流

电动机的启动电流是指电动机在刚接通额定电压，从零速开始启动时定子绕组中所通过的瞬间电流。通常，电动机启动电流一般是额定电流的5～7倍。较大的启动电流会引起电源电压降，使启动时间延长，从而引起电动机绕组过热。

6 >> 电动机的额定转速

电动机的额定转速是指电动机在额定频率和额定电压下，转轴上输出额定功率时，电动机的旋转速度，单位为r/min（转/分）。

三相异步电动机转速是分级的，是由电动机的"极数"决定的。三相异步电动机的"极数"是指定子磁场磁极的个数。定子绕组的连接方式不同，可形成定子磁场的不同极数。选择电动机的极数是由负荷需要的转速来确定的，电动机的极数直接影响电动机的转速，同步电动机额定转速=60×电动机频率/电动机磁极对数。异步电动机额定转速存在转差率，一般比同步转速略低2%～5%。

例如：

2极同步电动机额定转速：60×50/1=3000（r/min），2极异步电动机额定转速略低，约2880～2950r/min。

4极同步电动机额定转速：60×50/2=1500（r/min），4极异步电动机额定转速略低，约1440～1475r/min。

6极同步电动机额定转速：60×50/3=1000（r/min），6极异步电动机额定转速略低，约980r/min。

8极同步电动机额定转速：60×50/4=750（r/min），8极异步电动机额定转速略低，约735r/min。

7 >> 电动机的额定转矩

当电动机输出功率为额定功率时，其转子所受的转矩就是电动机的额定转矩。与额定转矩所对应的转速就是额定转速。一般来说，负载的阻力矩应该等于或小于额定转矩。如果负载的阻力矩大于额定转矩，则电动机输出功率就会大于额定功率。定子绕组和转子中的电流也就会大于额定值，这时，电动机便会产生过热的情况。这种情况称为过载。

8 >> 电动机的启动转矩

当电动机加上额定电压的瞬间，电动机转子尚未转动，电动机所产生的电磁转矩就是电动机的启动转矩。

启动转矩决定了电动机的启动能力，是电动机性能的重要参数。通常，启动转矩越大，电动机启动性能越好。一般来说，电动机启动转矩是额定转矩的1.8～2.2倍。

9 >> 电动机的最大转矩

电动机在启动过程中，转速由零逐渐增加到稳定的转速，期间其电磁转矩是不断变化的。其中，在额定电压和额定频率下，增加负载而不致使电动机转速突然下降时所产生的最大电磁转矩就是电动机的最大转矩。

图5-3所示为电动机最大转矩和额定转矩与转速的关系曲线。

最大转矩也称为停转转矩，是衡量电动机短时间过载能力的一项重要参数。最大转矩越大，说明电动机承受机械载荷冲击的能力越强。一般情况下，电动机的最大转矩是额定转矩的1.6～2.5倍。而最大转矩（M_{max}）与额定转矩（M_N）的比值称为电动机的过载能力，用γ表示。

$$\gamma = M_{max}/M_N$$

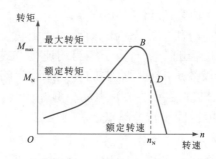

图5-3 电动机最大转矩和额定转矩与转速的关系曲线

10 电动机的效率

电动机输出功率与输入功率的比值称为电动机的效率，记作η，常用百分数表示。电动机输出功率用$P2$表示，电动机输入功率用$P1$表示，其表达式为

$$\eta = P2/P1 \times 100\%$$

电动机的效率是电动机非常重要的性能参数，表示电动机可以将电能转换为机械能的能力。

11 电动机的功率因数

功率因数又称为力率，用符号$\cos\varphi$表示。功率因数在数值上是有功功率与视在功率的比值，表示为

$$\cos\varphi = P/S$$

式中，P为有功功率，S为视在功率（也称为全功率）。

其中，有功功率又称为平均功率，它是指电路中电阻部分消耗的功率。通俗地讲就是真正消耗的功率，用P表示，单位为kW。

无功功率则是指电动机工作时从电网吸收的一部分转换为交变磁场的电功率。这部分电功率用于建立和维持磁场，它并不对外做功，而是转换成其他形式的能量。用Q表示，单位为乏（var）或千乏（kvar）。

而视在功率包括有功功率和无功功率，在数值上是指在具有电阻和电抗的电路内，电压与电流的乘积。用S表示，单位为千伏安（kVA）。公式为

$$S = UI$$

有功功率、无功功率和视在功率之间的关系为

$$S^2 = P^2 + Q^2$$

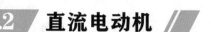

5.2 直流电动机

5.2.1 直流电动机的特点

如图5-4所示，直流电动机是由直流电源（需区分电源的正负极）供给电能，将电能转变为机械能的电动装置。

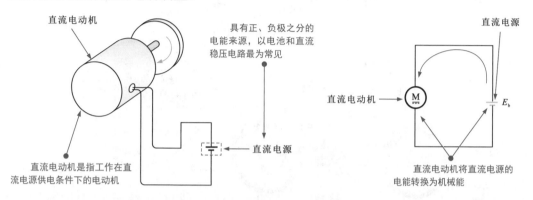

图5-4 直流电动机的功能

直流电动机具有良好的启动性能，能在较宽的范围内进行平滑的无级调速，还适用于频繁启动和停止动作，是应用领域很广的电动机。

图5-5所示为常见直流电动机的实物外形。

图5-5 常见直流电动机的实物外形

直流电动机具有良好的可控性能，因此对调速性能要求较高的驱动机构中都采用了直流电动机作为动力源。图5-6所示为直流电动机的实际应用。

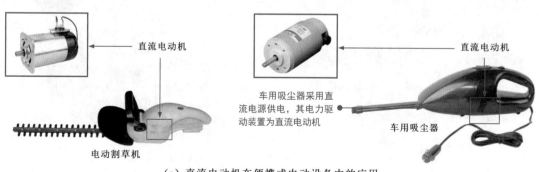

（a）直流电动机在便携式电动设备中的应用

图5-6 直流电动机的实际应用

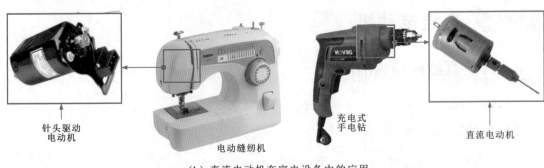

针头驱动
电动机

电动缝纫机

充电式
手电钻

直流电动机

（b）直流电动机在家电设备中的应用

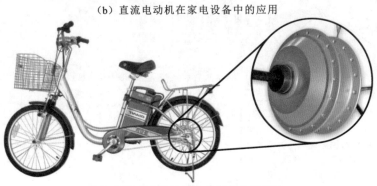

（c）直流电动机在电动自行车中的应用

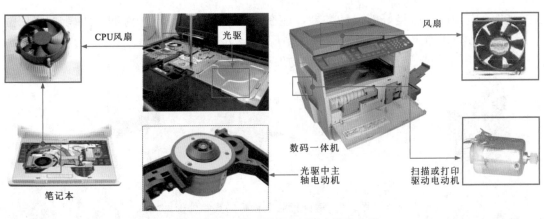

CPU风扇

光驱

风扇

笔记本

光驱中主
轴电动机

数码一体机

扫描或打印
驱动电动机

（d）直流电动机在数码电子设备中的应用

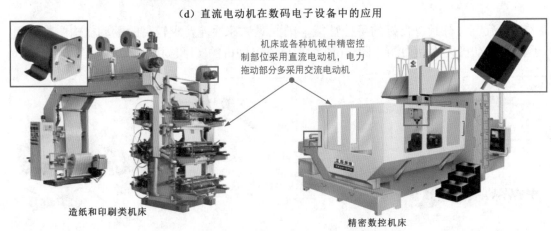

机床或各种机械中精密控
制部位采用直流电动机，电力
拖动部分多采用交流电动机

造纸和印刷类机床

精密数控机床

（e）直流电动机在工业设备中的应用

图5-6 （续）

直流电动机的规格参数通常标识在直流电动机的铭牌上，一般位于直流电动机外壳较明显的位置。

如图5-7所示，在直流电动机的铭牌标识中会明确标识直流电动机的型号、额定电压、额定电流和转速等相关规格参数。其中，型号通常情况下采用大写英文字母和数字的方式进行标记。通过型号标识便可得知该直流电动机的类型、系列及产品代号等。

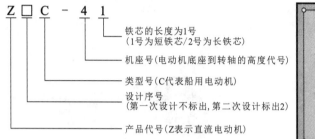

图5-7 直流电动机的铭牌标识和型号含义

直流电动机常用字符代号对照表见表5-1。

表5-1 直流电动机常用字符代号对照表

字母	含义	字母	含义	字母	含义
Z	直流电动机	ZHW	无换向器式直流电动机	ZZF	轧机辅传动用直流电动机
ZK	高速直流电动机	ZX	空心杯式直流电动机	ZDC	电铲起重用直流电动机
ZYF	幅压直流电动机	ZN	印刷绕组式直流电动机	ZZJ	冶金起重用直流电动机
ZY	永磁（铝镍钴）式直流电动机	ZYJ	减速永磁式直流电动机	ZZT	轴流式通风用直流电动机
ZYT	永磁（铁氧体）式直流电动机	ZYY	石油井下用永磁式直流电动机	ZDZY	正压型直流电动机
ZYW	稳速永磁（铝镍钴）式直流电动机	ZJZ	静止整流电源供电用直流电动机	ZA	增安型直流电动机
ZTW	稳速永磁（铁氧体）式直流电动机	ZJ	精密机床用直流电动机	ZB	防爆型直流电动机
ZW	无槽直流电动机	ZTD	电梯用直流电动机	ZM	脉冲直流电动机
ZZ	轧机主传动用直流电动机	ZU	龙门刨床用直流电动机	ZS	试验用直流电动机
ZLT	他励直流电动机	ZKY	空气压缩机用直流电动机	ZL	录音机用永磁式直流电动机
ZLB	并励直流电动机	ZWJ	挖掘机用直流电动机	ZCL	电唱机用永磁式直流电动机
ZLC	串励直流电动机	ZKJ	矿场卷扬机用直流电动机	ZW	玩具用直流电动机
ZLF	复励直流电动机	ZG	辊道用直流电动机	FZ	纺织用直流电动机

5.2.2 | 永磁式直流电动机

图5-8所示为典型永磁式直流电动机的结构。永磁式直流电动机主要由定子、转子、电刷和换向器构成。其中，定子磁体与圆柱形外壳制成一体，转子绕组绕制在铁芯上与转轴制成一体，绕组的引线焊接在换向器上，通过电刷供电，电刷安装在定子机座上与外部电源相连。

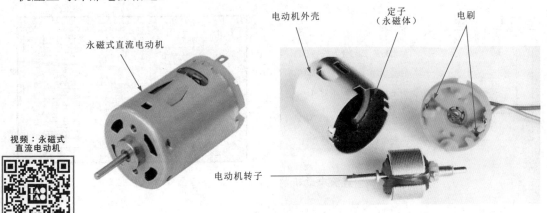

视频：永磁式
直流电动机

图5-8 典型永磁式直流电动机的结构

由于两个永磁体全部安装在一个由铁磁性材料制成的圆筒内，所以圆筒外壳就成为中性磁极部分，内部两个磁体分别为N极和S极，这就构成了产生定子磁场的磁极，转子安装于其中就会受到磁场的作用而产生转动力矩。

图5-9所示为永磁式直流电动机的定子结构。

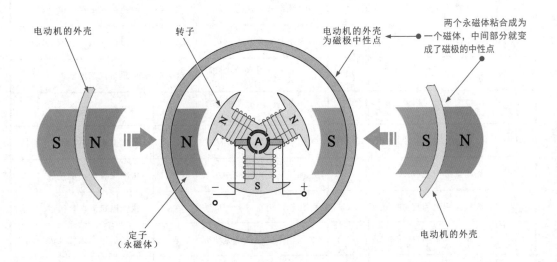

图5-9 永磁式直流电动机的定子结构

永磁式直流电动机的转子是由绝缘轴套、换向器、转子铁芯、绕组及转轴（电动机轴）等部分构成的，如图5-10所示。

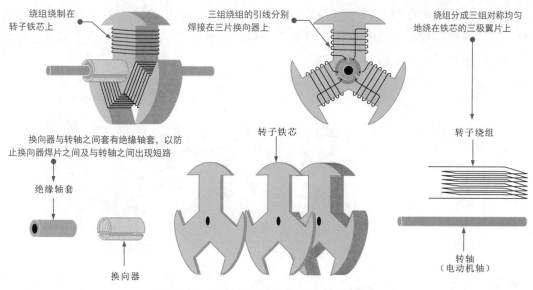

绕组绕制在
转子铁芯上

三组绕组的引线分别
焊接在三片换向器上

绕组分成三组对称均匀
地绕在铁芯的三极翼片上

换向器与转轴之间套有绝缘轴套,以防
止换向器焊片之间及与转轴之间出现短路

绝缘轴套

换向器

转子铁芯

转子绕组

转轴
(电动机轴)

图5-10 永磁式直流电动机的转子结构

图5-11所示为永磁式直流电动机换向器和电刷的结构。换向器是将三个(或多个)环形金属片(铜或银材料)嵌在绝缘轴套上制成的,是转子绕组的供电端。电刷是由铜石墨或银石墨组成的导电块,通过压力弹簧的压力接触到换向器上。也就是说,电刷和换向器是靠弹性压力互相接触向转子绕组传送电流的。

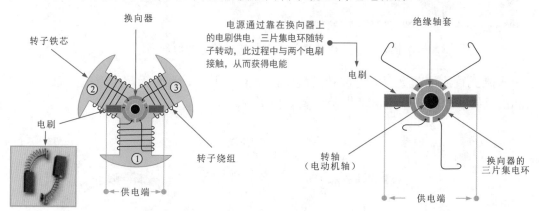

换向器

转子铁芯

电源通过靠在换向器上
的电刷供电,三片集电环随转
子转动,此过程中与两个电刷
接触,从而获得电能

绝缘轴套

电刷

电刷

转子绕组

转轴
(电动机轴)

换向器的
三片集电环

供电端

供电端

图5-11 永磁式直流电动机换向器和电刷的结构

图5-12所示为永磁式直流电动机的工作原理图。

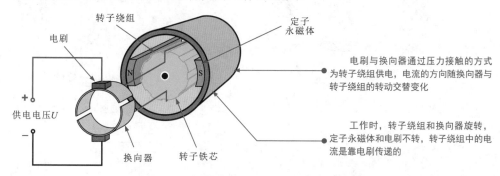

转子绕组

定子
永磁体

电刷

供电电压U

换向器

转子铁芯

电刷与换向器通过压力接触的方式
为转子绕组供电,电流的方向随换向器与
转子绕组的转动交替变化

工作时,转子绕组和换向器旋转,
定子永磁体和电刷不转,转子绕组中的电
流是靠电刷传递的

图5-12 永磁式直流电动机的工作原理图

根据电磁感应原理（左手定则），当导体在磁场中有电流流过时，就会受到磁场的作用而产生转矩，这就是永磁式直流电动机的旋转机理。图5-13所示为永磁式直流电动机转矩的产生原理图。

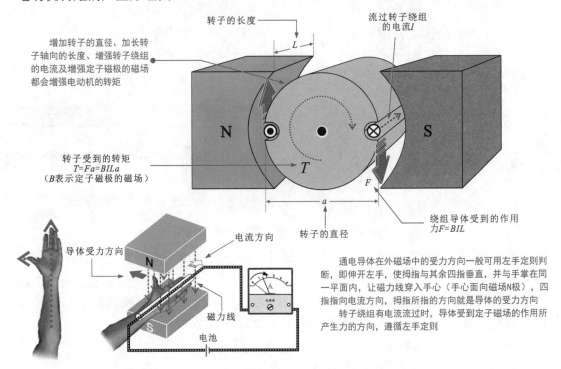

图5-13 永磁式直流电动机转矩的产生原理图

永磁式直流电动机根据内部转子构造的不同，可以分为两极转子永磁式直流电动机和三极转子永磁式直流电动机，如图5-14所示。

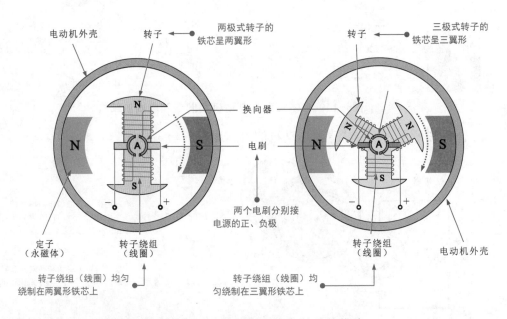

图5-14 两种永磁式直流电动机内部转子的构造

1 >> 两极转子永磁式直流电动机的转动原理

图5-15所示为两极转子永磁式直流电动机的转动原理图。

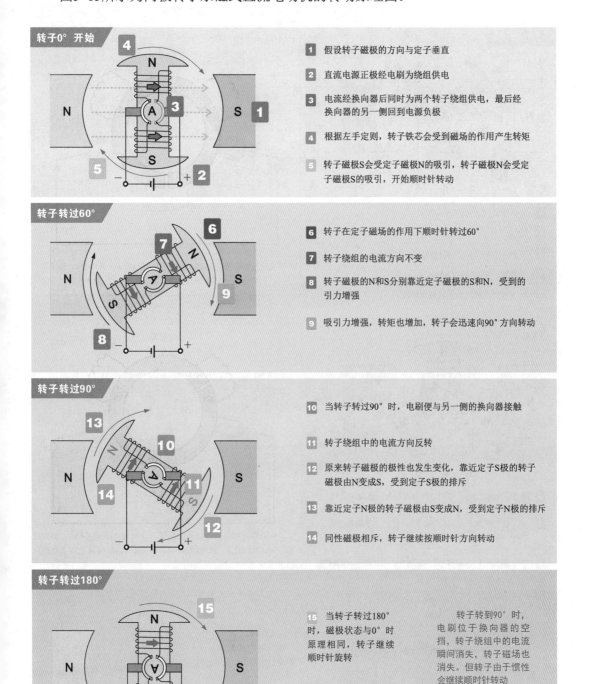

1 假设转子磁极的方向与定子垂直

2 直流电源正极经电刷为绕组供电

3 电流经换向器后同时为两个转子绕组供电，最后经换向器的另一侧回到电源负极

4 根据左手定则，转子铁芯会受到磁场的作用产生转矩

5 转子磁极S会受定子磁极N的吸引，转子磁极N会受定子磁极S的吸引，开始顺时针转动

6 转子在定子磁场的作用下顺时针转过60°

7 转子绕组的电流方向不变

8 转子磁极的N和S分别靠近定子磁极的S和N，受到的引力增强

9 吸引力增强，转矩也增加，转子会迅速向90°方向转动

10 当转子转过90°时，电刷便与另一侧的换向器接触

11 转子绕组中的电流方向反转

12 原来转子磁极的极性也发生变化，靠近定子S极的转子磁极由N变成S，受到定子S极的排斥

13 靠近定子N极的转子磁极由S变成N，受到定子N极的排斥

14 同性磁极相斥，转子继续按顺时针方向转动

15 当转子转过180°时，磁极状态与0°时原理相同，转子继续顺时针旋转

转子转到90°时，电刷位于换向器的空挡，转子绕组中的电流瞬间消失，转子磁场也消失。但转子由于惯性会继续顺时针转动

图5-15 两极转子永磁式直流电动机的转动原理图

2 三极转子永磁式直流电动机的转动原理

图5-16所示为三极转子永磁式直流电动机的转动原理图。

转子0° 开始

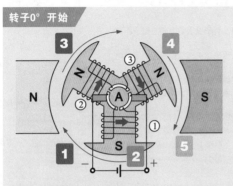

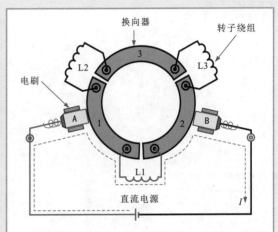

1. 转子磁极为①S、②N、③N
2. S极处于中心，不受力
3. 左侧转子N极与定子N极靠近，两者相斥
4. 右侧转子N极与定子S极靠近，受到吸引
5. 转子会受到顺时针的转矩而旋转

电刷压接在换向器上，直流电压经电刷A、换向器1、转子绕组L1、换向器2、电刷B形成回路，实现为转子绕组L1供电

转子转过60°

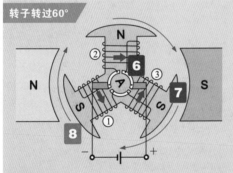

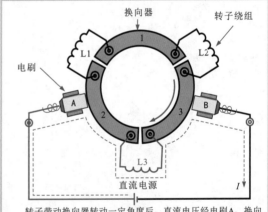

6. 转子转过60°时，电刷与换向器相互位置发生变化
7. 转子磁极③的极性由N变成了S，受到定子S极的排斥而继续顺时针旋转
8. 转子磁极①仍为S极，受到定子N极顺时针方向的吸引

转子带动换向器转动一定角度后，直流电压经电刷A、换向器2、转子绕组L3、换向器3、电刷B形成回路，实现为转子绕组L3供电

转子转过120°

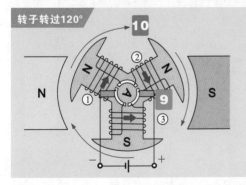

9. 转子转过120°时，电刷与换向器的位置又发生变化
10. 磁极由S变成N，与初始位置状态相同，转子继续顺时针转动

换向器的三片集电环会在与转子一同转动的过程中与两个电刷的刷片接触，从而获得电能

图5-16 三极转子永磁式直流电动机的转动原理图

5.2.3 | 电磁式直流电动机

电磁式直流电动机是将用于产生定子磁场的永磁体用电磁铁取代，定子铁芯上绕有绕组，转子部分是由转子铁芯、绕组、换向器及转轴组成的。

图5-17所示为典型电磁式直流电动机的结构。

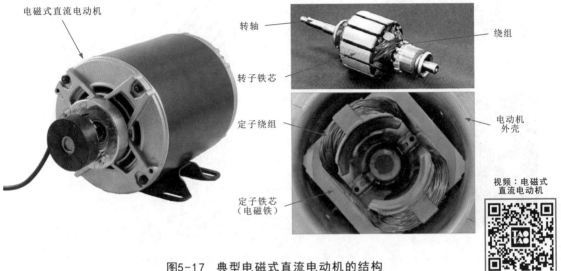

图5-17　典型电磁式直流电动机的结构

如图5-18所示，电磁式直流电动机的外壳内设有两组铁芯，铁芯上绕有绕组（定子绕组），绕组由直流电压供电，当有电流流过时，定子铁芯便会产生磁场。

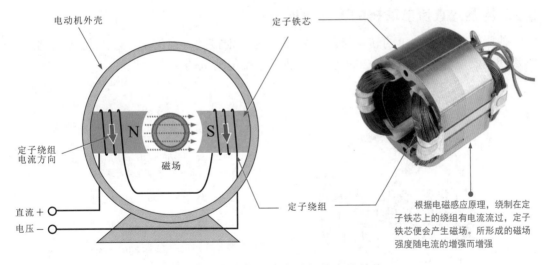

图5-18　电磁式直流电动机的定子结构

图5-19所示为典型电磁式直流电动机转子绕组的结构。

将转子铁芯制成圆柱状，周围开多个绕组槽，以便将多组绕组嵌入槽中，增加转子绕组的匝数可以增强电动机的启动转矩。

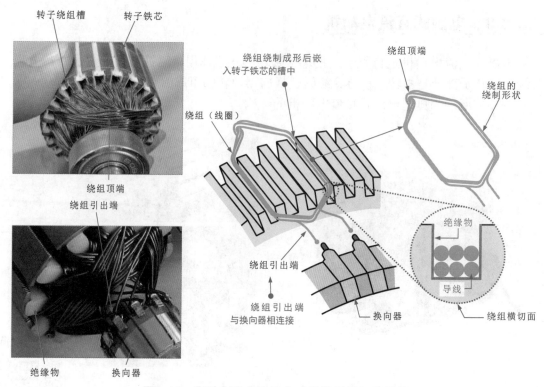

图5-19 典型电磁式直流电动机转子绕组的结构

电磁式直流电动机根据内部结构和供电方式的不同，可以分为他励式直流电动机、并励式直流电动机、串励式直流电动机及复励式直流电动机。

1 他励式直流电动机的工作原理

他励式直流电动机的转子绕组和定子绕组分别接到各自的电源上，这种电动机需要两套直流电源供电。图5-20所示为他励式直流电动机的工作原理图。

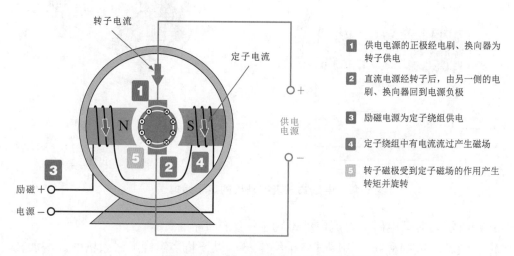

图5-20 他励式直流电动机的工作原理图

2 ▶ 并励式直流电动机的工作原理

　　并励式直流电动机的转子绕组和定子绕组并联，由一组直流电源供电，电动机的总电流等于转子与定子电流之和。图5-21所示为并励式直流电动机的工作原理图。

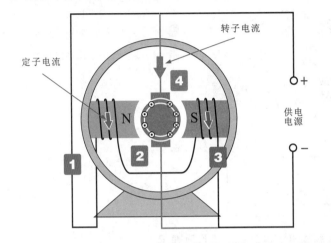

1 供电电源的一路直接为定子绕组供电

2 供电电源的另一路经电刷、换向器后为转子供电

3 定子绕组中有电流流过产生磁场

4 转子磁极受到定子磁场的作用产生转矩并旋转

一般并励式直流电动机定子绕组的匝数很多，导线很细，具有较大的阻值

图5-21　并励式直流电动机的工作原理图

　　图5-22所示为并励式直流电动机转速调整控制的电路原理图。

在定子绕组的供电电路中串联接入可变电阻。改变可变电阻的阻值就可以改变定子绕组的电流，定子绕组的磁场强度会随之改变，从而实现调速

将可变电阻串接入定子绕组的供电电路

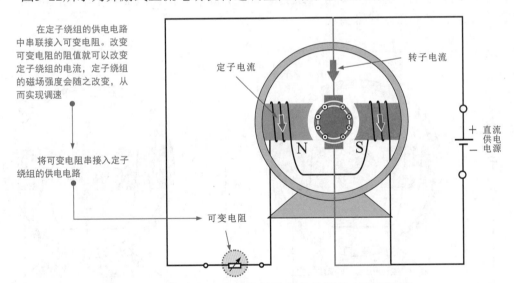

图5-22　并励式直流电动机转速调整控制的电路原理图

3 ▶ 串励式直流电动机的工作原理

　　串励式直流电动机的转子绕组和定子绕组串联，由一组直流电源供电，定子绕组中的电流就是转子绕组中的电流。图5-23所示为串励式直流电动机的工作原理图。

✎ 补充说明

　　在串励式直流电动机的电源供电电路中串入电阻，串励式直流电动机上的电压等于直流供电电源的电压减去电阻上的电压。因此，如果改变电阻的阻值，则加在串励式直流电动机上的电压便会发生变化，最终改变定子磁场的强弱，通过这种方式可以调整电动机的转速。

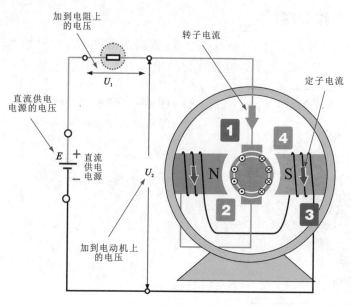

图5-23 串励式直流电动机的工作原理图

图5-24所示为串励式直流电动机的正、反转控制原理图。可以看到，改变串励式直流电动机转子的电流方向就可以改变电动机的旋转方向。改变转子的电流方向可通过改变电动机的连接方式来实现。

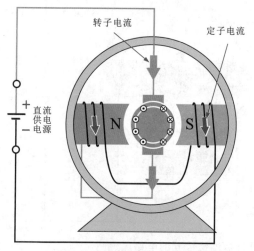

（a）串励式直流电动机正转控制连接方式

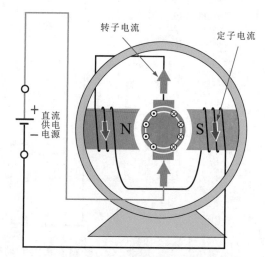

（b）串励式直流电动机反转控制连接方式

图5-24 串励式直流电动机的正、反转控制原理图

4 ➤➤ 复励式直流电动机的工作原理

复励式直流电动机的定子绕组设有两组：一组与电动机的转子串联，另一组与转子绕组并联。复励式直流电动机根据连接方式可分为和动式复合绕组电动机和差动式复合绕组电动机。图5-25所示为复励式直流电动机的工作原理图。

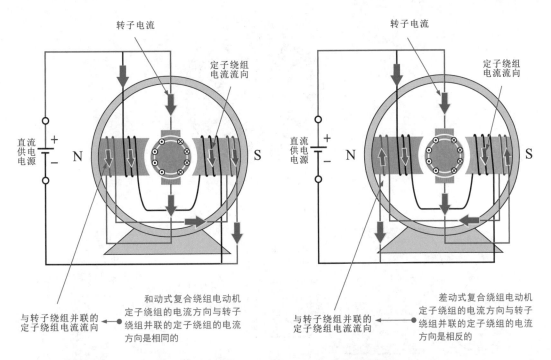

图5-25 复励式直流电动机的工作原理图

5.2.4 | 有刷直流电动机

图5-26所示为有刷直流电动机的实物外形和驱动原理图。有刷直流电动机内含电刷装置（电刷和换向器），可将直流电能转换成机械能，具有良好的启动和调速性能。

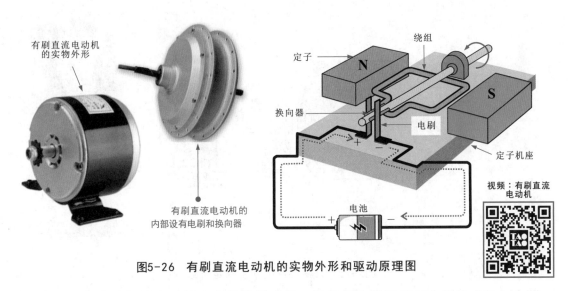

图5-26 有刷直流电动机的实物外形和驱动原理图

有刷直流电动机的定子是由永磁体组成的，转子是由绕组和换向器构成的。电刷安装在定子机座上。电源通过电刷及换向器实现电动机绕组中电流方向的变化。图5-27所示为典型有刷直流电动机的结构组成。

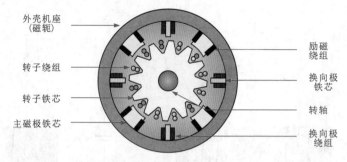

（a）有刷直流电动机的剖面示意图

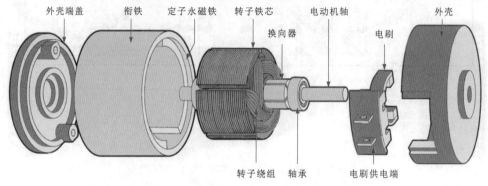

（b）有刷直流电动机的整机分解图

图5-27　典型有刷直流电动机的结构组成

图5-28所示为有刷直流电动机的定子结构。有刷直流电动机的定子部分主要由主磁极（定子永磁铁和衔铁）、外壳端盖和电刷等部分组成。

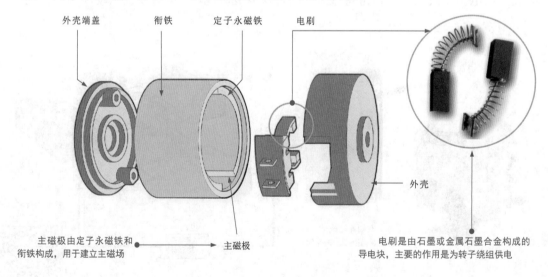

图5-28　有刷直流电动机的定子结构

图5-29所示为有刷直流电动机的转子结构。有刷直流电动机的转子部分主要由转子铁芯、转子绕组、转轴和换向器等部分组成。

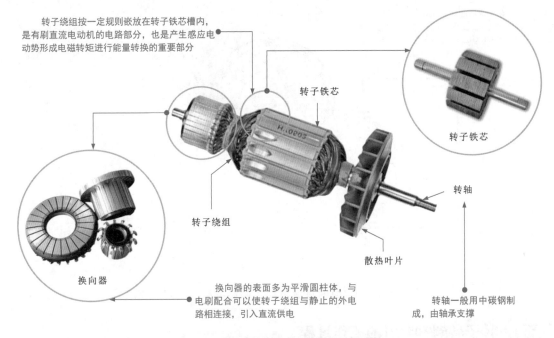

转子绕组按一定规则嵌放在转子铁芯槽内，是有刷直流电动机的电路部分，也是产生感应电动势形成电磁转矩进行能量转换的重要部分

转子铁芯

转子铁芯

转轴

转子绕组

散热叶片

换向器

换向器的表面多为平滑圆柱体，与电刷配合可以使转子绕组与静止的外电路相连接，引入直流供电

转轴一般用中碳钢制成，由轴承支撑

图5-29 有刷直流电动机的转子结构

有刷直流电动机工作时，绕组和换向器旋转，主磁极（定子）和电刷不旋转，直流电源经电刷加到转子绕组上，绕组电流方向的交替变化是随电动机转动的换向器及与其相关的电刷位置变化而变化的。

图5-30所示为有刷直流电动机的工作原理图。

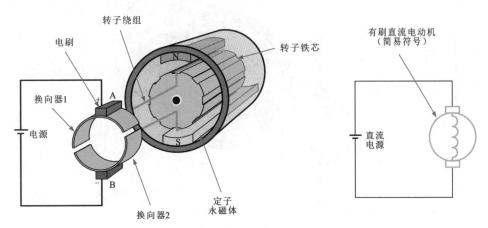

转子绕组

电刷

换向器1

电源

换向器2

转子铁芯

定子永磁体

有刷直流电动机（简易符号）

直流电源

图5-30 有刷直流电动机的工作原理图

1 >> 通电瞬间的工作过程

有刷直流电动机接通电源瞬间，直流电源的正、负两极通过电刷A和B与直流电动机的转子绕组接通，直流电流经电刷A、换向器1、绕组ab和cd、换向器2、电刷B返回到电源的负极。

图5-31所示为有刷直流电动机接通电源瞬间的工作过程。

【1】直流电流经电刷A、换向器1、绕组ab和cd、换向器2、电刷B返回到电源的负极

【2】绕组ab中的电流方向由a到b，绕组cd中的电流方向由c到d

【3】两绕组的受力方向均为逆时针方向，这样就产生了一个转矩，使转子铁芯逆时针方向旋转

F（受力）

+ A

电源

换向器1

B

换向器2

F（受力）

根据电磁感应理论可知，载流绕组ab和cd在磁场中要受到电磁力的作用，受力的方向可根据左手定则判断

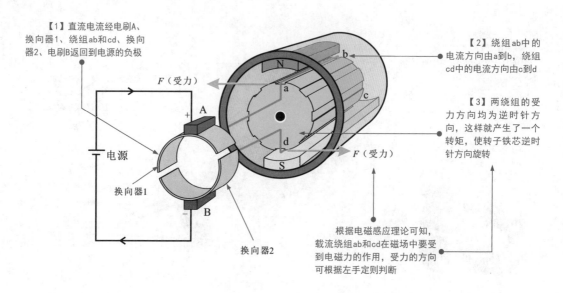

图5-31 有刷直流电动机接通电源瞬间的工作过程

2 ▶ 转子转到90° 时的工作过程

图5-32所示为有刷直流电动机转子转到90° 时的工作过程。当有刷直流电动机转子转到90° 时，两个绕组边处于磁场物理中性面，并且电刷不与换向器接触，绕组中没有电流流过，F=0，转矩消失。

【3】电刷不与换向器接触，绕组中没有电流流过，F=0，转矩消失

【1】转子转到90°

电源

换向器1

B

换向器2

【2】绕组边处于磁场物理中性面（N极与S极中间位置）

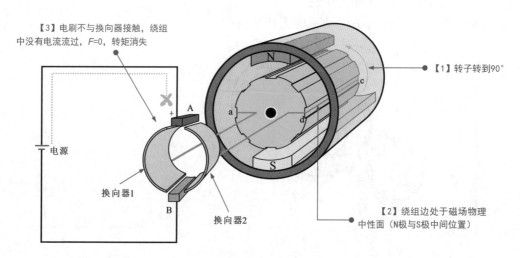

图5-32 有刷直流电动机转子转到90° 时的工作过程

3 ▶ 转子再经90° 旋转的工作过程

图5-33所示为有刷直流电动机转子再经90° 旋转的工作过程。由于机械惯性作用，有刷直流电动机的转子将冲过90° 继续旋转至180° ，这时绕组中又有电流流过，此时直流电流经电刷A、换向器2、绕组dc和ba、换向器1、电刷B返回到电源的负极。

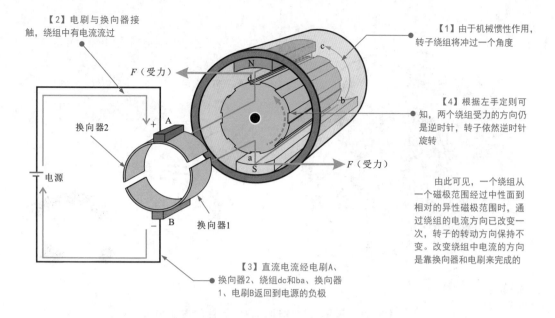

【2】电刷与换向器接触，绕组中有电流流过

【1】由于机械惯性作用，转子绕组将冲过一个角度

F（受力）

【4】根据左手定则可知，两个绕组受力的方向仍是逆时针，转子依然逆时针旋转

换向器2

+ A

电源

换向器1

- B

F（受力）

由此可见，一个绕组从一个磁极范围经过中性面到相对的异性磁极范围时，通过绕组的电流方向已改变一次，转子的转动方向保持不变。改变绕组中电流的方向是靠换向器和电刷来完成的

【3】直流电流经电刷A、换向器2、绕组dc和ba、换向器1、电刷B返回到电源的负极

图5-33　有刷直流电动机转子再经90°旋转的工作过程

5.2.5 无刷直流电动机

　　无刷直流电动机去掉了电刷和换向器，转子是由永久磁钢制成的，绕组绕制在定子上。图5-34所示为典型无刷直流电动机的结构。定子上的霍尔元件用于检测转子磁极的位置，以便借助该位置信号控制定子绕组中的电流方向和相位，并驱动转子旋转。

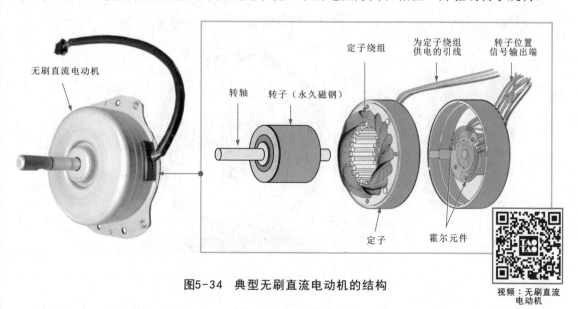

无刷直流电动机

转轴　转子（永久磁钢）

定子绕组　为定子绕组供电的引线　转子位置信号输出端

定子　霍尔元件

图5-34　典型无刷直流电动机的结构

视频：无刷直流电动机

　　无刷直流电动机与有刷直流电动机的主要区别在于，无刷直流电动机没有电刷和换向器。图5-35所示为无刷直流电动机霍尔元件的安装位置。

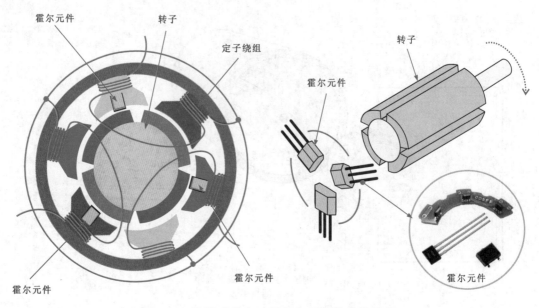

图5-35 无刷直流电动机霍尔元件的安装位置

　　无刷直流电动机用电子组件和传感器取代机械电刷和换向器，具有结构简单、无机械磨损、运行可靠、调速精度高、效率高、启动转矩高等优点，被广泛应用在家电、电动车、汽车、医疗器械、精密电子等产品中。

　　图5-36所示为无刷直流电动机的结构原理图。无刷直流电动机的转子由永久磁钢制成，它的圆周上设有多对磁极（N、S）。绕组绕制在定子上，当接通直流电源时，电源为定子绕组供电，永久磁钢受到定子磁场的作用产生转矩并旋转。

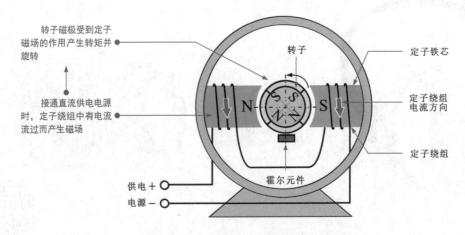

图5-36 无刷直流电动机的结构原理图

　　无刷直流电动机定子绕组必须根据转子的磁极方位切换其中的电流方向才能使转子连续旋转，因此在无刷直流电动机内必须设置一个转子磁极位置的传感器。这种传感器通常采用霍尔元件。图5-37所示为典型霍尔元件的工作原理图。

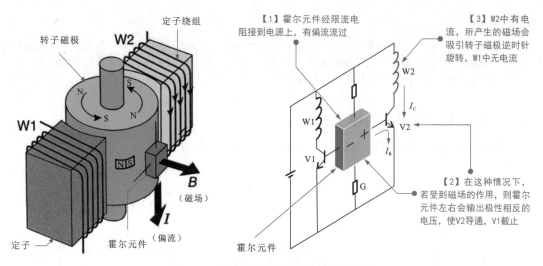

图5-37 典型霍尔元件的工作原理图

　　霍尔元件是一种磁感应传感器，可以检测磁场的极性，将磁场的极性变成电信号的极性。定子绕组中的激励电流根据霍尔元件的信号进行切换就可以形成旋转磁场，驱动转子旋转。

　　图5-38所示为霍尔元件对无刷直流电动机的控制过程。霍尔元件安装在无刷直流电动机靠近转子磁极的位置，输出端分别加到两个晶体管的基极，用于输出极性相反的电压，控制晶体管的导通与截止，从而控制绕组中的电流，使绕组产生磁场，吸引转子连续运转。

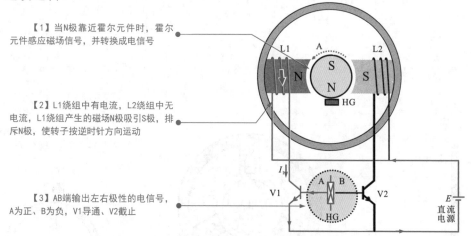

图5-38 霍尔元件对无刷直流电动机的控制过程

　　当电动机转子转动90°时，转子的磁极位置（N、S）发生变化，霍尔元件处于转子磁极N、S的中性位置，无磁场信号。此时，霍尔元件无任何信号输出，V1、V2均截止，无电流流过，电动机的转子因惯性而继续转动。

　　转子转过90°后，S极转到霍尔元件的位置，霍尔元件受到与前次相反的磁极作用，输出B为正、A为负，则V2导通、V1截止，L2绕组有电流，靠近转子一侧产生磁场N极，并吸引转子S极，使转子继续按逆时针方向转动。

补充说明

无刷直流电动机的结构中有两个死点（区），即当转子N、S极之间的位置为中性点时，霍尔元件感受不到磁场，因而无输出，定子绕组也会无电流，电动机只能靠惯性转动，如果恰巧电动机停在此位置，则会无法启动。为了克服上述问题，在实践中也开发出了多种方式。

1 单极性三相半波通电方式

图5-39所示为无刷直流电动机单极性三相半波通电方式。

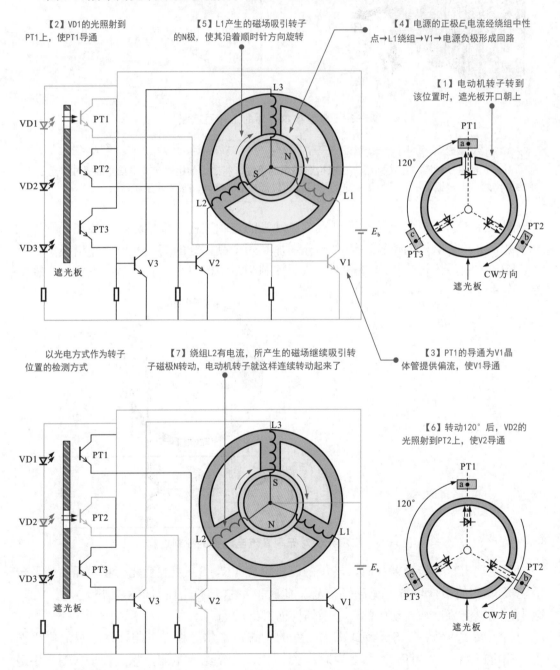

图5-39 无刷直流电动机单极性三相半波通电方式

补充说明

　　单极性三相半波通电方式是无刷直流电动机的控制方式之一。定子采用三相绕组120°分布，转子的检测位置设有三个光电检测器件（三个发光二极管和三个光敏晶体管）。发光二极管和光敏晶体管分别设置在遮光板的两侧，遮光板与转子一同旋转。遮光板有一个开口，当开口转到某一位置时，发光二极管的光会照射到光敏晶体管上，光敏晶体管导通。当电动机旋转时，三个光敏晶体管会循环导通。

2 》》单极性两相半波通电方式

　　图5-40所示为无刷直流电动机单极性两相半波通电方式。

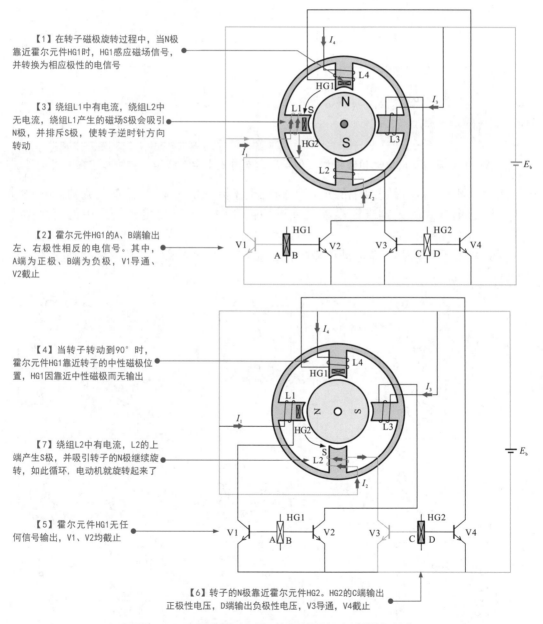

图5-40　无刷直流电动机单极性两相半波通电方式

单极性两相半波通电方式的无刷直流电动机为了形成旋转磁场，由四个晶体管V1～V4分别驱动各自的绕组，由两个霍尔元件对转子位置进行检测。

3 >> 双极性三相半波通电方式

如图5-41所示，无刷直流电动机双极性三相半波通电方式中定子绕组有三角形连接和星形连接两种连接方式。

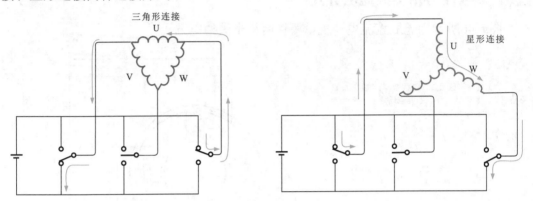

图5-41　无刷直流电动机双极性三相半波通电方式中定子绕组的结构和连接方式

所谓双极性，是指绕组中的电流方向在电子开关的控制下可双向流动。双极性三相半波通电方式的无刷直流电动机通过切换开关，可以使定子绕组中的电流循环导通，并形成旋转磁场。

图5-42所示为无刷直流电动机双极性三相半波通电方式中三角形绕组连接的工作过程。

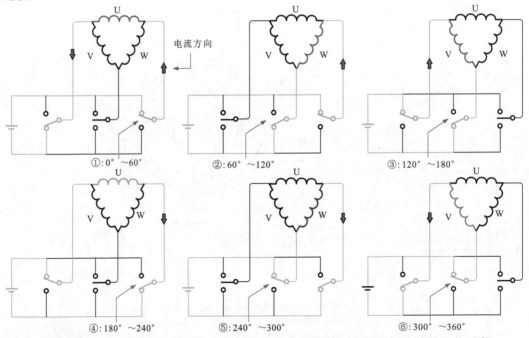

图5-42　无刷直流电动机双极性三相半波通电方式中三角形绕组连接的工作过程

5.3 单相交流电动机

5.3.1 单相交流电动机的特点

单相交流电动机利用单相交流电源的供电方式提供电能，多用于家用电子产品中，根据转动速率和电源频率关系的不同，又可以分为单相交流同步电动机和单相交流异步电动机两种，如图5-43所示。

单相交流同步电动机的转速与供电电源的频率保持同步，速度不随负载的变化而变化

单相交流同步电动机多用于对转速有一定要求的自动化仪器和生产设备中

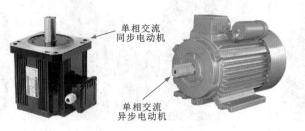

单相交流同步电动机

单相交流异步电动机

单相交流异步电动机的转速与供电电源的频率不同步，具有输出转矩大、成本低等特点

单相交流异步电动机多用于输出转矩大、转速精度要求不高的家用电子产品中

图5-43 单相交流电动机

单相交流同步电动机是指电动机的转动速度与供电电源的频率保持同步，其转速比较稳定。该类电动机结构简单、体积小、消耗功率小，所以可直接使用市电进行驱动，其转速主要取决于市电的频率和磁极对数，不受电压和负载的影响。

单相交流异步电动机是指电动机的转动速度与供电电源的频率不同步，其输出转矩大、成本低。在单相交流电动机中，单相交流异步电动机最为常见，广泛应用于输出转矩大、转速精度要求不高的产品中。例如，日常生活中常见的洗衣机、电风扇、升降机等都是采用单相交流异步电动机提供动力源的（以下内容中，未特别指明为同步或异步时，所提到的单相交流电动机均指单相交流异步电动机）。

图5-44所示为典型单相交流电动机的结构。可以看到，单相交流电动机主要是由定子、转子、转轴、轴承和垫片、端盖等部分构成的。

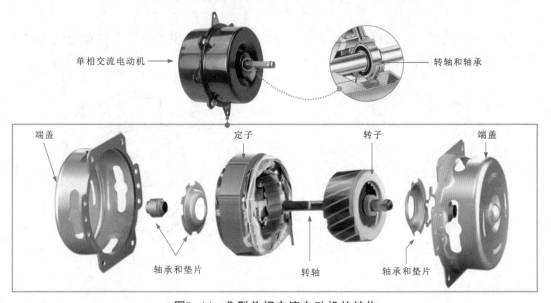

单相交流电动机

转轴和轴承

端盖   定子   转子   端盖

轴承和垫片   转轴   轴承和垫片

图5-44 典型单相交流电动机的结构

1 >> 单相交流电动机的定子

图5-45所示为单相交流电动机的定子结构。单相交流电动机的定子主要是由定子铁芯、定子绕组和引出线等部分构成的。

定子铁芯除支撑绕组外，主要功能是增强绕组所产生的电磁场

定子铁芯

定子绕组

定子绕组引出线

图5-45　单相交流电动机的定子结构

📎 **补充说明**

如图5-46所示，单相交流异步电动机定子中的绕组部分经引出线后与单相电源连接，当有电流通过时，形成磁场，实现电气性能。

其中，定子绕组的主绕组又称为运行绕组或工作绕组，副绕组又称为启动绕组或辅助绕组。值得注意的是，在电动机定子绕组中，主绕组与副绕组的匝数、线径是不同的。

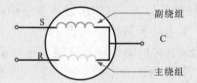

副绕组

主绕组

图5-46　单相交流异步电动机中的定子绕组

如图5-47所示，从结构形式来看，单相交流异步电动机的定子主要有隐极式和显极式（也称为凸极式）两种。

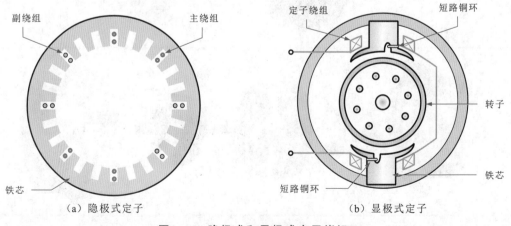

副绕组　　　　　　　主绕组

铁芯

（a）隐极式定子

定子绕组　　　　短路铜环

转子

短路铜环　　　　铁芯

（b）显极式定子

图5-47　隐极式和显极式定子绕组

　　隐极式定子由定子铁芯和定子绕组构成。

　　其中，定子铁芯是用硅钢片叠压成的，在铁芯槽内放置两套绕组，一套是主绕组，另一套是副绕组。两个绕组在空间上相隔90°。

　　显极式定子的铁芯由硅钢片叠压制成凸极形状固定在机座内。

　　在铁芯的1/4～1/3处开一个小槽，在槽和短边的一侧套装一个短路铜环，如同这部分磁极被罩起来，故称为罩极。定子绕组绕成集中绕组的形式套在铁芯上。

2 ▶▶ 单相交流电动机的转子

　　单相交流电动机的转子是指电动机工作时发生转动的部分，主要有笼型转子和绕线型转子（换向器型）两种结构。图5-48所示为单相交流电动机笼型转子的结构。

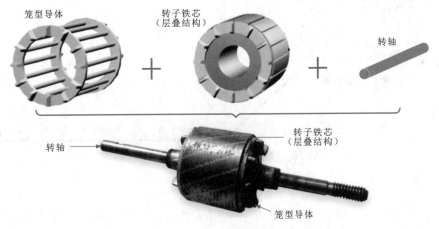

图5-48　单相交流电动机笼型转子的结构

　　单相交流电动机大都是将交流电源加到定子绕组上，由于所加的交流电源是交变的，所以会产生变化的磁场。转子内设有多个导体，导体受到磁场的作用就会产生电流，并受到磁场的作用力而旋转，在这种情况下，转子常制成笼型。

　　图5-49所示为单相交流电动机绕线型（换向器型）转子的结构。

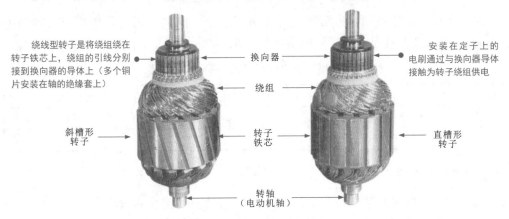

图5-49　单相交流电动机绕线型（换向器型）转子的结构

5.3.2 单相交流电动机的参数标识

不同的单相交流电动机的规格参数也有所不同，但各参数均标识在单相交流电动机的铭牌上，并贴在电动机较明显的部位，便于使用者对该电动机各参数的了解。

图5-50所示为典型单相交流电动机的铭牌标识。

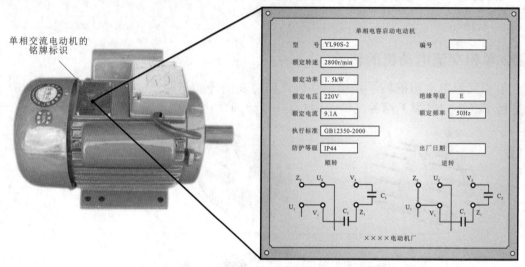

图5-50 典型单相交流电动机的铭牌标识

1 ▶▶ 型号

型号是指单相交流电动机的类型、系列及产品代号等，通常情况下采用大写英文字母和数字表示，如图5-51所示。

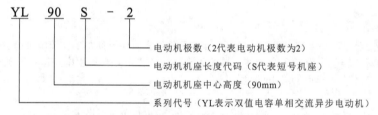

图5-51 单相交流电动机的型号标识

单相交流电动机的系列代号常用英文字母表示，不同的字母表示单相交流电动机的不同特点。表5-2所列为单相交流电动机常用系列代号对照。

表5-2 单相交流电动机常用系列代号对照

字母	名称	字母	名称
YL	双值电容单相交流异步电动机	YC	单相电容启动单相交流异步电动机
YY	单相电容运转单相交流异步电动机		

2 ▶▶ 机座中心高度

电动机机座中心高度是指单相交流电动机转轴轴心到地面的垂直高度，单位为毫米（mm）。例如，90表示单相交流电动机转轴轴心到地面的垂直高度为90mm。

3 机座长度

电动机机座长度分为长、中、短三种。其中，长号机座用L表示；中号机座用M表示；短号机座用S表示。

4 极数

电动机的极数是指定子磁场的极数。例如，2表示单相交流电动机的极数为2；4表示单相交流电动机的极数为4。

5 绝缘等级

绝缘等级是指单相交流电动机绝缘材料的耐热等级，即所承受温度能力的水平，用E、B、F、H等表示。表5-3所列为绝缘等级代码所对应的耐热温度值。

表5-3　绝缘等级代码所对应的耐热温度值

绝缘等级代码	E	B	F	H
耐热温度/℃	120	130	155	180

6 防护等级

防护等级是指单相交流电动机外壳保护电动机内部电路及旋转部位的能力，用IPmn表示。其中，IP是国际通用的防护等级代码，m和n表示数字，第一个数字m表示电动机防护固体能力，包括0～6共7个级别，见表5-4；第二个数字n表示电动机防护液体能力，包括0～8共9个级别，见表5-5。级别越高，防护能力越强。

表5-4　单相交流电动机防护固体能力

数字代号	0	1	2	3	4	5	6
防护固体的最小尺寸	没有专门的防护措施	防护固体直径为50mm	防护固体直径为12mm	防护固体直径为2.5mm	防护固体直径为1mm	防尘	严密防尘

表5-5　单相交流电动机防护液体能力

数字代号	0	1	2	3	4	5	6	7	8
防护进水的能力	没有专门的防护措施	可防护水滴	防护水平方向夹角15°的滴水	防护60°方向内的淋水	防护任何方向的溅水	防护一定压力的喷水	防护一定强度的喷水	防护一定压力的浸水	防护长期浸在水里

7 接线方法

图5-52所示为单相交流电动机的接线方法。单相交流电动机的接线方法一般有顺转（正转）和逆转（反转）两种接法。

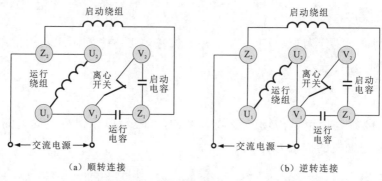

图5-52　单相交流电动机的接线方法

5.3.3 | 单相交流电动机的工作原理

图5-53所示为单相交流电动机的转动原理图。将多个闭环的线圈（转子绕组）交错置于磁场中，并安装到转子铁芯中，当定子磁场旋转时，线圈受到磁场力也会随之旋转，这就是单相交流电动机的转动原理。

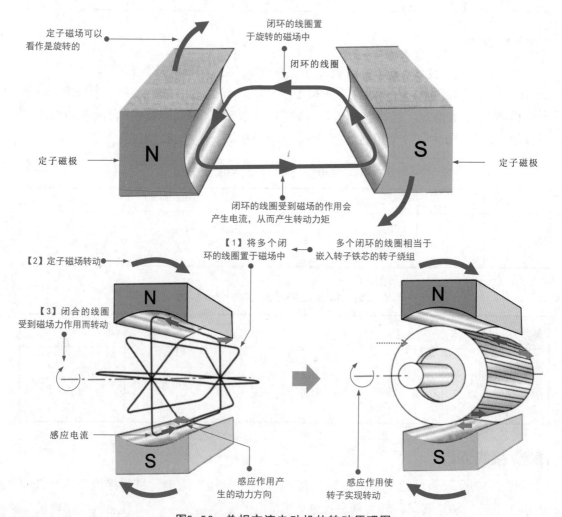

图5-53　单相交流电动机的转动原理图

1 ≫ 单相交流电动机的启动过程

如图5-54所示，要使单相交流电动机能自动启动，通常在电动机的定子上增加一个启动绕组，启动绕组与运行绕组在空间上相差90°。外加电源经电容或电阻接到启动绕组上，启动绕组的电流与运行绕组相差90°。这样，在空间上相差90°的绕组在外电源的作用下形成相差90°的电流，于是空间上就形成了两相旋转磁场。

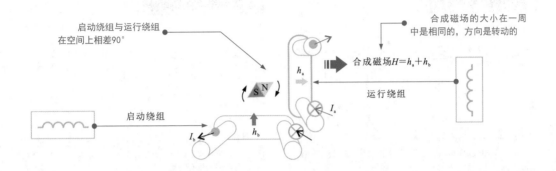

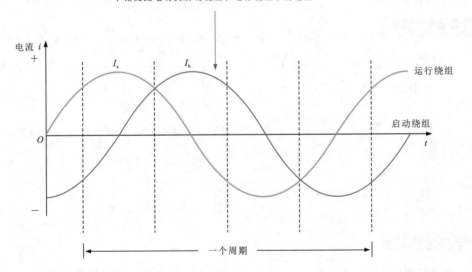

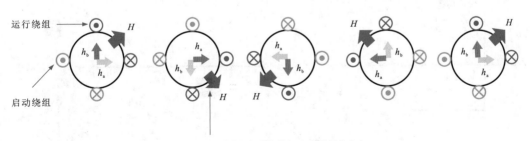

图5-54　单相交流电动机的启动过程

2 单相交流电动机的启动方式

单相交流电动机启动电路的方式有多种，常用的主要有电阻分相式启动，电容分相式启动，离心开关式启动，运行电容、启动电容、离心开关式启动及正、反转切换式启动等。

图5-55所示为单相交流电动机的启动电路和启动方式。

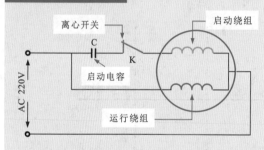

电阻分相式启动电路

电阻分相式启动电路是指在单相交流异步电动机的启动绕组供电电路中设有启动电阻。启动时，电源经启动电阻为启动绕组供电，在启动绕组与运行绕组的共同作用下产生启动转矩，使电动机旋转起来

电容分相式启动电路

电容分相式启动电路是指在单相交流异步电动机的启动绕组供电电路中设有启动电容。启动时，电源经启动电容为启动绕组供电，在启动绕组与运行绕组的共同作用下产生启动转矩，使电动机旋转起来

离心开关式启动电路

离心开关式启动电路是指在单相交流异步电动机的启动电路中设有离心开关

1 **接通电源，开始启动时**，交流220V电压的一路直接加到运行绕组上

2 交流220V电压的另一路经启动电容、离心开关后，加到启动绕组上

3 两相绕组的相位成90°，对转子形成启动转矩，使电动机启动

4 当电动机启动达到一定转速时，离心开关受离心力的作用而断开

5 启动绕组停止工作

6 运行绕组驱动转子旋转。

7 电动机进入正常的运转状态。

离心开关式启动电路

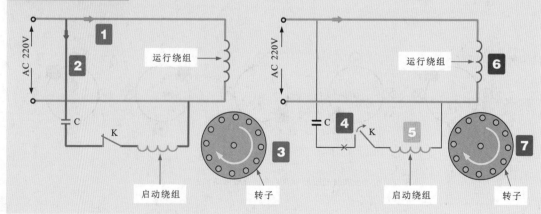

图5-55 单相交流电动机的启动电路和启动方式

运行电容、启动电容、离心开关式启动电路

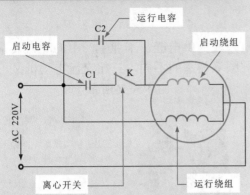

运行电容、启动电容、离心开关式启动电路采用离心开关式、启动电容和运行电容相结合的电路

1 接通电源后，交流220V电压一路经运行电容加到启动绕组上

2 交流220V电压的另一路经离心开关和启动电容加到启动绕组上

3 交流220V电压的第三路直接加到运行绕组上

4 两相绕组的相位成90°，对转子形成启动转矩，使电动机启动

5 当电动机启动达到一定转速时，离心开关受离心力的作用而断开

6 启动电容的回路被切断，启动电容不起作用

7 运行电容仍接入电路中，仍起作用

8 运行电容和启动绕组都参与电动机的运行

运行电容、启动电容、离心开关式启动电路工作原理图

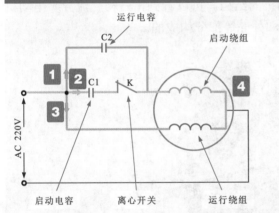 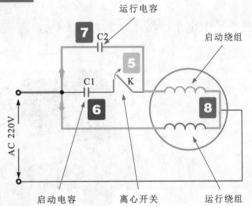

当电动机启动时，交流电源经启动电容和离心开关为启动绕组供电，启动绕组与运行绕组形成旋转磁场使电动机启动。启动后，当电动机转速为额定转速的70%~80%时，离心开关断开，启动电容不起作用，但运行电容仍起作用，运行电容和启动绕组都参与电动机的运行

正、反转切换式启动电路

正、反转切换开关置于正转挡位时，电动机绕组a作为运行绕组，绕组b作为启动绕组，电动机正转

正、反转切换开关置于反转挡位时，电动机绕组b作为运行绕组，绕组a作为启动绕组，电动机反转

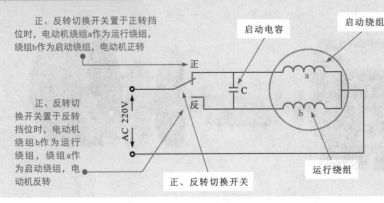

对于经常需要进行正、反转切换的单相交流电动机，需要设置一个正、反转切换开关，将启动绕组和运行绕组互相转换一下即可

图5-55 （续）

5.4 三相交流电动机

5.4.1 三相交流电动机的特点

三相交流电动机利用三相交流电源的供电方式提供电能，工业生产中的动力设备多采用三相交流电动机。根据转动速率和电源频率关系的不同，三相交流电动机又可以分为三相交流同步电动机和三相交流异步电动机两种，如图5-56所示。

三相交流同步电动机的转速与电源供电频率同步，转速不随负载的变化而变化，功率因数可以调节

三相交流同步电动机多用于转速恒定，并且对转速有严格要求的大功率机电设备中

三相交流异步电动机的转速与电源供电频率不同步，其结构简单，价格低廉，应用广泛，运行可靠

三相交流异步电动机广泛应用于工农业机械、运输机械、机床等设备中

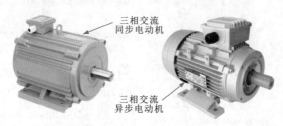

图5-56　三相交流电动机

图5-57所示为典型三相交流异步电动机的结构。可以看到，三相交流异步电动机主要是由定子、转子、转轴、轴承、端盖和外壳等部分构成的。

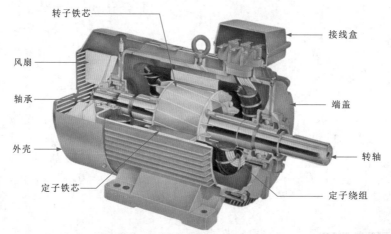

（a）三相交流异步电动机的内部结构

（b）三相交流异步电动机的整机分解图

图5-57　典型三相交流异步电动机的结构

如图5-58所示，三相交流异步电动机的定子部分通常安装固定在电动机外壳内，与外壳制成一体。通常情况下，三相交流异步电动机的定子部分主要是由定子绕组和定子的铁芯部分构成的。

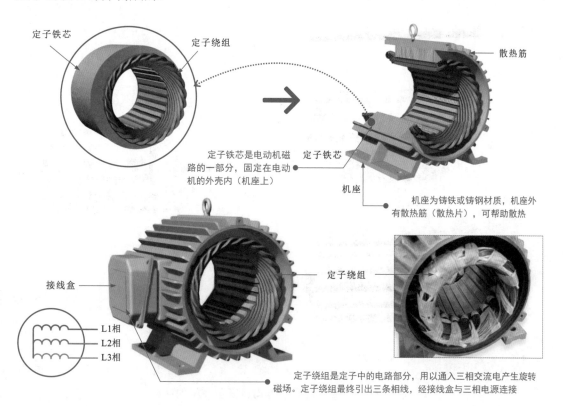

定子铁芯　　定子绕组　　散热筋

定子铁芯是电动机磁路的一部分，固定在电动机的外壳内（机座上）　定子铁芯　机座

机座为铸铁或铸钢材质，机座外有散热筋（散热片），可帮助散热

接线盒　　定子绕组

L1相
L2相
L3相

定子绕组是定子中的电路部分，用以通入三相交流电产生旋转磁场。定子绕组最终引出三条相线，经接线盒与三相电源连接

图5-58　三相交流异步电动机的定子结构

补充说明

如图5-59所示，三相交流异步电动机的定子绕组引出三条线，经接线盒与三相电源连接。三相定子绕组有两种连接方式：一种是星形连接方式，又称为Y形；另一种是三角形连接方式，又称为△形。

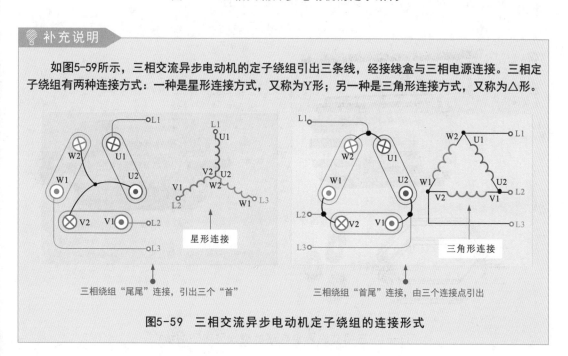

星形连接

三角形连接

三相绕组"尾尾"连接，引出三个"首"　　　三相绕组"首尾"连接，由三个连接点引出

图5-59　三相交流异步电动机定子绕组的连接形式

转子是三相交流异步电动机的旋转部分，通过感应电动机定子形成的旋转磁场产生感应转矩而转动。三相交流异步电动机的转子有两种，即笼型转子和绕线型转子。图5-60所示为三相交流异步电动机笼型转子的结构。

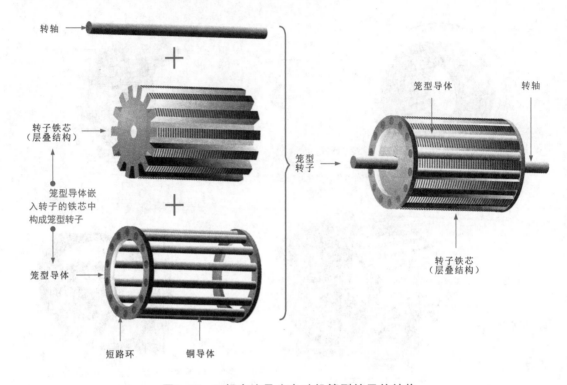

图5-60 三相交流异步电动机笼型转子的结构

图5-61所示为三相交流异步电动机绕线型转子的结构。

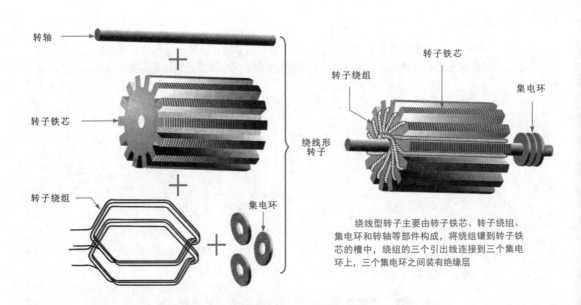

绕线型转子主要由转子铁芯、转子绕组、集电环和转轴等部件构成，将绕组镶到转子铁芯的槽中，绕组的三个引出线连接到三个集电环上，三个集电环之间装有绝缘层

图5-61 三相交流异步电动机绕线型转子的结构

5.4.2 三相交流电动机的参数标识

三相交流电动机的各种规格参数也标识在电动机的铭牌上,并贴在电动机外壳比较明显的位置,其中包含的参数主要有三相交流电动机的型号、额定功率、额定电压和绝缘等级等相关规格参数。

图5-62所示为典型三相交流电动机的铭牌标识。

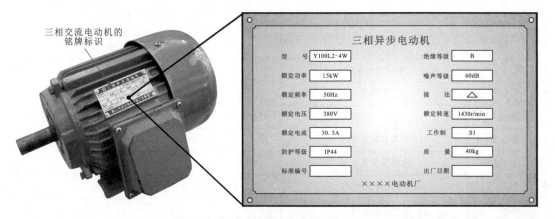

图5-62 典型三相交流电动机的铭牌标识

1 型号

三相交流电动机的型号一般由系列代号、机座中心高度、机座长度代码、铁芯长度代码、极数和环境代码六部分组成,通常情况下用大写英文字母和数字表示,如图5-63所示。

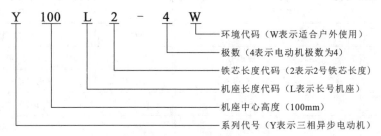

图5-63 三相交流电动机的型号标识

(1)系列代号。三相交流电动机的系列代号常用英文字母表示,不同的英文字母表示三相交流电动机的不同特点。表5-6所列为三相交流电动机的常用系列代号对照。

表5-6 三相交流电动机常用系列代号对照

字母	名称	字母	名称
Y	基本系列	YEP	制动(旁磁式)
YA	增安型	YEZ	锥形转子制动
YACJ	增安型齿轮减速	YG	辊道用

字母	名称	字母	名称
YACT	增安型电磁调速	YGB	管道泵用
YAD	增安型多速	YGT	滚筒用
YADF	增安型电动阀门用	YH	高滑差
YAH	增安型高转差率	YHJ	行星齿轮减速
YAQ	增安型高启动转矩	YI	装煤机用
YAR	增安型绕线转子	YJI	谐波齿轮减速
YATD	增安型电梯用	YK	大型高速
YB	隔爆型	YLB	立式深井泵用
YBB	耙斗装岩机用隔爆型	YLJ	力矩
YBCJ	隔爆型采煤机用	YLS	立式
YBCS	隔爆型齿轮减速	YM	木工用
YBCT	隔爆型采煤机用水冷式	YNZ	耐振用
YBD	隔爆型电磁调速	YOJ	石油井下用
YBDF	隔爆型多速	YP	屏蔽式
YBEG	隔爆型电动阀门用	YPG	高压屏蔽式
YBEJ	隔爆型杠杆式制动	YPJ	泥浆屏蔽式
YBEP	隔爆型附加制动器制动	YPL	制冷屏蔽式
YBGB	隔爆型旁磁式制动	YPT	特殊屏蔽式
YBH	隔爆型管道泵用	YQ	高启动转矩
YBHJ	隔爆型高转差率	YQL	井用潜卤
YBI	隔爆型回柱绞车用	YQS	井用（充水式）潜水
YBJ	隔爆型装岩机用	YQSG	井用（充水式）高压潜水
YBK	隔爆型绞车用	YQSY	井用（充油式）高压潜水
YBLB	隔爆型矿用	YQY	井用潜油
YBPG	隔爆型立交深井泵用	YR	绕线转子
YBPJ	隔爆型高压屏蔽式	YRL	绕线转子立式
YBPL	隔爆型泥浆屏蔽式	YS	分马力
YBPL	隔爆型制冷屏蔽式	YSB	电泵（机床用）
YBPT	隔爆型特殊屏蔽式	YSDL	冷却塔用多速
YBQ	隔爆型高启动转矩	YSL	离合器用
YBR	隔爆型绕线转子	YSR	制冷机用耐氟
YBS	隔爆型运输机用	YTD	电梯用
YBT	隔爆型轴流局部扇风机	YTTD	电梯用多速
YBTD	隔爆型电梯用	YUL	装入式

续表

字母	名称	字母	名称
YBY	隔爆型链式运输机用	YX	高效率
YBZ	隔爆型起重用	YXJ	摆线针轮减速
YBZD	隔爆型起重用多速	YZ	冶金及起重
YBZS	隔爆型起重用双速	YZC	低振动低噪声
YBU	隔爆型掘进机用	YZD	冶金及起重用多速
YBUS	隔爆型掘进机用水冷式	YZE	冶金及起重用制动
YBXJ	隔爆型摆线针轮减速	YZJ	冶金及起重减速
YCJ	齿轮减速	YZR	冶金及起重用绕线转子
YCT	电磁调速	YZRF	冶金及起重用绕线转子（自带风机式）
YD	多速	YZRG	冶金及起重用绕线转子（管道通风式）
YDF	电动阀门用	YZRW	冶金及起重用涡流制动绕线转子
YDT	通风机用多速	YZS	低振动精密机床用
YEG	制动（杠杆式）	YZW	冶金及起重用涡流制动
YEJ	制动（附加制动器式）		

（2）机座中心高度。如图5-64所示，三相交流电动机机座中心高度是指转轴轴心到地面的垂直高度，单位为mm。

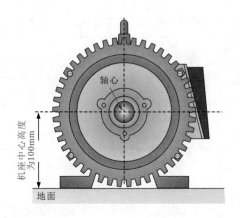

图5-64　常用中小型三相交流电动机机座中心高度

表5-7所列为常用中小型三相交流电动机机座中心高度。

表5-7　常用中小型三相交流电动机机座中心高度　　　　　　　单位：mm

序号	1	2	3	4	5	6	7	8	9	10
小型三相交流电动机座中心高度	63	71	80	90	100	112	132	160	180	200
中型三相交流电动机座中心高度	225	250	280	315	355	400	450	500	550	630

（3）机座长度代码。三相交流电动机机座长度有三种类型，分别为长号机座，用L表示；中号机座，用M表示；短号机座，用S表示。

（4）铁芯长度代码。三相交流电动机铁芯长度是指同一机座中不同铁芯的长度，常用数字表示，如1、2、3、4、…，数字越大，铁芯长度越大，功率越大。

（5）极数。三相交流电动机的极数是指定子磁场的极数。例如，2表示三相交流电动机的极数为2；4表示三相交流电动机的极数为4。

（6）环境代码。环境代码是指三相交流电动机适用的工作环境，不同的字母表示三相交流电动机适用的不同工作环境，表5-8所列为三相交流电动机适用的工作环境代码。

表5-8 三相交流电动机适用的工作环境代码

适用的工作环境	化工防腐	高原	船（海）	热带	干热带	湿热带	户外
代码	F	G	H	T	TA	TH	W

2 工作制

工作制是指三相交流电动机持续运行的时间，一般有10种工作制，分别用S1、S2、S3、…、S10共10个代号表示，表5-9所列为三相交流电动机工作制代号的含义。

表5-9 三相交流电动机工作制代号的含义

代号	含义	代号	含义
S1	长期工作制：在额定负载下连续动作	S9	非周期工作制
S2	短时工作制：短时间运行到标准时间	S10	离散恒定负载工作制
S3~S8	不同情况断续周期工作制		

3 接法（接线方式）

三相交流电动机一般将三相绕组的六根端子引出到接线盒内，通常三相交流电动机的接线方式有两种。图5-65所示为三相交流电动机的星形接线方式。

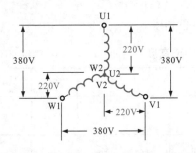
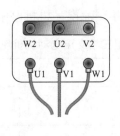

图5-65 三相交流电动机的星形接线方式

图5-66所示为三相交流电动机的三角形接线方式。

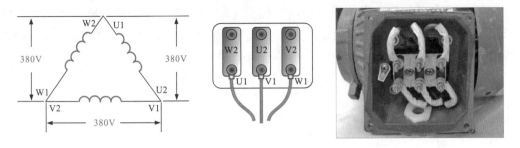

图5-66　三相交流电动机的三角形接线方式

补充说明

　　当三相交流电动机采用星形接线方式时，三相交流电动机每相绕组承受的电压均为220V；当三相交流电动机采用三角形接线方式时，三相交流电动机每相绕组承受的电压为380V。

5.4.3 | 三相交流电动机的工作原理

1 ▶ 三相交流电动机的转动原理

　　三相交流电动机（以下均指三相交流异步电动机）在三相交流供电的条件下工作的转动原理如图5-67所示。

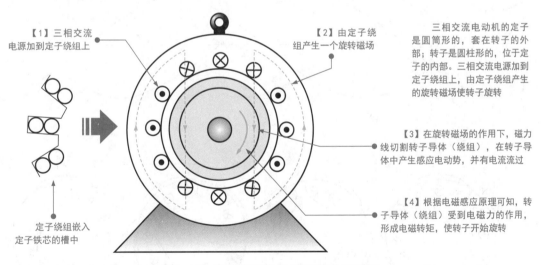

【1】三相交流电源加到定子绕组上

【2】由定子绕组产生一个旋转磁场

三相交流电动机的定子是圆筒形的，套在转子的外部；转子是圆柱形的，位于定子的内部。三相交流电源加到定子绕组上，由定子绕组产生的旋转磁场使转子旋转

【3】在旋转磁场的作用下，磁力线切割转子导体（绕组），在转子导体中产生感应电动势，并有电流流过

【4】根据电磁感应原理可知，转子导体（绕组）受到电磁力的作用，形成电磁转矩，使转子开始旋转

定子绕组嵌入定子铁芯的槽中

图5-67　三相交流电动机的转动原理图

补充说明

　　三相交流电动机接通三相电源后，定子绕组有电流流过，产生一个转速为n_0的旋转磁场。在旋转磁场的作用下，电动机转子受电磁力的作用以转速n开始旋转。这里的n始终不会加速到n_0，只有这样，转子导体（绕组）与旋转磁场之间才会有相对运动而切割磁力线，转子导体（绕组）中才能产生感应电动势和电流，从而产生电磁转矩，使转子按照旋转磁场的方向连续旋转。定子磁场对转子的异步转矩是异步电动机工作的必要条件，"异步"的名称也由此而来。

2 ≫ 三相交流电动机磁场的形成过程

三相交流电源加到定子绕组上后，三相交流电动机定子磁场的形成过程如图5-68所示。三相交流电源变化一个周期，三相交流电动机的定子磁场转过1/2圈，每一相定子绕组分为两组，每组有两个绕组，相当于两个定子磁极。

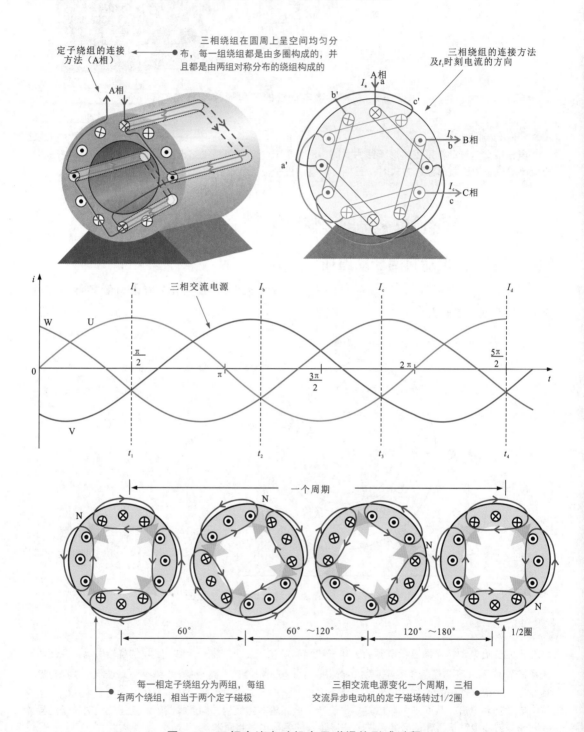

图5-68 三相交流电动机定子磁场的形成过程

　　图5-69所示为三相交流电动机合成磁场在不同时间段的变化过程。三相交流电动机合成磁场是指三相绕组产生旋转磁场的矢量和。当三相交流电动机三相绕组加入交流电源时，由于三相交流电源的相位差为120°，绕组在空间上成120°对称分布，因而可根据三相绕组的分布位置、接线方式、电流方向及时间判别合成磁场的方向。

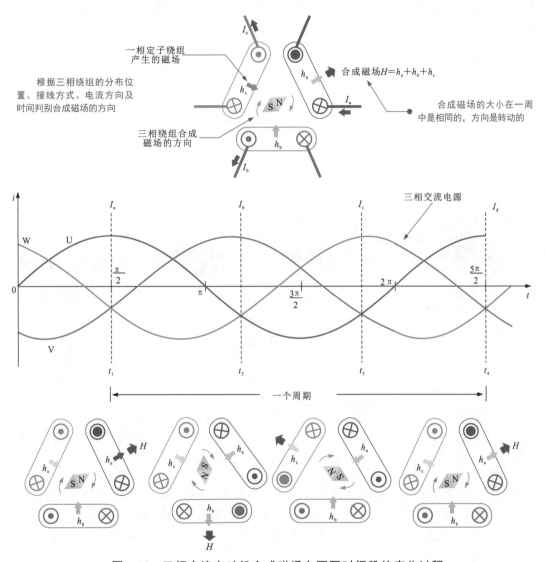

图5-69　三相交流电动机合成磁场在不同时间段的变化过程

补充说明

　　在三相交流电动机中，由定子绕组所形成的旋转磁场作用于转子，使转子跟随磁场旋转，转子的转速滞后于磁场，因而转速低于磁场的转速。

　　如果转速增加到旋转磁场的转速，则转子导体与旋转磁场间的相对运动消失，转子中的电磁转矩等于0。转子的实际转速n总是小于旋转磁场的同步转速n_0，它们之间有一个转速差，反映了转子导体切割磁感应线的快慢程度，常用转速差n_0-n与旋转磁场同步转速n_0的比值来表示三相交流电动机的性能，称为转差率，通常用S表示，即$S=(n_0-n)/n_0$。

5.5 变压器

5.5.1 变压器的特点

变压器可以看作是由两个或多个电感线圈构成的，它利用电感线圈靠近时的互感原理，将电能或信号从一个电路传输给另一个电路。

图5-70所示为变压器的结构及电路符号。变压器主要由一次绕组、二次绕组和铁芯等部分组成。如果绕组是空芯的，所构成的变压器则称为空芯变压器，如图5-70（a）所示；若在绕制好的线圈中插入了铁氧体磁芯便构成了磁芯变压器，其外形及电路符号如图5-70（b）所示；若在线圈中插入铁芯（硅钢片），则称为铁芯变压器，其外形及电路符号如图5-70（c）所示。

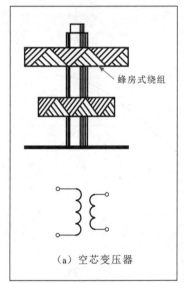

（a）空芯变压器

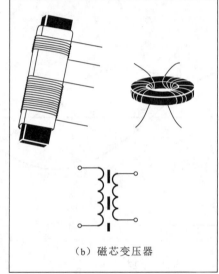

（b）磁芯变压器

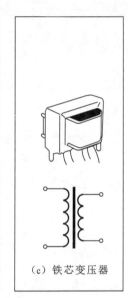

（c）铁芯变压器

图5-70 变压器的结构及电路符号

变压器是将两组或两组以上的绕组绕制在同一个绕组骨架上，或者绕制在同一铁芯上制成的。通常，把与电源相连的绕组称为一次绕组，其余的绕组称为二次绕组。

变压器在电路中主要用于实现电压变换、阻抗变换、相位变换、电气隔离、信号耦合等功能。

1 电压变换功能

图5-71所示为变压器的电压变换功能。当交流220V电压流过一次绕组时，在一次绕组上形成感应电动势。在绕制的绕组中产生交变磁场，使铁芯磁化。二次绕组也产生与一次绕组变化相同的交变磁场，根据电磁感应原理，二次绕组会产生交流电压。

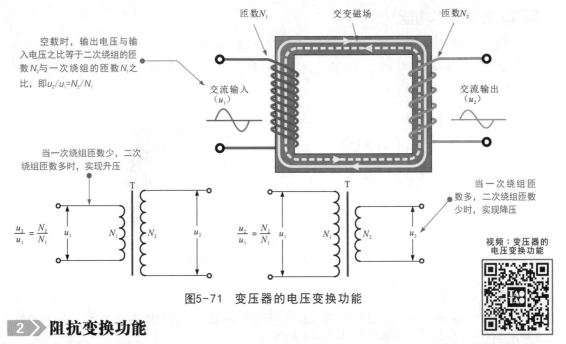

空载时，输出电压与输入电压之比等于二次绕组的匝数N_2与一次绕组的匝数N_1之比，即$u_2/u_1=N_2/N_1$

匝数N_1　　交变磁场　　匝数N_2

交流输入（u_1）　　　　交流输出（u_2）

当一次绕组匝数少，二次绕组匝数多时，实现升压

$$\frac{u_2}{u_1}=\frac{N_2}{N_1}$$

当一次绕组匝数多，二次绕组匝数少时，实现降压

视频：变压器的电压变换功能

图5-71　变压器的电压变换功能

2 ▶▶ 阻抗变换功能

图5-72所示为变压器的阻抗变换功能。变压器通过一次绕组、二次绕组可实现阻抗变换，即一次绕组与二次绕组的匝数比不同，输入与输出的阻抗也不同。

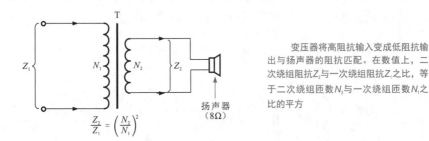

变压器将高阻抗输入变成低阻抗输出与扬声器的阻抗匹配。在数值上，二次绕组阻抗Z_2与一次绕组阻抗Z_1之比，等于二次绕组匝数N_2与一次绕组匝数N_1之比的平方

扬声器（8Ω）

$$\frac{Z_2}{Z_1}=\left(\frac{N_2}{N_1}\right)^2$$

图5-72　变压器的阻抗变换功能

3 ▶▶ 相位变换功能

图5-73所示为变压器的相位变换功能。通过改变变压器一次绕组和二次绕组的绕线方向和连接，可以很方便地将输入信号的相位倒相。

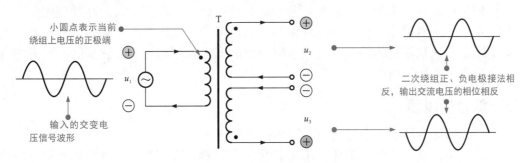

小圆点表示当前绕组上电压的正极端

输入的交变电压信号波形

二次绕组正、负电极接法相反，输出交流电压的相位相反

图5-73　变压器的相位变换功能

4 电气隔离功能

图5-74所示为变压器的电气隔离功能。根据变压器的变压原理，一次绕组的交流电压是通过电磁感应原理"感应"到二次绕组上的，并没有进行实际的电气连接，因而变压器具有电气隔离功能。

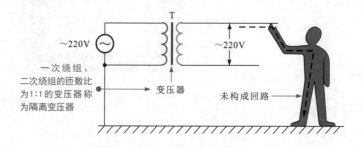

图5-74　变压器的电气隔离功能

补充说明

接入隔离变压器的电路：接入隔离变压器后，因变压器绕组分离而起到隔离的作用，当人体接触到交流220V电压时，不会构成回路，保证了人身安全。

5 信号耦合功能

图5-75所示为自耦变压器的信号耦合功能。一个绕组具有多个抽头的变压器称为自耦变压器。这种变压器具有信号自耦功能，但无隔离功能。

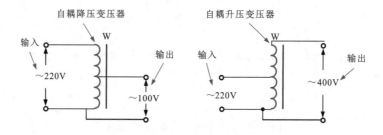

图5-75　自耦变压器的信号耦合功能

5.5.2 变压器的分类

根据工作频率的不同，变压器可分为低频变压器、中频变压器、高频变压器、特殊变压器。变压器根据工作电压或功率的不同还可分为低压变压器和高压变压器、小功率变压器和大功率变压器。在电力领域应用的变压器则称为电力变压器，常见的有单相电力变压器和三相电力变压器。

1 低频变压器

常见的低频变压器主要有电源变压器和音频变压器。

其中，电源变压器包括降压变压器和开关变压器。降压变压器包括环形降压变压器、E形降压变压器两种。图5-76所示为电源变压器的实物外形。

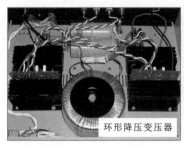

环形降压变压器　E形降压变压器　开关变压器

图5-76　电源变压器的实物外形

音频变压器是传输音频信号的变压器，主要用于耦合传输信号和阻抗匹配，多应用在功率放大器中。音频变压器根据功能还可以分为音频输出变压器和音频输入变压器，分别接在功率放大器的输出级和输入级。图5-77所示为音频变压器的实物外形。

音频输出变压器　音频输入变压器

视频：变压器的种类特点

图5-77　音频变压器的实物外形

2　中频变压器

中频变压器（简称中周），适用范围从几百千赫兹至几十兆赫兹，其外形和结构组成如图5-78所示。中频变压器的绕组并联上电容可构成谐振电路，具有选频的功能。在超外差收音机中，起到了选频和耦合的作用，还有利于提高收音机的灵敏度、选择性和通频带等指标。其谐振频率在调幅式收音机中为465kHz，在调频式收音机中为10.7MHz，在电视机中为38MHz。

不同规格的中频变压器

屏蔽罩
磁帽
尼龙架
绕线磁芯
底座

中频变压器与振荡线圈的外形相似，可通过磁帽上的颜色进行区分。常见的中频变压器主要有白色、红色、绿色、蓝色和黄色，颜色不同，具体的参数和应用也不同

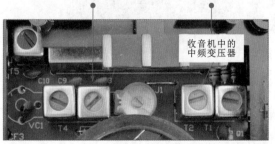

收音机中的中频变压器

图5-78　中频变压器的外形和结构组成

3 ▶ 高频变压器

图5-79所示为典型高频变压器的实物外形。工作在高频电路中的变压器称为高频变压器，这类变压器多应用于收音机、电视机和手机等的通信电路中。

例如，短波收音机的高频变压器工作在1.5～30MHz频率范围内，FM收音机的高频变压器工作在88～108MHz频率范围内。

图5-79 典型高频变压器的实物外形

4 ▶ 特殊变压器

特殊变压器是应用在特殊环境中的变压器。在电子产品中，常见的特殊变压器主要有彩色电视机中的行输出变压器、行激励变压器等，如图5-80所示。

行输出变压器　　　　　　　　　　　　　　行激励变压器

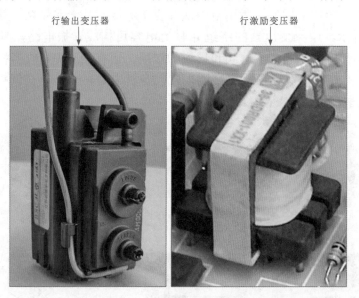

图5-80 特殊变压器的实物外形

补充说明

　　行输出变压器能输出几万伏的高压和几千伏的副高压，故又称为高压变压器，其绕组结构复杂，型号不同，绕组结构也不同。而行激励变压器可降低输出电压幅度。

5 单相电力变压器

单相电力变压器是一种一次绕组为单相绕组的变压器。单相电力变压器的一次绕组和二次绕组均缠绕在铁芯上，一次绕组为交流电压输入端，二次绕组为交流电压输出端。二次绕组的输出电压与绕组的匝数成正比。

图5-81所示为单相电力变压器的实物外形与结构特点。

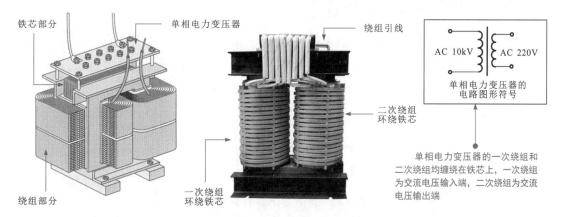

图5-81　单相电力变压器的实物外形与结构特点

6 三相电力变压器

三相电力变压器是电力设备中应用比较多的一种变压器。如图5-82所示，这种变压器实际上是由三个相同容量的单相电力变压器组合而成的。一次绕组（高压线圈）为三相，二次绕组（低压线圈）也为三相。

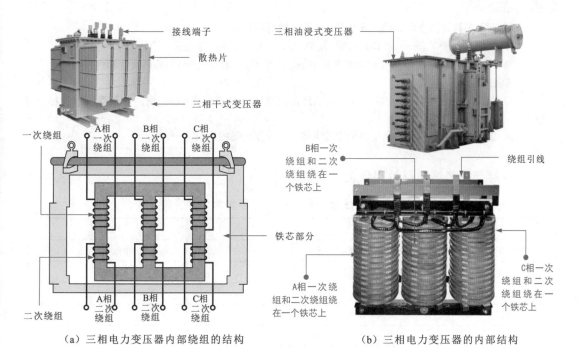

（a）三相电力变压器内部绕组的结构　　　　（b）三相电力变压器的内部结构

图5-82　三相电力变压器的实物外形与结构特点

三相电力变压器和单相电力变压器的内部结构基本相同，均由铁芯（器身）和绕组两部分组成。绕组是变压器的电路，铁芯是变压器的磁路，两者构成变压器的核心，即电磁部分。三相电力传输变压器的内部有六组绕组。

5.5.3 变压器的参数命名

变压器的型号命名一般由三个部分构成，即将变压器的功率、序号、尺寸、级数等参数以字母和数字的形式直接标注在变压器的外壳上。根据国家标准规定，普通变压器的型号命名由三个部分构成，具体命名标识如图5-83所示。

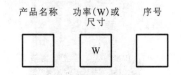

图5-83 普通变压器的命名标识

图5-84所示为中高频变压器的命名标识。

图5-84 中高频变压器的命名标识

（1）产品名称：用字母表示，表示产品名称、特征和用途。

（2）功率：用数字表示，计量单位用VA或W标识，但音频输入变压器（RB）除外。

（3）序号：用数字表示，表示同类产品中的不同品种，以区分产品的外形尺寸和性能指标等，有时会被省略。

（4）尺寸：用数字表示，表示该产品的外形尺寸，计量单位用mm标识，中频变压器的标识之一。

（5）级数：用数字表示，表示用于中放级数，中频变压器的标识之一。

变压器产品名称的符号和含义对照表见表5-10。

表5-10 变压器产品名称的符号和含义对照表

字母	含义	字母	含义
DB	电源变压器	T	中频变压器
CB	音频输出变压器	L	绕组或振荡线圈
RB/JB	音频输入变压器	F	调幅收音机
GB	高压变压器	S	短波段
HB	灯丝变压器	V	图像回路
SB/ZB	音频输送变压器		

变压器尺寸的符号和含义对照表见表5-11。

表5-11 变压器尺寸的符号和含义对照表

符号	含义	符号	含义
1	7×7×12	3	12×12×16
2	10×10×14	4	10×25×36

变压器级数的符号和含义对照表见表5-12。

表5-12 变压器级数的符号和含义对照表

符号	含义	符号	含义
1	第一级	3	第三级
2	第二级		

通常，许多电源变压器都采用铭牌标注的方法，即将电源变压器的额定功率、输入电压和输出电压等信息清晰地标注在铭牌上。

图5-85所示为电源变压器的参数标注实例。铭牌上清晰地标明：该电源变压器的额定功率可以为50Hz和60Hz，输入电压为交流220V，输出为两组18V交流电压。

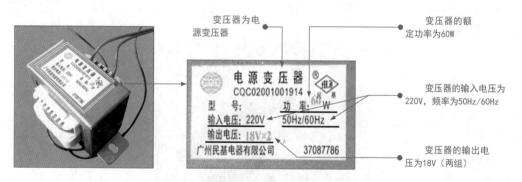

图5-85 电源变压器的参数标注实例

图5-86所示为音频变压器的参数标注实例。

因为需要连接音频变压器以便进行阻抗变换，所以音频变压器铭牌上会清晰地标明音频变压器的额定功率、输入电压和输出阻抗。

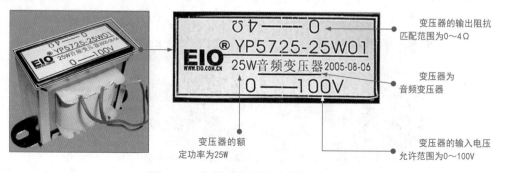

图5-86 音频变压器的参数标注实例

第6章
电工工具和检测仪表

6.1 电工工具

6.1.1 钳子

钳子主要由钳头和钳柄两部分构成。根据钳头设计和功能上的区别，钳子又可以分为钢丝钳、斜口钳、尖嘴钳、剥线钳、压线钳和网线钳等。

1 钢丝钳

如图6-1所示，钢丝钳又称为老虎钳，主要用于线缆的剪切、绝缘层的剥削、线芯的弯折、螺母的松动和紧固等。钢丝钳的钳头可以分为钳口、齿口、刀口和铡口，钳柄用绝缘套保护。

视频：钢丝钳的
特点和使用

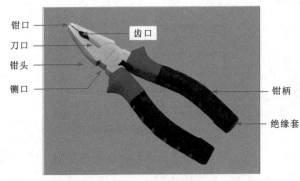

钳口　　　齿口
刀口
钳头
铡口
钳柄
绝缘套

图6-1　钢丝钳

图6-2所示为钢丝钳的使用操作图。在使用钢丝钳时，使钢丝钳的钳口朝内，便于控制钳切的部位。钢丝钳的钳口可以用于弯绞导线，齿口可以用于紧固或拧松螺母，刀口可以用于修剪导线及拔取铁钉，铡口可以用于铡切较细的导线或金属丝。

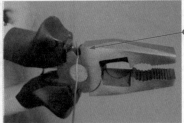

使用钢丝钳的
刀口修剪导线

使用钢丝钳的
铡口铡切割细导线

图6-2　钢丝钳的使用操作图

使用钢丝钳时应先查看钳柄的绝缘套上是否标有耐压值，并检查绝缘套上是否有破损处，若未标有耐压值或有破损现象，证明此钢丝钳不可带电进行作业；若标有耐压值，则需进一步查看耐压值是否符合工作环境，若工作环境超出钢丝钳钳柄的绝缘套上标识的耐压范围，则不能进行带电作业，否则极易引发触电事故。如图6-3所示，标注在绝缘套上的钢丝钳耐压值为1000V，表明可以在1000V电压值内工作。

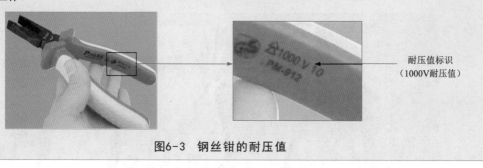

耐压值标识
（1000V耐压值）

图6-3　钢丝钳的耐压值

2 斜口钳

如图6-4所示，斜口钳又称为偏口钳，主要用于线缆绝缘皮的剥削或线缆的剪切操作。斜口钳的钳头部位为偏斜式刀口，可以贴近导线或金属的根部进行切割。斜口钳可以按照尺寸进行划分，比较常见的尺寸有4寸、5寸、6寸、7寸、8寸。

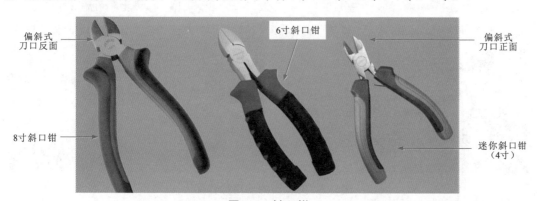

偏斜式
刀口反面

6寸斜口钳

偏斜式
刀口正面

8寸斜口钳

迷你斜口钳
（4寸）

图6-4　斜口钳

使用斜口钳时，应将偏斜式刀口正面朝上，反面靠近导线需要切割的位置，这样可以准确切割到位，防止切割位置出现偏差。图6-5所示为斜口钳的使用操作图。

将偏斜
式刀口正面
朝上，反面
靠近导线需
要切割的位
置

图6-5　斜口钳的使用操作图

3 >> **尖嘴钳**

尖嘴钳的钳头部分较细，可以在较小的空间里进行操作。尖嘴钳可以分为带有刀口的尖嘴钳和无刀口的尖嘴钳，如图6-6所示。带有刀口的尖嘴钳可以用来切割较细的导线、剥离导线的塑料绝缘层、将单股导线接头弯环以及夹捏较细的物体等；无刀口的尖嘴钳只能用来弯折导线的接头以及夹捏较细的物体等。

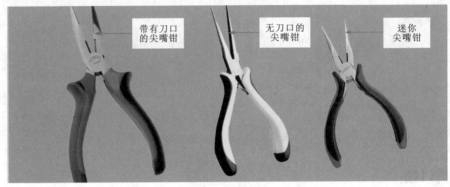

图6-6　尖嘴钳

使用尖嘴钳时，不可以将钳头对向自己。可以先用钳头上的刀口修整导线，再使用钳口夹住导线的接线端子，并对其进行修整固定。图6-7所示为尖嘴钳的使用操作图。

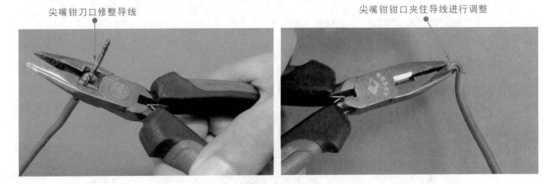

图6-7　尖嘴钳的使用操作图

4 >> **剥线钳**

如图6-8所示，剥线钳主要用来剥除线缆的绝缘层，电工操作中常使用的剥线钳可以分为自动剥线钳和压接式剥线钳两种。

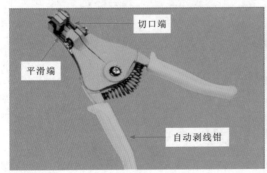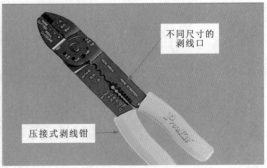

图6-8　剥线钳

压接式剥线钳前端有不同尺寸的剥线口（0.5～4.5mm）；自动剥线钳的钳头部分分为平滑端和切口端：平滑端的钳口用于卡紧导线，切口端的多个切口（0.5～3mm）用于切割和剥落导线的绝缘层。

5 ⟫ 压线钳

压线钳在电工操作中主要用于线缆与连接头的加工。压线钳根据压接的连接件的大小不同，内置的压接孔也有所不同，如图6-9所示。压线钳根据压接孔直径的不同进行区分。

不同直径的压接孔 ←

图6-9　压线钳

6 ⟫ 网线钳

如图6-10所示，网线钳专用于网线水晶头和电话线水晶头的加工。在网线钳的钳头部分有水晶头加工口，可以根据水晶头的型号选择网线钳，在钳柄处也会附带刀口，便于切割网线。通常，根据水晶头加工口的型号，可将网线钳分为RJ-45接口的网线钳和RJ-11接口的网线钳，也有一些网线钳同时具备两种型号的接口。

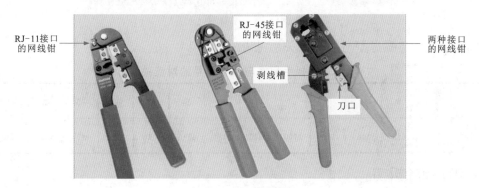

RJ-11接口的网线钳
RJ-45接口的网线钳
两种接口的网线钳
剥线槽
刀口

图6-10　网线钳

6.1.2 ｜ 扳手

在电工操作中，扳手常用于紧固和拆卸螺钉或螺母。在扳手的柄部一端或两端带有夹柄，用于施加外力。常见的扳手主要有活扳手、呆扳手和梅花棘轮扳手等。

1 ⟫ 活扳手

如图6-11所示，活扳手是由扳口、涡轮和手柄等组成的。推动涡轮即可改变扳口的大小。活扳手也有尺寸之分，尺寸较小的活扳手可以用于狭小的空间，尺寸较大的活扳手可以用于较大螺钉和螺母的拆卸和紧固。

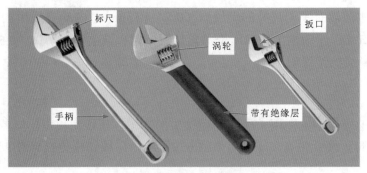

图6-11 活扳手

2 ▶▶ 呆扳手

如图6-12所示，呆扳手的两端通常带有开口的夹柄，夹柄的大小与扳口的大小成正比。呆扳手上带有尺寸的标识，呆扳手的尺寸与螺母的尺寸是相对应的。

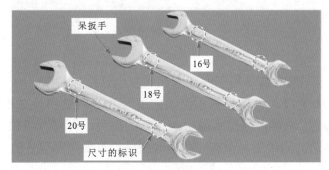

图6-12 呆扳手

呆扳手尺寸与螺母型号的对应关系见表6-1。

表6-1 呆扳手尺寸与螺母型号的对应关系

呆扳手尺寸	7	8	10	14	17	19	22	24	27	32	35	41	45
螺母型号	M4	M5	M6	M8	M10	M12	M14	M16	M18	M22	M24	M27	M30

3 ▶▶ 梅花棘轮扳手

梅花棘轮扳手的两端通常带有环形的六角孔或十二角孔的工作端，适用于狭小的工作空间，使用较为灵活，如图6-13所示。梅花棘轮扳手工段端不可以改变，所以在使用中需要配置整套梅花棘轮扳手。

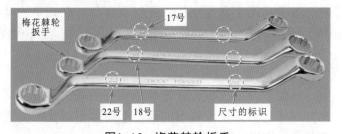

图6-13 梅花棘轮扳手

现在已经有比较先进的电动梅花棘轮扳手，外形与梅花棘轮扳手相似，但其六角孔或十二角孔是嵌入扳手主体中的，并且有专门的控制开关。该控制开关可以控制十二角孔转动，使其可以自动将螺母紧固或拆卸，可以在狭小的空间中使用，并且不需要手动推动扳手转动，如图6-14所示。

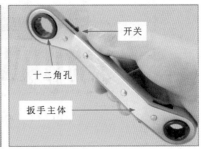

图6-14　电动梅花棘轮扳手

6.1.3 │ 螺钉旋具

螺钉旋具也称为螺丝刀，俗称改锥，是用来紧固和拆卸螺钉的工具。螺钉旋具主要由螺丝刀头与手柄组成，常用的螺钉旋具有一字槽螺钉旋具、十字槽螺钉旋具和万能螺钉旋具。

1 》 一字槽螺钉旋具

如图6-15所示，一字槽螺钉旋具的头部为薄楔形头，主要用于拆卸或紧固一字槽螺钉。使用时要选用与一字槽螺钉规格相对应的一字槽螺钉旋具。

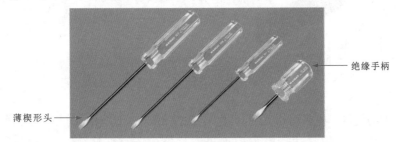

图6-15　一字槽螺钉旋具

2 》 十字槽螺钉旋具

如图6-16所示，十字槽螺钉旋具的头部由两个薄楔形片十字交叉构成，主要用于拆卸或紧固十字槽螺钉。使用时要选用与十字槽螺钉规格相对应的十字槽螺钉旋具。

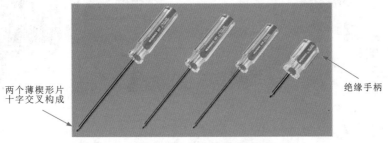

图6-16　十字槽螺钉旋具

3 ▶▶ **万能螺钉旋具**

万能螺钉旋具可以随意更换刀头，如图6-17所示。电工作业时可根据螺钉类型和尺寸自行选择不同规格的刀头，以符合电工拆装作业的需要。

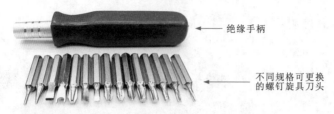

绝缘手柄

不同规格可更换的螺钉旋具刀头

图6-17　万能螺钉旋具

6.1.4 │ 电工刀

在电工操作中，电工刀是用于剥削导线和切割物体的工具。电工刀由刀柄与刀片两部分组成，如图6-18所示。电工刀的刀片一般可以收缩在刀柄中。

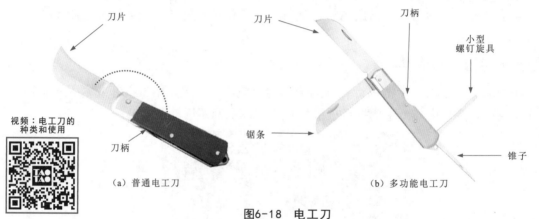

刀片

刀片　　　　刀柄

小型螺钉旋具

视频：电工刀的种类和使用

刀柄

锯条

锥子

（a）普通电工刀　　　　　　　　　（b）多功能电工刀

图6-18　电工刀

如图6-19所示，电工刀可用于剥削电线绝缘层，切割线缆以及削制木榫、竹榫等，另外，现在流行的多功能电工刀除了刀片外，还有锯片、锥子、扩孔锥等，可以完成锯割木条、钻孔和扩孔等多项操作。

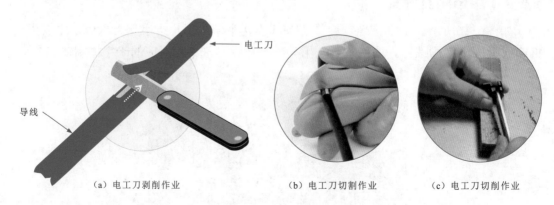

电工刀

导线

（a）电工刀剥削作业　　　　　（b）电工刀切割作业　　　　　（c）电工刀切削作业

图6-19　电工刀的使用操作图

6.1.5 开凿工具

开凿工具是电工布线敷设管路和安装设备时，对墙面进行开凿处理时使用的加工工具。由于开凿时可能需要开凿不同深度或宽度的孔或线槽，因此，除了锤子、凿子等手工开凿工具外，常用的开凿工具还有开槽机、冲击钻和电锤等。

1 ≫ 开槽机

如图6-20所示，开槽机是一种用于墙壁开槽的专用设备。开槽机可以根据施工需求在开槽墙面上开凿出不同角度和不同深度的线槽。

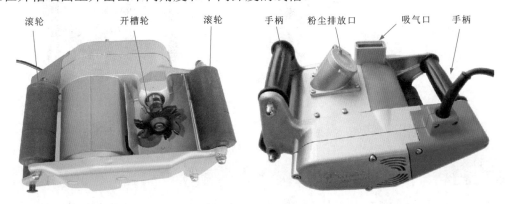

图6-20　开槽机

使用开槽机开凿墙面时，将粉尘排放口与粉尘排放管路连接好，用双手握住开槽机两侧的手柄，开机空转运行。确认运行良好，调整放置位置，将开槽机按压在墙面上开始执行开槽工作，同时依靠开槽机滚轮平滑移动开槽机。这样，随着开槽机底部开槽轮的高速旋转，即可实现对墙体的切割。图6-21所示为开槽机的使用操作图。

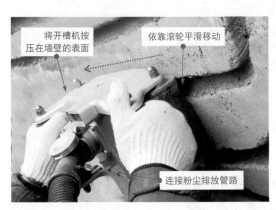
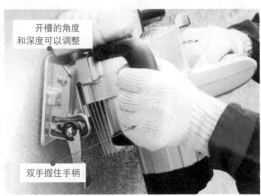

图6-21　开槽机的使用操作图

> 补充说明
>
> 开槽机通电使用前，应当先检查开槽机的电线绝缘层是否破损。在使用过程中，操作人员要佩戴手套及护目镜等防护装备，并确保握紧开槽机，防止开槽机意外掉落而发生事故；使用完毕，要及时切断电源，避免发生危险。

2 ▶▶ 冲击钻和电锤

如图6-22所示，冲击钻和电锤是开凿钻孔的主要工具。

冲击钻主要依靠旋转和冲击完成钻孔操作，多用于墙壁内砖的钻孔作业。而电锤是采用内部气缸活塞运动产生冲击，其冲击力要远胜于冲击钻，多应用于混凝土墙壁的钻孔作业，特别是贯穿性打孔作业。

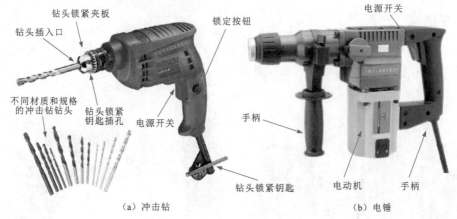

（a）冲击钻　　　　　　　　　　（b）电锤

图6-22　冲击钻和电锤

3 ▶▶ 锤子

如图6-23所示，在电工作业中，锤子是主要的敲击工具。小面积的墙壁开凿或地面开凿，墙砖、地砖铺设以及线管、线槽敷设等作业都需要锤子辅助作业。通常，根据质地和外形结构的不同，常见的锤子主要有石工锤、羊角锤和橡胶锤。

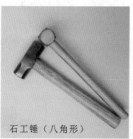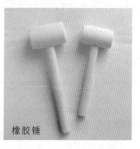

石工锤（方形）　　　　石工锤（八角形）　　　　羊角锤　　　　　橡胶锤

图6-23　锤子

4 ▶▶ 凿子

如图6-24所示，凿子的规格种类很多，常配合锤子或冲击钻使用，完成开凿作业。

图6-24　凿子

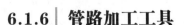

6.1.6 管路加工工具

管路加工工具主要分为切管工具和弯管工具两大类。

1 切管工具

如图6-25所示，切管工具主要用于管路的切割。其中，比较常见的是旋转式切管器和手握式切管器。

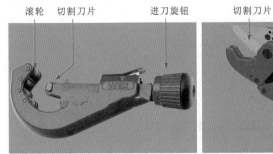

滚轮　切割刀片　　进刀旋钮　　　切割刀片　切割手柄

（a）旋转式切管器　　　　　（b）手握式切管器

图6-25 切管工具

2 弯管工具

弯管器是弯曲加工管路的工具，主要用来弯曲PVC管与钢管等。在电工操作中，常见的弯管器可以分为手动弯管器和电动弯管器等，如图6-26所示。

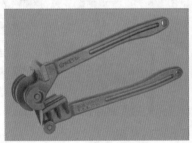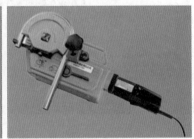

（a）手动弯管器　　　　　（b）电动弯管器

图6-26 弯管器

补充说明

液压型电动弯管器也是使用较为广泛的弯管器，它与电动弯管器相似，同样有不同的弯管轮，用于弯制不同角度的管路，但不同的是其以液压为动力，使其可以对管路进行弯压，如图6-27所示。

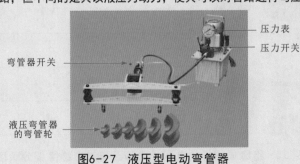

压力表
压力开关
弯管器开关
液压弯管器的弯管轮

图6-27 液压型电动弯管器

6.1.7 | 绝缘操作杆

绝缘操作杆是一种专用于系统中的绝缘工具的统称，可以用于带电作业、带电检修以及维护等工作。该工具可用于短时间内对带电设备进行操作。例如，接通或断开高压控制设备、对高压进行接地操作等。

如图6-28所示，绝缘操作杆主要由握手部分、绝缘部分及工作部分组成。

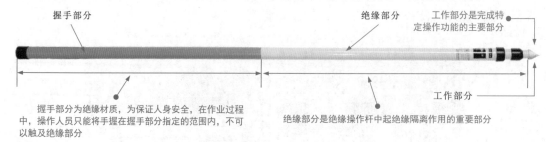

握手部分

绝缘部分

工作部分是完成特定操作功能的主要部分

工作部分

握手部分为绝缘材质，为保证人身安全，在作业过程中，操作人员只能将手握在握手部分指定的范围内，不可以触及绝缘部分

绝缘部分是绝缘操作杆中起绝缘隔离作用的重要部分

图6-28 绝缘操作杆

如图6-29所示，使用绝缘操作杆时应先对其进行检查，避免存在损坏、裂纹等缺陷。操作人员需要佩戴干净的手套或绝缘手套，防止因出汗造成绝缘操作杆的绝缘性能降低。

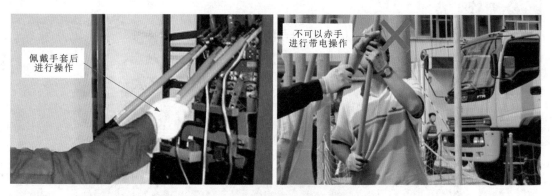

佩戴手套后进行操作

不可以赤手进行带电操作

图6-29 绝缘操作杆的使用

补充说明

如图6-30所示，使用绝缘操作杆之前，应先根据使用环境选择对应电压值的绝缘操作杆。目前，绝缘操作杆根据电压操作等级的不同，主要可以分为10kV、35kV、110kV、220kV、330kV、500kV等。为了保证使用安全，操作人员应根据不同的电压操作等级，使用不同长度的绝缘操作杆。

电压等级标识

电压操作等级/kV	绝缘部分长度/m	电压操作等级/kV	绝缘部分长度/m
10以下	0.7	220	2.1
35	0.9	330	3.1
110	1.3	500	4

图6-30 绝缘操作杆的电压操作等级与对应绝缘部分长度

6.1.8 │ 绝缘夹钳

绝缘夹钳是一种用来安装和拆卸高压熔断器或执行其他类似工作的绝缘工具，通常用于35kV及以下的电力系统中，可以起到绝缘和辅助抓取的作用等。如图6-31所示，常见的绝缘夹钳主要由钳头、绝缘部分和握手部分组成。

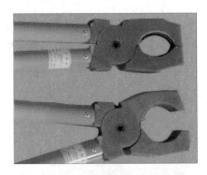

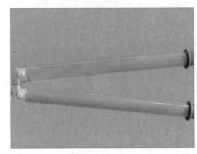

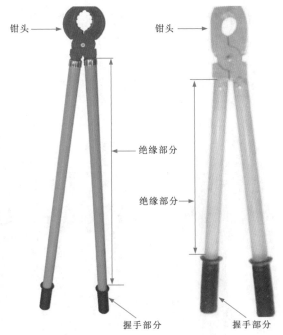

图6-31　绝缘夹钳

补充说明

如图6-32所示，使用绝缘夹钳之前，应先根据使用环境选择对应电压值的绝缘夹钳。目前，常用的绝缘夹钳主要可以分为10kV和35kV的耐压等级。通常，可以通过绝缘夹钳表面上的标识对其进行识别。为了保证使用时的安全，操作人员应根据不同的使用环境，使用不同类型的绝缘夹钳。

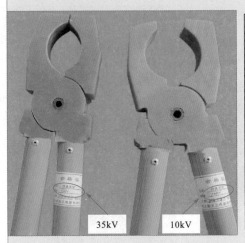

使用环境		耐压值	
		10kV	35kV
户外使用	绝缘部分长度/m	0.75	1.2
	握手部分长度/m	0.2	0.2
户内使用	绝缘部分长度/m	0.45	0.75
	握手部分长度/m	0.15	0.2
持续操作时间/min		1	1

图6-32　绝缘夹钳的电压操作等级与对应绝缘部分长度

6.1.9 | 攀高工具

攀高工具主要用于辅助电工人员高空作业，如登高、爬杆等。常用的攀高工具有梯子、登高踏板和脚扣等。

1 >> 梯子

电工在攀爬作业中常常会使用梯子作为攀爬工具。一般情况下，为了保证人身或设备安全，一些电力或电气设备的安装位置较高，人无法直接接触到，因此，需要借助梯子进行作业。常用的梯子有直梯和人字梯两种，如图6-33所示。直梯多用于户外攀高作业，人字梯则多用于室内作业。

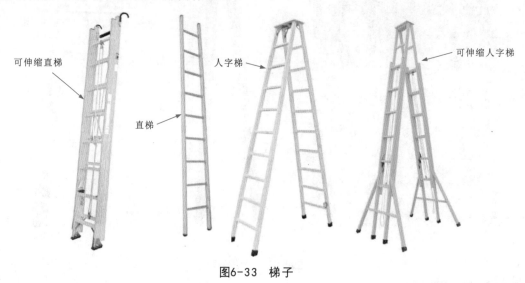

图6-33 梯子

2 >> 登高踏板

登高踏板简称为登高板，这种攀高工具多用于电杆的攀爬作业，如图6-34所示。

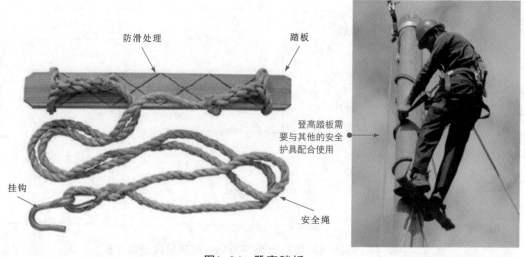

图6-34 登高踏板

3 ▶▶ 脚扣

脚扣也是电工攀电杆所用的专用工具。如图6-35所示,脚扣主要由弧形扣环和脚套组成。常用的脚扣有木杆脚扣和水泥杆脚扣两种。其中,木杆脚扣的弧形扣环上有铁齿,用以咬住木杆;水泥杆脚扣的弧形扣环上裹有橡胶,以便增大摩擦力,防止打滑。

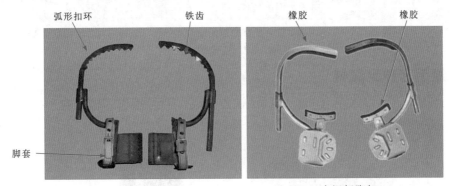

（a）木杆脚扣　　　　　（b）水泥杆脚扣

图6-35　脚扣

电工使用脚扣时,应注意使用前的检查工作,即对脚扣也要做人体冲击试验,同时检查脚扣皮带是否牢固可靠,是否磨损或被腐蚀等。如图6-36所示,攀爬时要根据电杆的规格选择合适的脚扣,使用脚扣的每一步都要保证弧形扣环完整套入,扣牢电杆后方能移动身体的着力点。

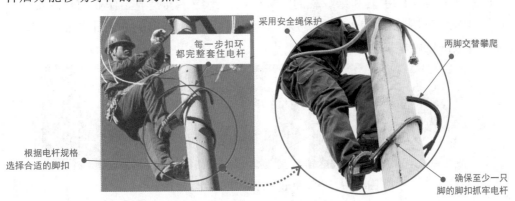

图6-36　脚扣的使用操作

6.1.10 ┃ 安全护具

在电工作业时,由于经常会接触交流电,以及在高空等危险的地方作业,因此,常常会用到一些防护工具,如安全帽、绝缘手套和绝缘鞋、绝缘胶带、安全带等。

1 ▶▶ 安全帽

安全帽是一种头部防护工具,主要用来防止高空有坠物撞击头部,以及挤压等伤害。由于电工作业环境多样,不同的环境需要防护的重点不同,除了头部,还要对眼睛或耳朵进行防护。因此,就有了各种类型的安全帽,如带有护目功能的安全帽、带有护耳功能的安全帽等,如图6-37所示。

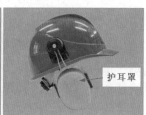

（a）典型安全帽　　（b）带有护目功能的安全帽　（c）带有护耳功能的安全帽

图6-37　安全帽

2 ≫ 绝缘手套和绝缘鞋

如图6-38所示，绝缘手套和绝缘鞋由橡胶制成，两者都作为辅助安全护具，可以起到防触电的作用。

图6-38　绝缘手套和绝缘鞋

图6-39所示为绝缘手套和绝缘鞋的实际应用。绝缘手套是电工作业的基本安全护具，其长度至少应超过手腕10cm，以保护手腕和手。绝缘鞋也是电工日常必备的防护用具，可有效降低触电风险。

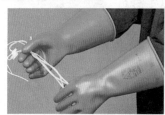

图6-39　绝缘手套和绝缘鞋的实际应用

3 ≫ 绝缘胶带

图6-40所示为电工常用绝缘胶带，主要用于防止漏电，起到绝缘的作用，具有使用方便、绝缘耐压性能良好和阻燃等特性，适用于电线连接、电线电缆缠绕和绝缘保护等。

图6-40　电工常用绝缘胶带

4 ▶▶ 安全带

　　安全带是一种防坠落防护用具，常用于保护高空作业人员，防止坠落事故的发生。如图6-41所示，安全带是由腰带、保险绳、围杆带和保险绳扣等组成的，是电工必不可少的登高攀爬作业防护用具。

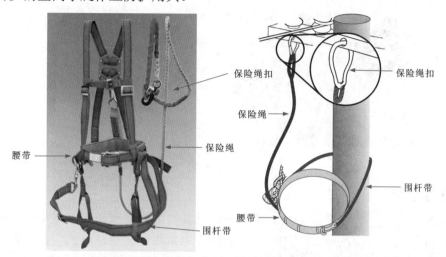

图6-41　安全带

📎 **补充说明**

　　安全带的腰带是用来系挂保险绳和围杆带的，保险绳的直径不小于13mm，三点式腰部安全带应尽可能系得低一些，最好系在胯部。

　　在使用安全带时，安全带要扣在不低于作业者所处水平位置的可靠处，最好系在胯部，提高支撑力，另外，还应注意电工作业时，在基准面2m以上高处作业必须系安全带。要经常检查安全带缝制部位和挂钩部分，当发现磨损或断裂时，要及时修理或更换。悬挂线尽量加保险套后使用。

6.1.11 | 电工测量工具

1 ▶▶ 电工计算尺

　　电工计算尺用来计算一些常用的单位等，它由一把套尺和滑尺构成，如图6-42所示。滑尺套入套尺中，套尺正、背面均载有在电工实践中最常遇到的技术内容，并开有供选用数据的窗口。滑尺可用手向左右方向自由移动，从套尺的窗口中可见滑尺上与之相对应的电工常用数据。

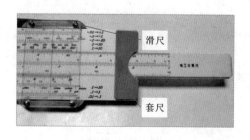
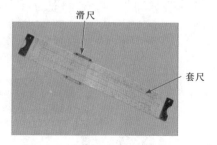

图6-42　电工计算尺

2 ▶▶ 钢卷尺

如图6-43所示，钢卷尺主要用来测量管路、线路、设备等之间的高度和距离。通常以长度和精确值来区分。目前，常用的钢卷尺一般都设有固定按钮和复位按钮，测量时可以方便地自由伸缩并固定刻度尺伸出的长度。

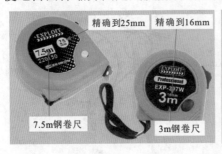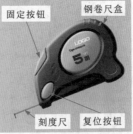

图6-43 钢卷尺

3 ▶▶ 游标卡尺

游标卡尺是一种精确测量工具。这种测量工具的测量精度较高，常用来精确测量长度、内/外径尺寸或深度等。例如，在水暖施工中常用来检测管路的内径和外径，也可以用于测量接线盒的深度，以及墙面开凿的深度和宽度等。

如图6-44所示，游标卡尺是由主尺和游标两大部分构成的，在主尺和游标上有两副活动量爪，分别是内测量爪和外测量爪，内测量爪通常用来测量内径，外测量爪通常用来测量长度和外径。根据游标上分格的不同，游标卡尺的分度值也有所不同。

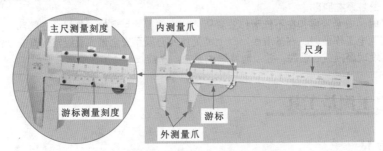

图6-44 游标卡尺

图6-45所示为游标卡尺的使用操作。使用游标卡尺测量管路外径时，将管路放入外测量爪中，向内推动游标，使外测量爪卡住管路，进行读数，此时为该管路的外径；使用游标卡尺测量管路内径时，将内测量爪放入管路的内部，向外拉动游标，使内测量爪卡在管路中，此时读取游标卡尺的数值。

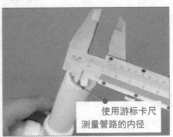

图6-45 游标卡尺的使用操作

电子式游标卡尺（图6-46）是一种新型的游标卡尺，其最大的优点就是可以直接通过电子显示屏显示测量的数值，无须人工读数。电子式游标卡尺的使用方法与普通游标卡尺的使用方法完全一样。

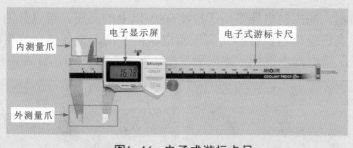

图6-46 电子式游标卡尺

4 >> 水平尺

水平尺主要用来测量水平度和垂直度，是在进行线路敷设或设备安装时用来测量水平度和垂直度的专用工具，水平尺的精确度高、造价低、携带方便。

如图6-47所示，在水平尺上一般会设有2～3个水平柱，主要用来测量垂直度、水平度、斜度等，有一些水平尺上还带有标尺，可以进行短距离的测量。

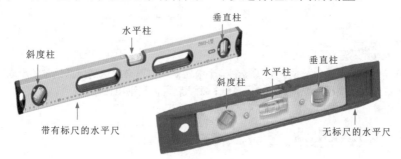

图6-47 水平尺

5 >> 角尺

如图6-48所示，角尺是一种具有圆周度数的角形测量工具，角尺主要由角尺座和尺杆组成。角尺座主要用来定位，高档一点的角尺在角尺座上还带有水平柱（水泡）；尺杆上面有刻度，主要用来测量圆周度。

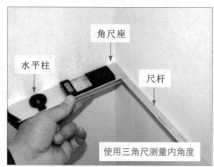

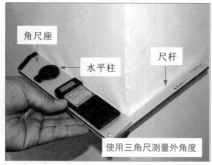

图6-48 角尺

6.2 电工检测仪表

6.2.1 高压验电器

如图6-49所示，高压验电器多用于检测500V以上的高压，可以分为接触式高压验电器和非接触式高压验电器。接触式高压验电器由手柄、金属感应探头和指示灯等组成；非接触式高压验电器由手柄、感应测试端、开关按钮、指示灯或扬声器等组成。

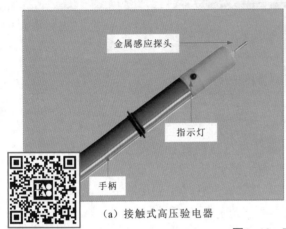

（a）接触式高压验电器

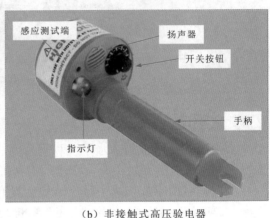

（b）非接触式高压验电器

视频：高压验电器的特点和使用

图6-49　高压验电器

补充说明

使用非接触式高压验电器时，若需检测某个电压，该电压必须达到所选挡位的启动电压。非接触式高压验电器越靠近高压线缆，启动电压越低；距离越远，启动电压越高。

6.2.2 低压验电器

如图6-50所示，低压验电器多用于检测12~500V的低压，其外形较小，便于携带，多设计为螺钉旋具形或钢笔形，可以分为低压氖管验电器与低压电子验电器。低压氖管验电器是由金属探头、电阻、氖管、尾部金属部分以及弹簧等组成的；低压电子验电器是由金属探头、指示灯、显示屏、直测按钮和断点检测按钮等组成的。

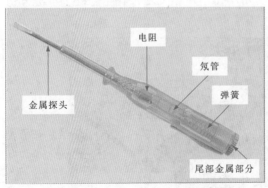

（a）低压氖管验电器

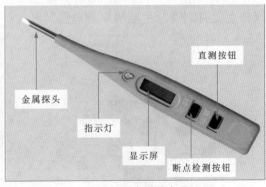

（b）低压电子验电器

图6-50　低压验电器

补充说明

　　目前,市面上还有一种新型的感应式低压验电器。它的功能和使用方法与低压电子验电器的使用方法基本相同，如图6-51所示。

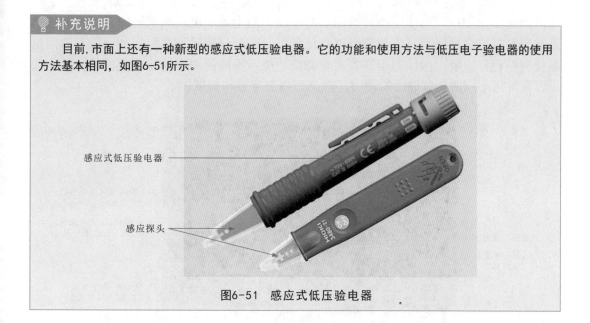

感应式低压验电器

感应探头

图6-51　感应式低压验电器

6.2.3 │ 万用表

　　万用表是一种多功能、多量程的便携式检测工具，主要用于电气设备、供配电设备以及电动机的检测工作。根据结构功能和使用特点的不同，万用表分为指针万用表和数字万用表两种。

1 >> 指针万用表

　　如图6-52所示，指针万用表又称为模拟万用表，具有响应速度较快，内阻较小，但测量精度较低的特点。它由指针刻度盘、功能旋钮、表头校正钮、零欧姆调节旋钮、表笔连接端和表笔等部分构成。

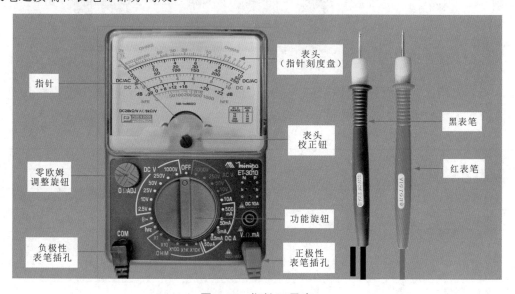

指针

零欧姆调整旋钮

负极性表笔插孔

表头（指针刻度盘）

表头校正钮

功能旋钮

正极性表笔插孔

黑表笔

红表笔

图6-52　指针万用表

在电工作业中，常使用指针万用表对电路中的电流、电压和电阻等进行测量。测量时要根据测量环境和对象调整设置挡位量程。图6-53所示为典型指针万用表的挡位量程调整设置面板。指针万用表有多种测量功能，不同的测量功能也提供多种量程选择。在使用不同的挡位进行检测时，应当严格遵守操作规范。

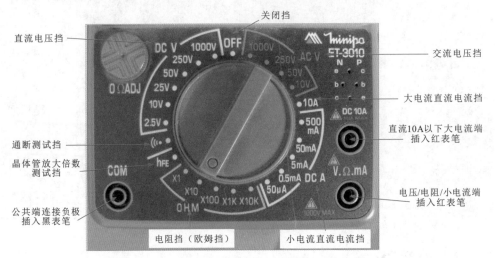

图6-53　典型指针万用表的挡位量程调整设置面板

图6-54所示为典型指针万用表的刻度盘与指针。

视频：指针万用表

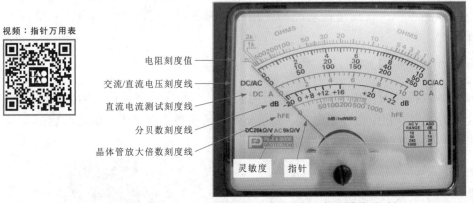

图6-54　典型指针万用表的刻度盘与指针

指针万用表检测时的直流电压、交流电压、直流电流、低频电压（分贝数dB）、晶体管放大倍数等最大刻度数值，见表6-2。

表6-2　典型指针式万用表的最大刻度值

测量项目	最大刻度值
直流电压/V	2.5、10、25、50、250、1000
交流电压/V	10、50、250、1000
直流电流	50μA、0.5mA、5mA、50mA、500mA、10A
低频电压（分贝数dB）	−20～22（AC 10V范围） −6～36（AC 50V范围） 8～50（AC 250V范围） 20～62（AC 100V范围）
晶体管放大倍数	0～1000

2 >> 数字万用表

如图6-55所示，数字万用表可以直接将测量结果以数字的方式直观地显示出来，具有显示清晰和读取准确等特点。它主要由液晶显示屏、功能旋钮、功能按键、表笔插孔、附加测试器及热电偶传感器等构成。

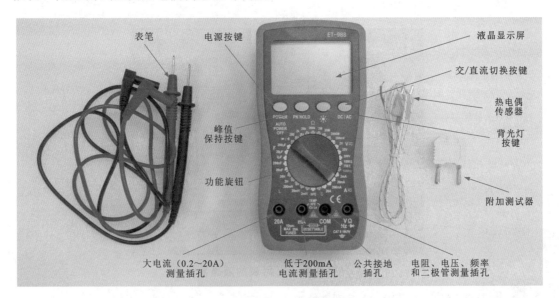

图6-55 数字万用表

图6-56所示为典型数字万用表的挡位量程调整设置面板和连接插孔。

视频：数字万用表

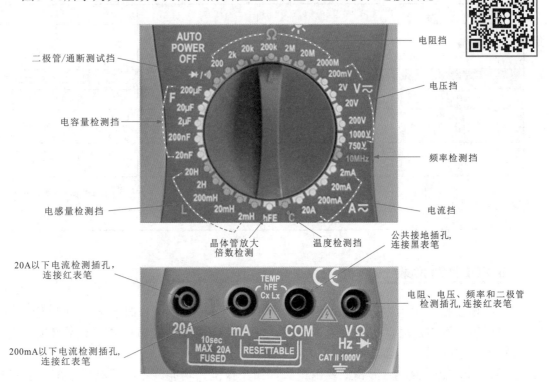

图6-56 典型数字万用表的挡位量程调整设置面板和连接插孔

数字万用表通过液晶显示屏直接显示测量结果。图6-57所示为典型数字万用表的液晶显示屏。位于液晶显示屏中间的为检测数值，在检测电压、电流、电容量、频率、电感量和温度等数值时，对其单位进行显示；在检测电压和电流为负值时，数值左侧会显示负极标识。

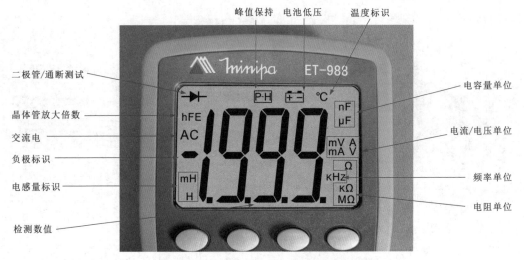

图6-57　典型数字万用表的液晶显示屏

数字显示屏显示符号的说明见表6-3。

表6-3　数字显示屏显示符号的说明

符号	说明	符号	说明
℃	进行温度检测时的标识	Ω kΩ MΩ	电阻标识及单位
＋ −	电池电量低时进行显示提示	⊣⊢	二极管测试/通断测试标识
P-H	峰值保持（锁定检测数值）	▬	负极标识
mH H	电感量标识及单位	1.9.9.9.	检测数值
mV A mA V	电流/电压标识及单位	AC	交流标识
nF μF	电容量标识及单位	hFE	晶体管放大倍数标识
kHz	频率标识及单位		

6.2.4 钳形表

在电工操作中，钳形表可以用于检测电气设备或线缆工作时的电压与电流。在使用钳形表检测电流时，不需要断开电路，便可对导线的电磁感应进行电流测量，是一种较为方便的测量仪器。

如图6-58所示，钳形表主要由钳头、钳头扳机、功能旋钮、液晶显示屏、表笔插孔和红黑表笔等构成。

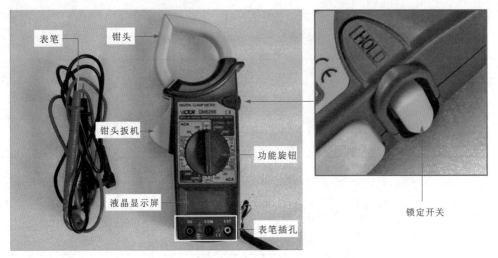

图6-58 钳形表

钳形表检测交流电流的原理是建立在电流互感器工作原理基础上的。钳头实际上是互感线圈，当按压钳形表钳头扳机时，钳头铁芯可以张开，被测导线进入钳口内部作为电流互感器的一次绕组，在钳头内部二次绕组均匀地缠绕在圆形铁芯上，导线通过交流电时产生的交变磁通使二次绕组感应产生按比例减小的感应电流，在钳形表中经电流/电压转换、分压后，经交流/直流转换器变成直流电压，送入A/D转换器变成数字信号，经液晶显示屏显示检测到的电流值，如图6-59所示。

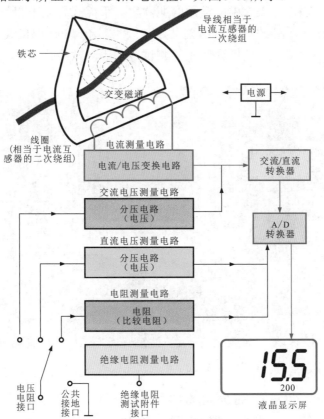

图6-59 钳形表表头检测电流的原因

钳形表各功能量程准确度和精确值见表6-4。

表6-4 钳形表各功能量程准确度和精确值

功能	量程	准确度	精确值
交流电流	200A	±（30%+5）	0.1A（100mA）
	1000A		1A
交流电压	750V	±（0.8%+2）	1V
直流电压	1000V	±（1.2%+4）	1V
电阻	200Ω	±（1.0%+3）	0.1Ω
	20kΩ	±（1.0%+1）	0.01kΩ（10Ω）
绝缘电阻	20MΩ	±（2.0%+2）	0.01MΩ（10MΩ）
	2000MΩ	≤500MΩ±（4.0%+2） ＞500MΩ±（5.0%+2）	1MΩ

6.2.5 兆欧表

兆欧表是专门用来检测电气设备、家用电器或电气线路等对地及相线之间的绝缘阻值的工具，用于保证这些设备、电器和线路工作在正常状态，避免发生触电伤亡及设备损坏等事故。在电工操作中，常用的兆欧表有手摇式兆欧表和数字式兆欧表。

如图6-60所示，手摇式兆欧表由刻度盘、接线端子（E接地接线端子、L相线接线端子）、铭牌、手动摇杆、使用说明、红测试线和黑测试线、鳄鱼夹等组件构成。

视频：兆欧表

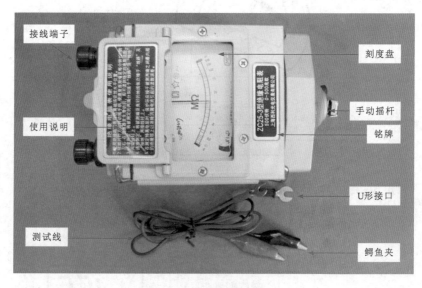

图6-60 手摇式兆欧表

如图6-61所示，数字式兆欧表由数字显示屏、测试线连接插孔、背光灯开关、时间设置按钮、测量旋钮、量程调节旋钮等组件构成。

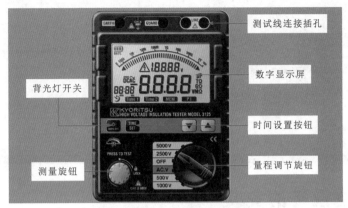

图6-61　数字式兆欧表

数字显示屏直接显示测试时所选择的高压挡位以及高压警告，通过电池状态可以了解数字兆欧表的电量，测试时间可以显示测试检测的时间，计时符号闪动时表示当前处于计时状态；检测到的绝缘阻值可以通过模拟数值刻度盘读出测试的读数，也可以通过数字直接显示出检测的数值及单位，如图6-62所示。

图6-62　数字显示屏

表6-5所列为数字显示屏显示符号的定义和说明。

表6-5　数字显示屏显示符号的定义和说明

符号	定义	说明	符号	定义	说明
BATT	电池状态	显示电池的使用量	8888 测试结果	测试结果	测试的阻值结果，无穷大显示为"-- --"
模拟数值刻度表	模拟数值刻度表	用来显示测试阻值的应用	μF TΩ GΩ VMΩ	测试单位	测试结果的单位
1.8888 V	高压电压值	输出高压值	Time1	时间提示	到时间提示
⚡	高压警告	按下测试键后输出高压时，该符号点亮	Time2	时间提示	到时间提示并计算吸收比
88:88 min sec	测试时间	测试显示的时间	MEM	存储提示	当按存储键显示测试结果时，该符号点亮
☽	计时符号	当处于测试状态时，该符号闪动，正在测试计时	P1	极性符号	极性指数符号，当Time计算完极性指数后，该符号点亮

第7章
电气设备安装

7.1 配电设备的安装

7.1.1 配电设备分配与接线

图7-1所示为典型小区楼宇供配电系统的接线形式。在配电方式上，小区供电系统采用混合式接线，由低压配电柜送来的低压支路直接进入低压配电箱，然后由低压配电箱直接分配给动力配电箱、公共照明配电箱及各楼层配电箱。

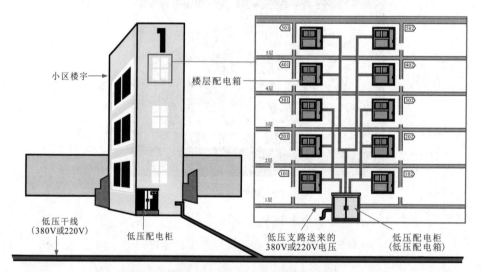

图7-1 典型小区楼宇供配电系统的接线形式

图7-2所示为典型小区配电线路的主要设备与接线关系。

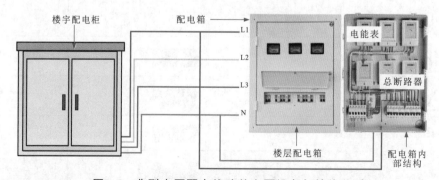

图7-2 典型小区配电线路的主要设备与接线关系

　　如果是普通住宅楼，在配电方式上会以单元作为单位进行配电，即先由低压配电柜分出多组支路分别接到单元内的总配电箱，再由单元内的总配电箱向各楼层配电箱供电，如图7-3所示。

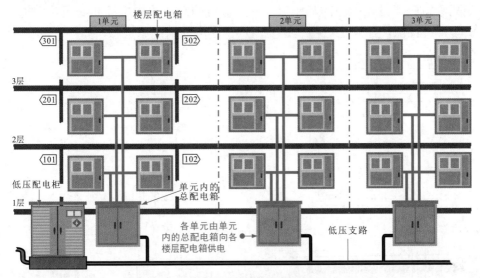

图7-3　普通住宅楼的配电接线形式

　　如果是高层住宅楼，则在配电方式上会针对不同的用电特性采用不同的配电连接方式。用于住户用电的配电线路多采用放射式和链式组合的接线方式；用于公共照明的配电线路则采用树干式接线方式；对于用电不均衡部分，则采用增加分区配电箱的混合配电方式，接线方式上也多为放射式与链式组合的形式，如图7-4所示。

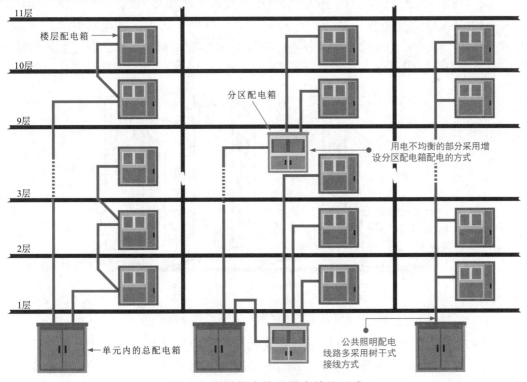

图7-4　高层住宅楼的配电接线形式

7.1.2 | 安装变配电室

小区的变配电室是配电系统中不可缺少的部分，也是小区楼宇供配电系统的核心。变配电室应架设在牢固的基座上，并且敷设的高压输电电缆和低压输电电线必须由金属套管进行保护，施工过程一定要注意在断电的情况下进行，如图7-5所示。

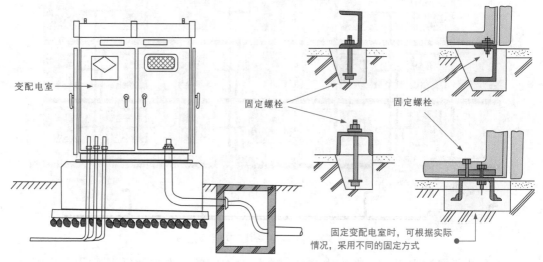

图7-5 小区变配电室的安装

7.1.3 | 安装低压配电柜

在小区楼宇供配电系统中，低压配电柜一般安装在楼体附近，如图7-6所示。对送入的380V或220V交流低压进行进一步分配后，分别送入小区各楼宇中的各动力配电箱、照明（安防）配电箱及各楼层配电箱中。楼宇配电柜的安装、固定和连接应严格按照施工安全要求进行。

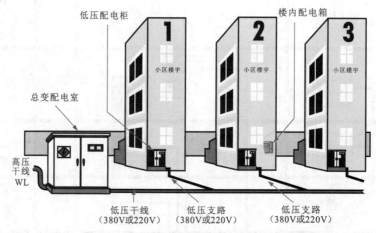

图7-6 小区楼宇供配电系统中的低压配电柜

如图7-7所示，对小区配电柜进行安装连接时，应先确认安装位置、固定深度及固定方式等，然后根据实际的需求，确定所有选配的配电设备、安装位置并确定其安装数量等。

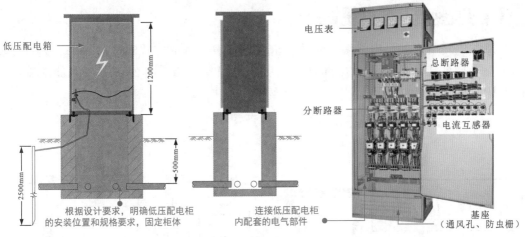

图7-7　低压配电柜的固定与安装接线

固定低压配电柜时，可根据配电柜的外形尺寸进行定位，使用起重机将配电柜吊起，并放在需要固定的位置，校正位置后，应用螺栓将柜体与基础型钢紧固，配电柜单独与基础型钢连接时，可采用铜线将柜内接地排与接地螺栓可靠连接，并必须加弹簧垫圈进行防松处理，如图7-8所示。

配电柜内各部件连接完成后，应对配电柜的接地线进行连接。通常在配电柜的内侧有接地标识，可将导线与其进行连接

根据安装要求，将配电柜内的各部件安装固定在配电柜内部，并进行导线的连接。各部件连接完成后，即完成小区配电柜的安装连接

图7-8　低压配电柜的固定

补充说明

　　对于多层建筑物来说，输入供电线缆应选用三相五线制，接地方式应采用TN-S系统，即整个供电系统的零线（N）与地线（PE）是分开的，如图7-9所示。

```
L1 ○
L2 ○
L3 ○                                    ← 三相五线制
N  ○
TN-S系统 →
PE ○

零线（N）与地          接地
线（PE）是分开的
```

图7-9　多层建筑物的接线方式

7.1.4 | 安装总配电箱

总配电箱引出的供电线缆（干线）应采用垂直穿顶的方式暗敷，在每层设置接线部位与楼层配电箱连接；一层部分除楼层配电箱外，还要与公共用电部分连接，如图7-10所示。

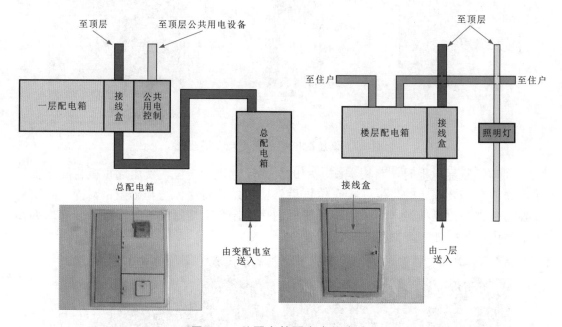

图7-10 总配电箱配电布线方式

图7-11所示为总配电箱的安装要求。小区楼宇供配电系统中总配电箱通常采用嵌入式安装，放置在一层的承重墙上，箱体距地面高度应不小于1.8m。配电箱输出的入户线缆暗敷在墙壁内。

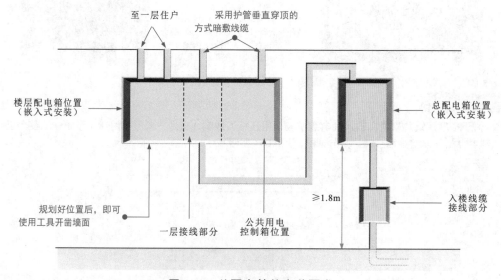

图7-11 总配电箱的安装要求

总配电箱的安装做好规划后，便可以动手安装配电箱了。如图7-12所示，三相供电的干线敷设好后，将总配电箱和接线盒放置到安装槽中，放入后，应保证安装稳固，无倾斜和松动等现象。

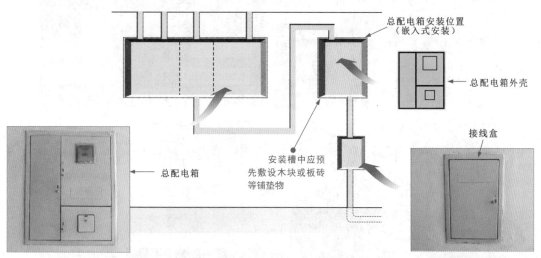

图7-12 安装总配电箱和接线盒

如图7-13所示，在配电箱底板上安装绝缘木板（电能表用）和支撑板。将电能表和总断路器分别安装到绝缘木板和支撑板上。

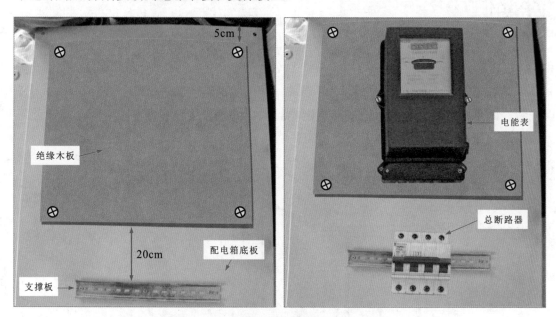

图7-13 安装三相电能表和总断路器

图7-14所示为总配电箱的接线。首先将线缆的相线（L1、L2、L3）、零线（N）按照电能表与总断路器上的标识连接；然后，将输出相线（L1、L2、L3）、零线（N）按照标识连接到断路器中固定；最后，将输入线缆按照标识连接到电能表的输入端子上固定，将总配电箱中的输入和输出接地线固定到PE端子上。

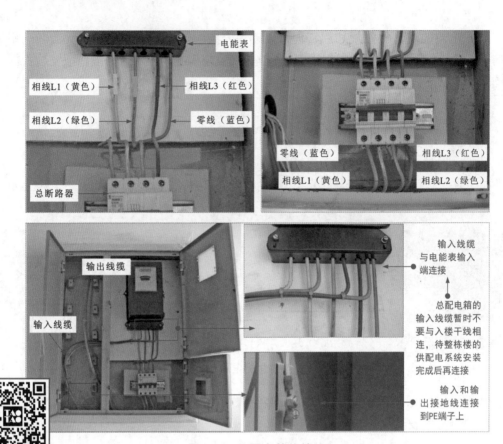

图7-14 总配电箱的接线

视频：配电箱的安装

7.1.5 | 安装楼层配电箱

图7-15所示为楼层配电箱的安装要求。楼层配电箱应靠近供电干线，采用嵌入式安装，距地面高度应超过1.5m。楼层配电箱输出的入户线缆暗敷在墙壁内，取最近距离开槽、穿墙，线缆由位于门左上角的穿墙孔引入室内，连接入户配电盘。

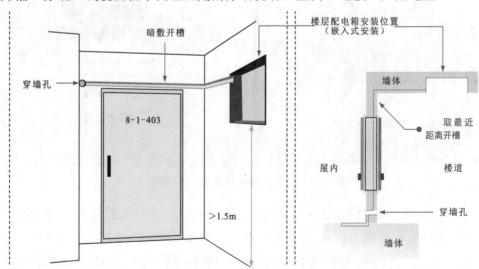

图7-15 楼层配电箱的安装要求

做好楼层配电箱的安装规划后，便可以动手安装配电箱了。同样，需要先将配电箱箱体嵌放到开好的槽中，然后将预留的供配电线缆引入配电箱中，为安装用户电能表和断路器做好准备。

图7-16所示为楼层配电箱中待安装的电能表。根据电能表上的标识，确认电能表参数是否符合安装要求；明确电能表的接线端子功能，为接线做好准备。

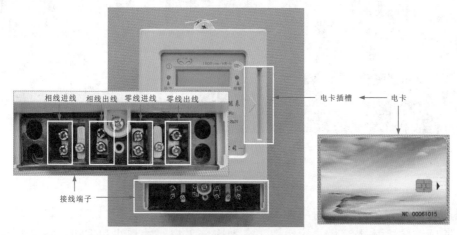

相线进线　相线出线　零线进线　零线出线
电卡插槽　←　电卡
接线端子

图7-16　楼层配电箱中待安装的电能表

由于待安装电能表为单相电子式预付费式，为了方便用户插卡操作，需要确保电能表卡槽靠近配电箱箱门的观察窗附近，比较配电箱深度和电能表厚度，有时需要适当增加绝缘底板的厚度，一般可在绝缘底板上加装木条，如图7-17所示。

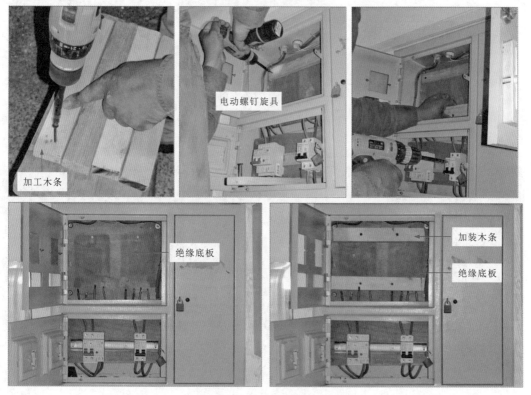

加工木条
电动螺钉旋具
绝缘底板
加装木条
绝缘底板

图7-17　加装绝缘底板和木条

配电箱中的绝缘底板处理完成后，将电能表放到绝缘底板上，关闭配电箱箱门，确定电能表插卡槽位置可方便插拔电卡后，固定电能表，如图7-18所示。

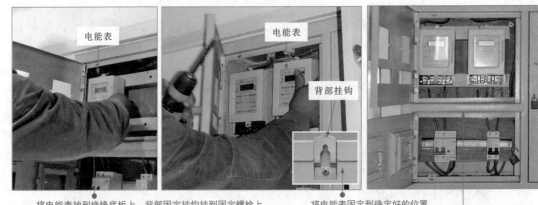

将电能表放到绝缘底板上，背部固定挂钩挂到固定螺栓上。关闭配电箱箱门，根据配电箱箱门的窗口位置调整电能表的位置

将电能表固定到确定好的位置上（背部挂钩挂到固定螺栓上）

图7-18　安装固定电能表

电能表固定好后，需要将电能表与用户总断路器连接。按照"1、3进，2、4出"的接线原则，将电能表第1、3接线端子分别连接入户线的相线和零线；将第2、4接线端子分别连接总断路器的相线和零线接线端，如图7-19所示。

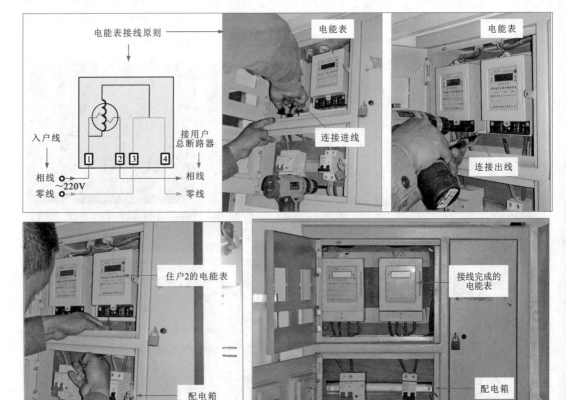

图7-19　电能表与总断路器的接线方法

根据电能表"1、3进，2、4出"的原则连接电能表与入户线、电能表与用户总断路器之间的连接线。电能表出线端子与用户总断路器入线端子连接。采用同样的接线方法连接住户2的电能表。

安装电能表接线端子护盖。检查接线位置，确保接线无误，检查电能表固定是否牢固可靠。关闭配电箱箱门，检查电能表是否可以正常使用。至此，电能表安装完成。

7.1.6 | 安装入户配电盘

图7-20所示为入户配电盘的安装要求。入户配电盘应放置在屋内进门处，方便入户线路的连接及用户的使用。入户配电盘下沿距离地面1.9m左右。

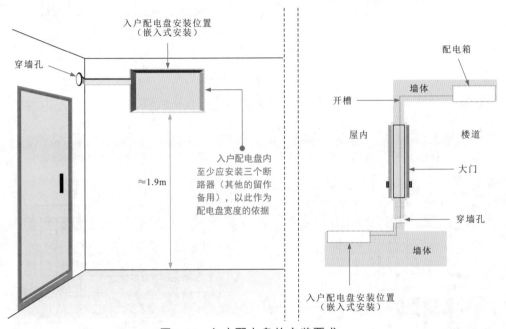

图7-20 入户配电盘的安装要求

将室外线缆送到室内入户配电盘处，再将入户配电盘外壳放置到预先设计好的安装槽中，图7-21所示为入户配电盘外壳的安装。

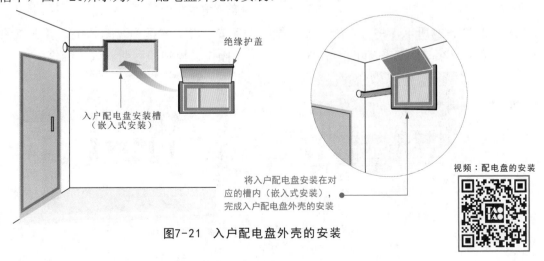

图7-21 入户配电盘外壳的安装

支路断路器选配完成后，将选配好的支路断路器安装到入户配电盘内。一般为了便于控制，在入户配电盘中还安装一只总断路器（一般可选带漏电保护的断路器），用于实现室内供配电线路的总控制功能。入户配电盘中的断路器全部安装完成后，按照"左零右火"的原则连接供电线路，最终完成入户配电盘的安装。图7-22所示为断路器的安装固定。

将选配好的总断路器、支路断路器安装到入户配电盘内的安装轨上固定牢固

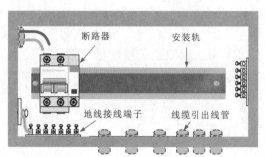
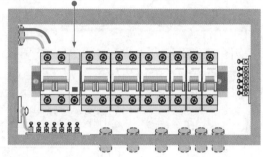

图7-22　断路器的安装固定

如图7-23所示，按照"左零右火"的原则连接供电线路，完成入户配电盘的安装接线。

从总断路器出线端引出相线和零线，分别接到支路断路器和零线接线柱上，完成支路断路器入线端的安装

从支路断路器出线端分别引出相线、零线，从接地端子上引出地线，将相线、零线、地线引出到线管中

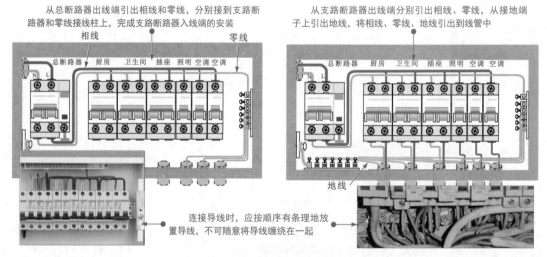

连接导线时，应按顺序有条理地放置导线，不可随意将导线缠绕在一起

图7-23　断路器的安装接线

如图7-24所示，将入户配电盘的绝缘护盖安装在入户配电盘箱体上，并在绝缘护盖下部标记各支路控制功能的名称，方便用户操作、控制和后期调试、维修。

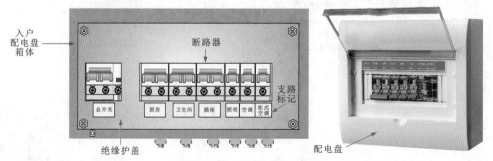

图7-24　在入户配电盘箱体上做好标记

7.2 工地临时用电设备的安装

7.2.1 工地临时用电设备的安装要求

工地临时用电系统是在工地建设时为了实现工地照明、动力设备用电而临时搭建的供配电系统，在工地设施未完工前提供电能输送。如图7-25所示，通常，工地临时用电系统包括电源、配电箱和用电设备三部分。

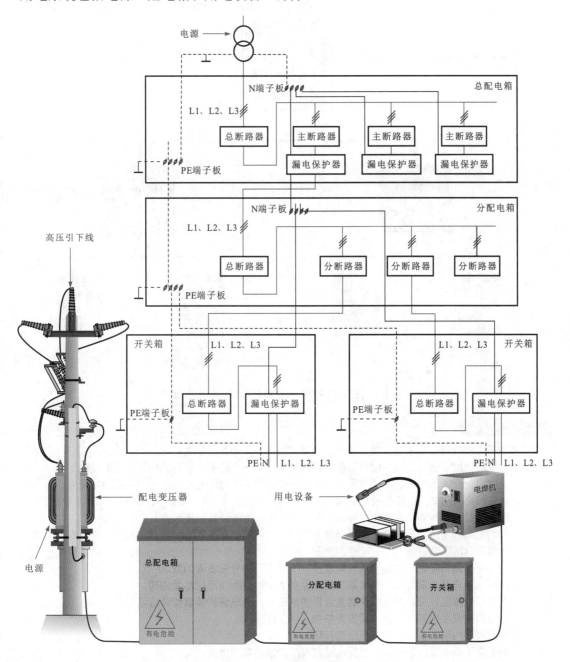

图7-25 工地临时用电系统结构

1 >> 配电及保护形式要求

工地临时用电系统的设计要求采用"三级配电两级保护"系统。其中，三级配电是指施工现场从电源进线开始至用电设备之间，经过三级配电装置配送电力，即电路经总配电箱开始，依次经分配电箱和开关箱后送入用电设备；两级保护是指在三级配电中至少两级配电设置漏电保护器设备，一般要求设置在总配电箱和开关箱中。

图7-26所示为工地临时用电系统的配电及保护形式。

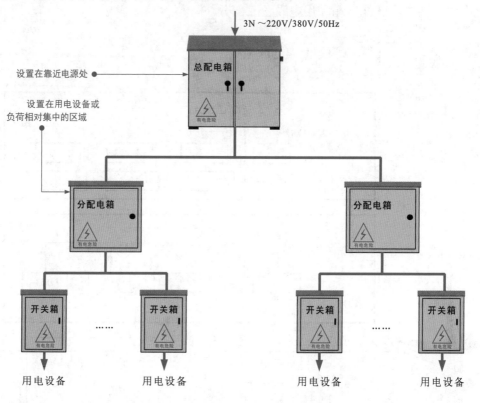

图7-26　工地临时用电系统的配电及保护形式

🔊 补充说明

在进行工地临时用电线路方案设计时，必须遵循以下几项基本要求：
- 从一级总配电箱向二级分配电箱配电可以分路，即一个总配电箱可以向若干分配电箱配电。
- 从二级分配电箱向三级开关箱配电也可以分路，即一个分配电箱可以向若干开关箱配电。
- 从三级开关箱向用电设备配电必须实行 "一机、一闸、一漏、一箱"的要求，不存在分路问题，即每一个开关箱只能连接控制一台与其相关的用电设备（含插座）。
- 动力配电箱与照明配电箱应分别设置。若动力与照明合置于同一配电箱内共箱配电，则动力与照明应分路配电。
- 动力开关箱与照明开关箱必须分箱设置，不存在共箱分路设置问题。
- 分配电箱与开关箱之间、开关箱与用电设备之间的空间间距应尽量缩短。
- 开关箱（末级）应有漏电保护装置且保护器正常，漏电保护装置参数应匹配。
- 配电箱的安装位置应恰当，周围无杂物，以便操作。
- 若配电箱内设计多路配电，则应有标记。
- 配电箱下引出线应整齐，并且配电箱应有门、锁和防雨措施。
- 配电箱的周围环境应干燥、通风，周围无易燃、易爆物及腐蚀介质，不可堆放杂物和器材。

2 >> 接地方式要求

　　工地临时用电系统为220V/380V三相五线制低压电力系统，采用专用电源中性点直接接地，接地方式必须为TN-S接零保护系统，即工作零线与保护零线分开设置的接零保护系统，如图7-27所示。

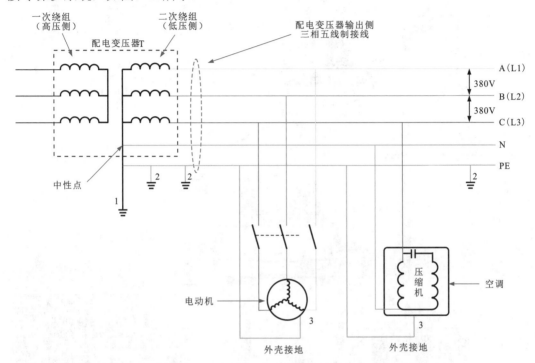

图7-27　工地临时用电系统的接地方式

补充说明

　　变压器输出绕组的中性点直接接地。工作零线与保护零线（PE线）也接地。
　　图7-27中的接地含义：1—工作接地；2—PE重复接地；3—电气设备金属外壳（正常不带电的外露可导电部分）；L1、L2、L3—相线；N—工作零线；PE—保护零线。

3 >> 安全防护要求

　　如图7-28所示，工地临时用电设备需要明确安全规范要求，在各级配电箱外壳设置安全防护栏、警示提醒信息等。

图7-28　工地临时用电系统的安全防护

7.2.2 | 安装配电变压器

配电变压器需要安装在电杆的架台上，安装时，通常需要借助起重机将其吊起，安放在架台上，并进行固定，如图7-29所示。

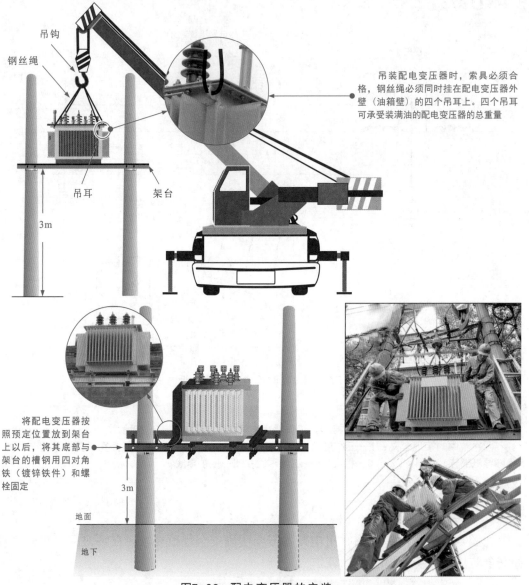

吊装配电变压器时，索具必须合格，钢丝绳必须同时挂在配电变压器外壁（油箱壁）的四个吊耳上。四个吊耳可承受装满油的配电变压器的总重量

钢丝绳

吊钩

吊耳　架台

3m

将配电变压器按照预定位置放到架台上以后，将其底部与架台的槽钢用四对角铁（镀锌铁件）和螺栓固定

3m

地面

地下

图7-29　配电变压器的安装

（1）配电变压器的安装位置应靠近负荷中心，一般低压供电半径不宜超过500m，并且必须避开易燃易爆场所、污秽及低凹地带，并便于运输、检修和维护。

（2）配电变压器在安装前要具备出厂合格证书、说明书和检验报告单等资料。检查其外观是否有瓷件、油箱损坏或渗油现象，并在投运前进行现场测试。

（3）若在农村，配电变压器架台距离地面高度为2.8m；若在城镇，则距离地面高度应为3～3.5m。

（4）安装配电变压器架台时，容量应控制在315kVA及以下。

（5）配电变压器的安装必须确保平稳牢固，其上部应用GJ-16mm²或GJ-25mm²镀锌钢绞线和花兰螺钉与架台杆绑紧。

（6）避雷器引下线、配电变压器外壳、低压侧中性线接地必须连在一起，通过接地引下线连入地。容量100kVA及以上配电变压器接地电阻不大于4Ω；容量100kVA以下配电变压器接地电阻不大于10Ω。

（7）高低压引线应用绝缘线，城镇配电变压器低压侧宜用铜绝缘线。高压引线横截面积不小于25mm²，低压引线视配电变压器容量而定。接线时要防止导电杆转动，避免造成配电变压器内部短路。

（8）转角杆，分支杆，设有线路开关、高压进户线或电缆头的电杆，交叉路口的电杆，低压接户线较多的电杆等都不宜装设配电变压器架台。配电变压器架台一般采用三杆式，在受地理条件限制时也可以采用双杆式。

（9）城镇配电变压器低压出线侧应装可挑式熔断器。农村低压侧电缆进线时，架台杆上应装电缆支架，电缆固定在支架上，尽可能减小配电变压器低压桩头拉力。

（10）配电变压器接地极一般采用两根钢管垂直打入，避雷器引下线和变压器零线及配电变压器接地线应在架台处水平连接，两接地线分别沿电杆敷设引下。接地引下线和接地体应用镀锌螺栓可靠连接。接地装置安装完毕，用接地兆欧表测量电阻应符合要求。当接地电阻不合格时，应增加接地极数量。

7.2.3 | 安装高压跌落式熔断器

如图7-30所示，高压跌落式熔断器主要由绝缘支架、熔断器熔体等构成，安装在配电变压器高压侧或输送给分支的线路上，具有短路保护、过载及隔离电路的功能。

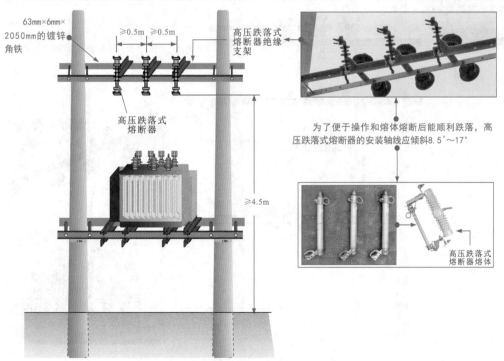

图7-30　高压跌落式熔断器的安装

值得注意的是，高压跌落式熔断器的熔丝按配电变压器内部或高、低压出线发生短路时能迅速熔断的原则进行选择。

熔丝的熔断时间必须小于或等于0.1s。通常，配电变压器容量在100kVA及以下时，高压跌落式熔断器的熔丝额定电流按变压器高压侧额定电流的2～3倍进行选择；配电变压器容量在100kVA以上时，高压跌落式熔断器的熔丝额定电流按变压器高压侧额定电流的1.5～2.0倍选择。

7.2.4 安装避雷器

避雷器是配电变压器中必不可少的防雷装置，一般高压侧避雷器应安装在高压跌落式熔断器与配电变压器之间，通常安装在一根63mm×6mm×2050mm 的镀锌金属横担上。

图7-31所示为避雷器的安装。

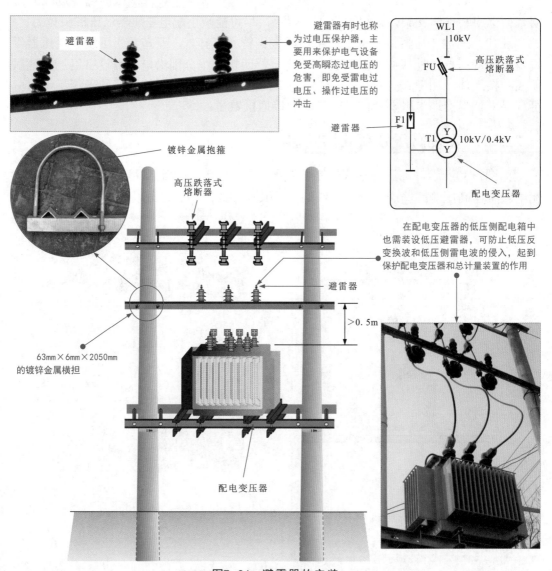

图7-31 避雷器的安装

7.2.5 安装接地装置

接地装置主要由接地体和接地线组成。通常，直接与土壤接触的金属导体称为接地体，电气设备与接地体之间连接的金属导体称为接地线。接地装置的安装包括接地体的安装和接地线的安装两部分，如图7-32所示。

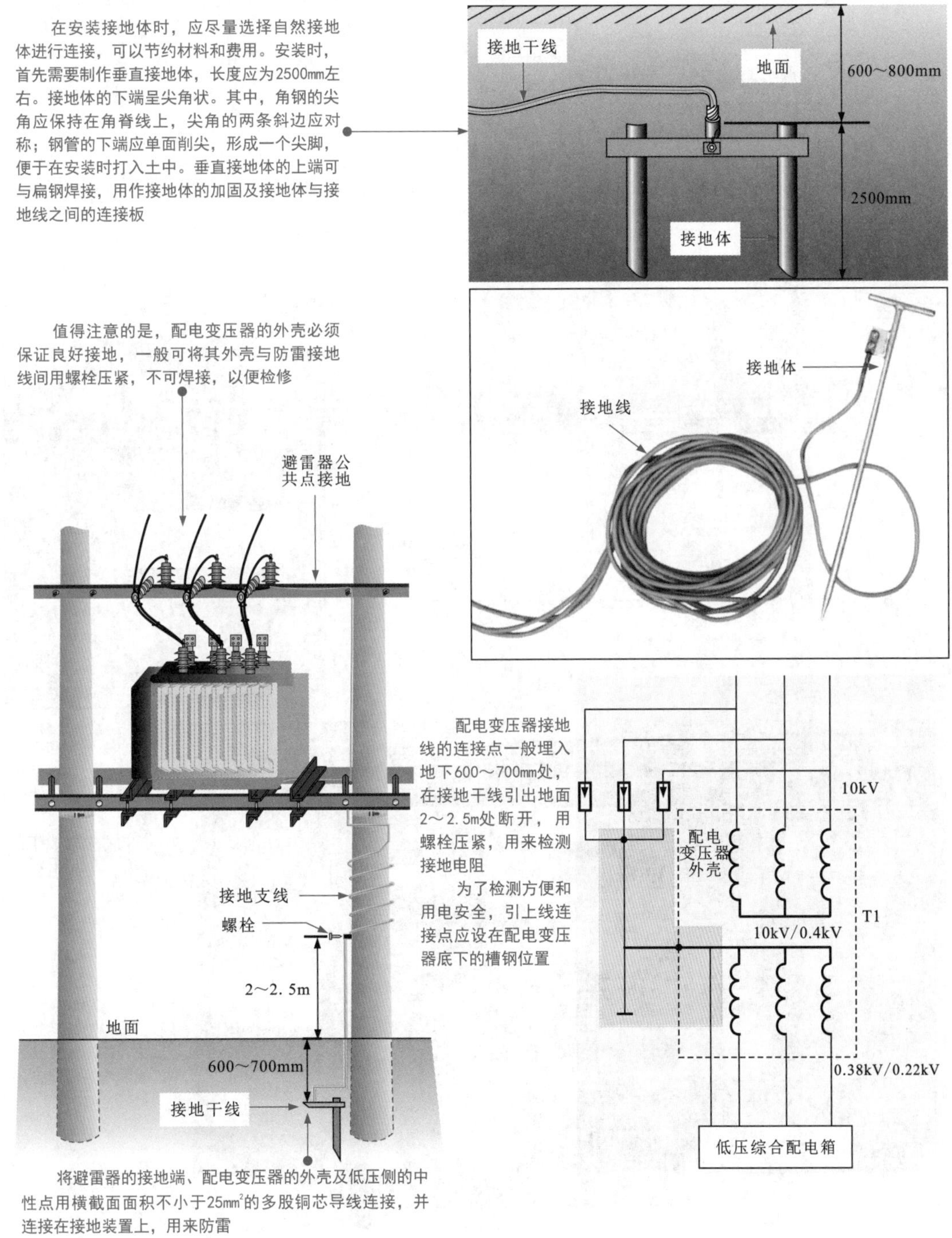
在安装接地体时，应尽量选择自然接地体进行连接，可以节约材料和费用。安装时，首先需要制作垂直接地体，长度应为2500㎜左右。接地体的下端呈尖角状。其中，角钢的尖角应保持在角脊线上，尖角的两条斜边应对称；钢管的下端应单面削尖，形成一个尖脚，便于在安装时打入土中。垂直接地体的上端可与扁钢焊接，用作接地体的加固及接地体与接地线之间的连接板
接地干线
地面
600～800mm
2500mm
接地体
接地体
接地线
值得注意的是，配电变压器的外壳必须保证良好接地，一般可将其外壳与防雷接地线间用螺栓压紧，不可焊接，以便检修
避雷器公共点接地
接地支线
螺栓
2～2.5m
地面
600～700mm
接地干线
将避雷器的接地端、配电变压器的外壳及低压侧的中性点用横截面面积不小于25㎜²的多股铜芯导线连接，并连接在接地装置上，用来防雷
配电变压器接地线的连接点一般埋入地下600～700㎜处，在接地干线引出地面2～2.5m处断开，用螺栓压紧，用来检测接地电阻
为了检测方便和用电安全，引上线连接点应设在配电变压器底下的槽钢位置
10kV
配电变压器外壳
T1
10kV/0.4kV
0.38kV/0.22kV
低压综合配电箱

图7-32　接地装置的安装

7.2.6 安装总配电箱

总配电箱主要用于与配电变压器输出侧连接，通常为标准统一的低压综合不锈钢配电箱，一般安装于配电变压器的架台下面，如图7-33所示。

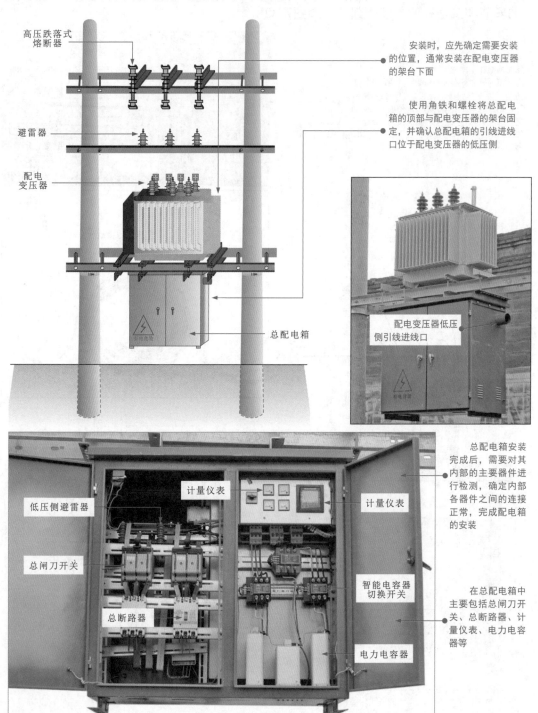

高压跌落式熔断器

安装时，应先确定需要安装的位置，通常安装在配电变压器的架台下面

避雷器

使用角铁和螺栓将总配电箱的顶部与配电变压器的架台固定，并确认总配电箱的引线进线口位于配电变压器的低压侧

配电变压器

总配电箱

配电变压器低压侧引线进线口

计量仪表

低压侧避雷器

计量仪表

总配电箱安装完成后，需要对其内部的主要器件进行检测，确定内部各器件之间的连接正常，完成配电箱的安装

总闸刀开关

总断路器

智能电容器切换开关

在总配电箱中主要包括总闸刀开关、总断路器、计量仪表、电力电容器等

电力电容器

图7-33 总配电箱的安装

　　配电变压器及相关配电装置、总配电箱安装好后，接下来需要使用相应规格的导线将这些装置连接起来，如图7-34所示。

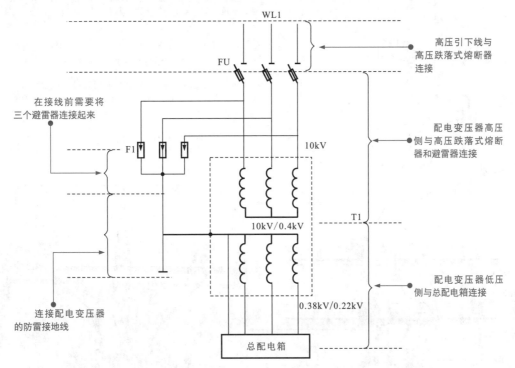

图7-34　配电变压器与相关设备的接线1

　　配电变压器与相关设备接线之前，需要先将避雷器两两之间进行连接，再与接地装置引线相连接，避雷器之间的连接线通常为横截面面积不小于25mm²的多股铜芯导线，如图7-35所示。

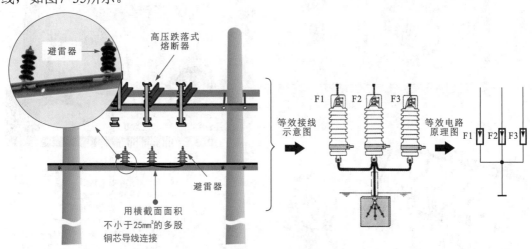

图7-35　避雷器之间的接线操作

　　避雷器之间接线完成后，接下来需要按供电关系将高压引下线与高压跌落式熔断器、避雷器、配电变压器及总配电箱进行连接。

　　图7-36所示为配电变压器与相关设备的接线。

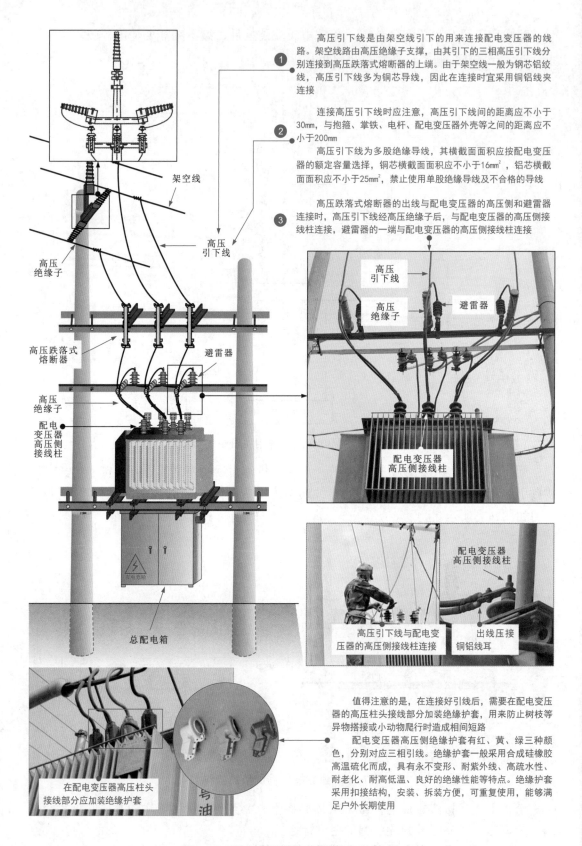

① 高压引下线是由架空线引下的用来连接配电变压器的线路。架空线路由高压绝缘子支撑，由其引下的三相高压引下线分别连接到高压跌落式熔断器的上端。由于架空线一般为钢芯铝绞线，高压引下线多为铜芯导线，因此在连接时宜采用铜铝线夹连接

② 连接高压引下线时应注意，高压引下线间的距离应不小于30mm，与抱箍、掌铁、电杆、配电变压器外壳等之间的距离应不小于200mm

高压引下线为多股绝缘导线，其横截面面积应按配电变压器的额定容量选择，铜芯横截面面积应不小于16mm²，铝芯横截面面积应不小于25mm²，禁止使用单股绝缘导线及不合格的导线

③ 高压跌落式熔断器的出线与配电变压器的高压侧和避雷器连接时，高压引下线经高压绝缘子后，与配电变压器的高压侧接线柱连接，避雷器的一端与配电变压器的高压侧接线柱连接

值得注意的是，在连接好引线后，需要在配电变压器的高压柱头接线部分加装绝缘护套，用来防止树枝等异物搭接或小动物爬行时造成相间短路

配电变压器高压侧绝缘护套有红、黄、绿三种颜色，分别对应三相引线。绝缘护套一般采用合成硅橡胶高温硫化而成，具有永不变形、耐紫外线、高疏水性、耐老化、耐高低温、良好的绝缘性能等特点。绝缘护套采用扣压结构，安装、拆装方便，可重复使用，能够满足户外长期使用

图7-36 配电变压器与相关设备的接线2

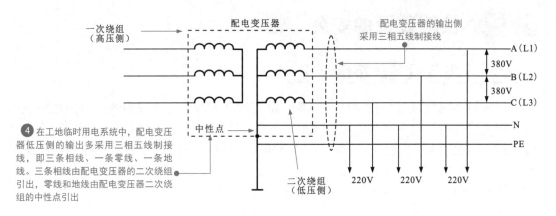

一次绕组（高压侧）

配电变压器

配电变压器的输出侧采用三相五线制接线

A(L1)
380V
B(L2)
380V
C(L3)
N
PE

❹ 在工地临时用电系统中，配电变压器低压侧的输出多采用三相五线制接线，即三条相线、一条零线、一条地线。三条相线由配电变压器的二次绕组引出，零线和地线由配电变压器二次绕组的中性点引出

中性点

二次绕组（低压侧）

220V 220V 220V

图7-36 （续）

7.2.7 安装分配电箱和开关箱

分配电箱、开关箱安装在总配电箱的后级。通常，在安装总配电箱、分配电箱和开关箱之前，根据配电需求，先将内部电气部件连接，并与箱体固定连接，作为成套开关设备连接到工地临时用电系统中，如图7-37所示。

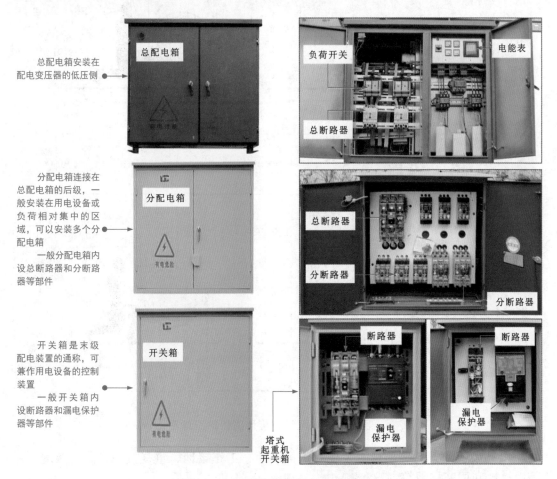

总配电箱安装在配电变压器的低压侧

总配电箱

负荷开关

电能表

总断路器

分配电箱连接在总配电箱的后级，一般安装在用电设备或负荷相对集中的区域，可以安装多个分配电箱

一般分配电箱内设总断路器和分断路器等部件

分配电箱

总断路器

分断路器

分断路器

开关箱是末级配电装置的通称，可兼作用电设备的控制装置

一般开关箱内设断路器和漏电保护器等部件

开关箱

断路器

漏电保护器

断路器

漏电保护器

塔式起重机开关箱

图7-37 分配电箱和开关箱的安装

7.3 接地装置的安装

7.3.1 | 电气设备的接地形式

电气设备的接地是为保证电气设备正常工作及人身安全而采取的一种用电安全措施。接地是将电气设备的外壳或金属底盘与接地装置进行电气连接，利用大地作为电流回路，以便将电气设备上可能产生的漏电、静电荷和雷电电流引入地下，防止触电，保护设备安全。

图7-38所示为电气设备接地的保护原理图。

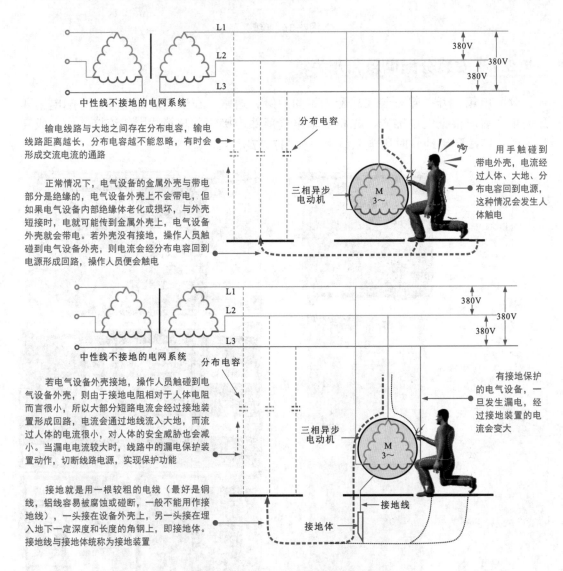

图7-38　电气设备接地的保护原理图

电气设备常见的接地形式主要有保护接地、工作接地、重复接地、防雷接地、防静电接地和屏蔽接地等。

1 >> 保护接地

保护接地是将电气设备不带电的金属外壳及金属构架接地，以防止电气设备在绝缘损坏或意外情况下金属外壳带电，从而确保人身安全。

图7-39所示为保护接地的几种形式。

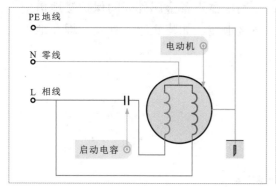
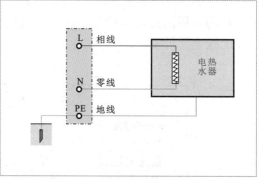

（a）单相电源供电的保护接地

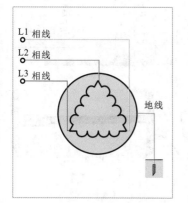
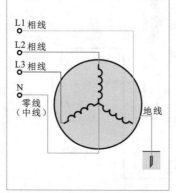
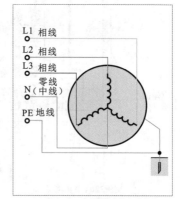

（b）三相三线制保护接地　　（c）三相四线制保护接地　　（d）三相五线制保护接地

图7-39　保护接地的几种形式

图7-40所示为电钻等便携式电气设备的保护接地。

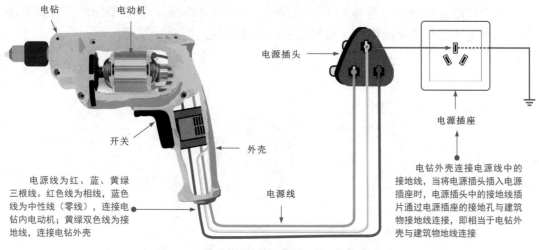

电源线为红、蓝、黄绿三根线。红色线为相线，蓝色线为中性线（零线），连接电钻内电动机；黄绿双色线为接地线，连接电钻外壳

电钻外壳连接电源线中的接地线，当将电源插头插入电源插座时，电源插头中的接地线插片通过电源插座的接地孔与建筑物接地线连接，即相当于电钻外壳与建筑物地线连接

图7-40　电钻等便携式电气设备的保护接地

补充说明

　　便携式电气设备的保护接地一般不单独敷设，而是采用设备专门接地或接零线芯的橡皮护套线作为电源线，金属外壳或正常工作不带电、绝缘损坏后可能带电的金属构件通过电源线内的专门接地线芯实现保护接地。

　　图7-41所示为低压配电设备金属外壳和家用电器设备金属外壳的保护接地措施。可以使用专用的接地体接地，也可以使用自然接地线，如将底座、外壳与埋在地下的金属配线钢管外壁连接。

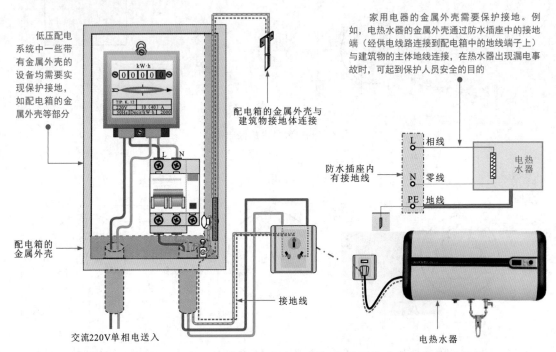

图7-41　低压配电设备金属外壳和家用电器设备金属外壳的保护接地措施

2 >> 工作接地

　　工作接地是指将电气设备的中性点接地，如图7-42所示。其主要作用是保持系统电位的稳定性，在实际应用中，电气设备的连接不能采用此种方式。

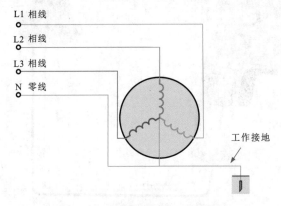

图7-42　电气设备的工作接地

3 >> 重复接地

重复接地一般应用在保护接零供电系统中，为降低保护接零线路出现断线后的危险程度，一般要求保护接零线路采用重复接地的形式。其主要作用是提高保护接零的可靠性，即将接地零线间隔一段距离后再次或多次接地。

图7-43所示为供电线路中保护零线的重复接地措施。

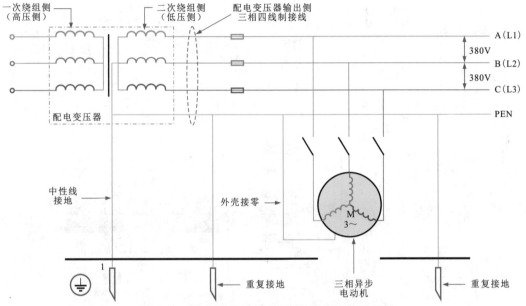

图7-43 供电线路中保护零线的重复接地措施

在采用重复接地的接零保护线路中，当出现中性线断线时，由于断线后面的零线仍接地，此时会出现相线碰壳，大部分电流将经零线和接地线流入大地，并触发保护装置动作，切断设备电源，而流经人体的电流很小，可有效降低对接触人体的危害。

图7-44所示为重复接地的功效。

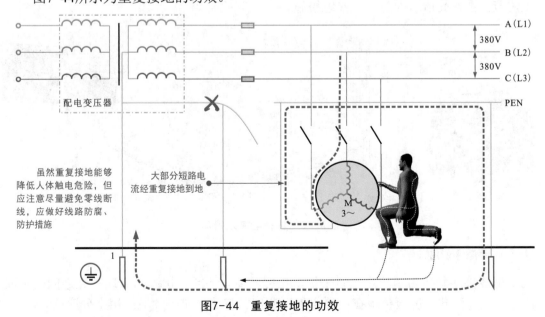

图7-44 重复接地的功效

4 防雷接地

防雷接地主要是将避雷器的一端与被保护对象相连，另一端连接接地装置。当发生雷击时，避雷器可将雷电引向自身，并由接地装置导入大地，从而避免雷击事故的发生。图7-45所示为防雷接地形式。

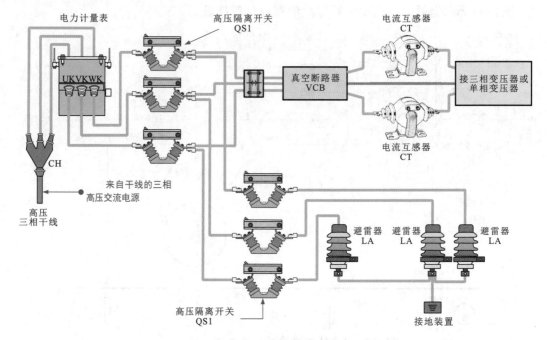

图7-45 防雷接地形式

5 防静电接地

防静电接地是指对静电防护有明确要求的供电设备、电气设备的外壳接地，并将外壳直接接触防静电地板，用于将设备外壳上聚集的静电电荷释放到大地中，实现静电防范。图7-46所示为防静电接地措施。

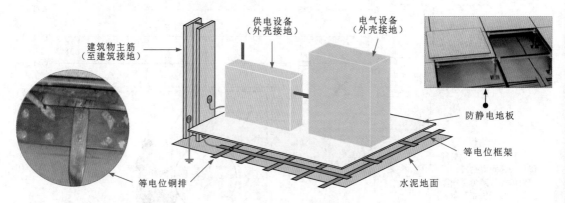

图7-46 防静电接地措施

6 屏蔽接地

屏蔽接地是指为了防止电磁干扰，在屏蔽体与地或干扰源的金属外壳之间所采取的电气连接形式。屏蔽接地在广播电视、通信、雷达导航等领域应用十分广泛。

7.3.2 电气设备的接地规范

不同应用环境下的电气设备，对接地电阻的要求也不同，在安装接地设备时，应重点注意表7-1所列的几种特殊环境下的接地规范。

表7-1　电气设备的接地规范

接地的电气设备特点	电气设备名称	接地电阻要求/Ω
装有熔断器（25A以下）的电气设备	任何供电系统	$R \leq 10$
	高低压电气设备联合接地	$R \leq 4$
	电流、电压互感器二次绕组接地	$R \leq 10$
	电弧炉的接地	$R \leq 4$
	工业电子设备的接地	$R \leq 10$
高土壤电阻率大于500Ω·m的地区	1kV以下小电流接地系统的电气设备接地	$R \leq 20$
	发电厂和变电所接地装置	$R \leq 10$
	大电流接地系统发电厂和变电所装置	$R \leq 5$
无避雷线的架空线	小电流接地系统中的水泥杆、金属杆	$R \leq 30$
	低压线路中的水泥杆、金属杆	$R \leq 30$
	零线重复接地	$R \leq 10$
	低压进户线绝缘子角铁	$R \leq 30$
建筑物	30m建筑物（防直击雷）	$R \leq 10$
	30m建筑物（防感应雷）	$R \leq 5$
	45m建筑物（防直击雷）	$R \leq 5$
	60m建筑物（防直击雷）	$R \leq 10$
	烟囱接地	$R \leq 30$
防雷设备	保护变电所的户外独立避雷针	$R \leq 25$
	装设在变电所架空进线上的避雷针	$R \leq 25$
	装设在变电所与母线连接的架空进线上的管形避雷器（与旋转电动机无联系）	$R \leq 10$
	装设在变电所与母线连接的架空进线上的管形避雷器（与旋转电动机有联系）	$R \leq 5$

7.3.3 | 安装接地体

接地体有自然接地体和人工接地体两种。在应用时，应尽量选择自然接地体进行连接，可以节约材料和费用，在自然接地体不能利用时，再选择施工专用接地体。

1 >> 自然接地体的安装

自然接地体包括建筑物与地连接的金属结构、深埋地下的金属管道、钢筋混凝土建筑物的承重基础、带有金属外皮的电缆等，如图7-47所示。

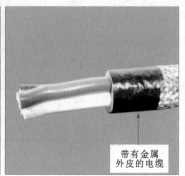

建筑物与地连接的金属结构　　深埋地下的金属管道　　带有金属外皮的电缆

图7-47　几种自然接地体

> 🖋 补充说明
>
> 注意，包有黄麻、沥青等绝缘材料的金属管道及通有可燃气体或液体的金属管道不可作为接地体。使用自然接地体时应注意以下几点：
> （1）用不少于两根的导体在不同接地点与接地线相连。
> （2）在直流电路中，不应使用自然接地体接地。
> （3）自然接地体的接地阻值符合要求时，一般不再安装人工接地体，发电厂和变电所及爆炸危险场所除外。
> （4）当同时使用自然、人工接地体时，应分开设置测试点。

在连接管道一类的自然接地体时，不能使用焊接的方式连接，应采用金属抱箍或金属夹头的压接方法连接，如图7-48所示。金属抱箍适用于管径较大的管道，金属夹头适用于管径较小的管道。

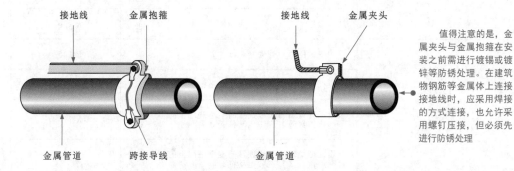

接地线　金属抱箍　　　　　　接地线　金属夹头

值得注意的是，金属夹头与金属抱箍在安装之前需进行镀锡或镀锌等防锈处理。在建筑物钢筋等金属体上连接接地线时，应采用焊接的方式连接，也允许采用螺钉压接，但必须先进行防锈处理

金属管道　跨接导线　　　　　　金属管道

图7-48　管道自然接地体的安装

2 >> 施工专用接地体的安装

施工专用接地体应选用钢材制作，一般常用角钢和管钢作为施工专用接地体，在有腐蚀性的土壤中，应使用镀锌钢材或增大接地体的尺寸，如图7-49所示。

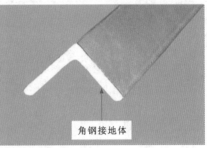

图7-49 施工专用接地体

> **补充说明**
>
> 在制作施工专用接地体时，首先需要选择安装的施工专用接地体。例如，管钢材料一般选用直径为50mm、壁厚不小于3.5mm的管材；角钢材料一般选用40mm×40mm×5mm或50mm×50mm×5mm两种规格。

接地体根据安装环境和深浅不同有水平安装和垂直安装两种方式。无论是垂直敷设安装接地体还是水平敷设安装接地体，通常都选用管钢接地体或角钢接地体。

图7-50所示为施工专用接地体的安装要求。

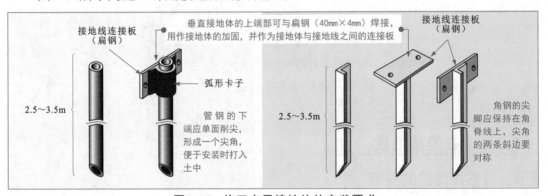

图7-50 施工专用接地体的安装要求

目前，施工专用接地体的安装方法通常多采用垂直安装方式。垂直敷设施工专用接地体时，多采用挖坑打桩法，如图7-51所示。

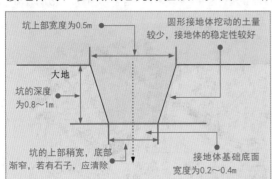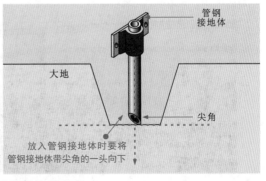

图7-51 施工专用接地体的安装

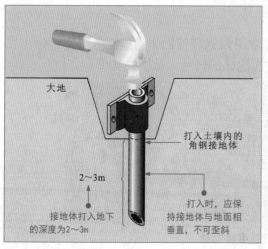
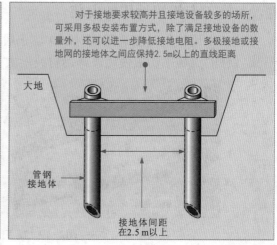

图7-51 （续）

图7-52所示为多极安装布置方式。

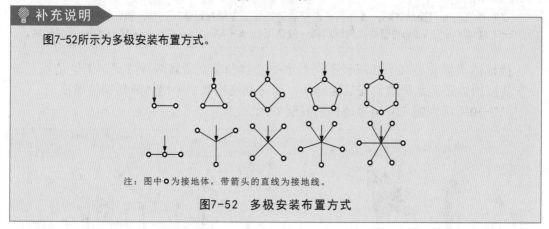

注：图中 o 为接地体，带箭头的直线为接地线。

图7-52 多极安装布置方式

7.3.4 安装接地线

1 自然接地线的安装

接地装置的接地线应尽量选用自然接地线，如建筑物的金属结构、配电装置的构架、配线用钢管（壁厚不小于1.5mm）、电力电缆铅包皮或铝包皮、金属管道（1kV以下的电气设备可用，输送可燃液体或可燃气体的管道不得使用）等，如图7-53所示。

图7-53 常见的自然接地线

如图7-54所示,自然接地线与大地接触面大,如果为较多的设备提供接地,则只要增加引接点,并将所有引接点连成带状或网状,每个引接点通过接地线与电气设备连接即可。

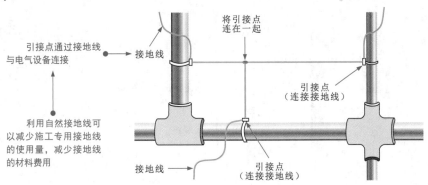

图7-54 自然接地线的连接

在使用配管作为自然接地线时,在接头的接线盒处应采用跨接线的连接方式。当钢管直径在40mm以下时,跨接线应采用6mm直径的圆钢;当钢管直径在50mm以上时,跨接线应采用25mm×24mm的扁钢,如图7-55所示。

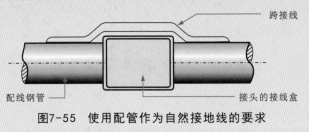

图7-55 使用配管作为自然接地线的要求

2 >> 施工专用接地线的安装

如图7-56所示,施工专用接地线通常使用铜、铝、扁钢或圆钢材料制成的裸线或绝缘线。

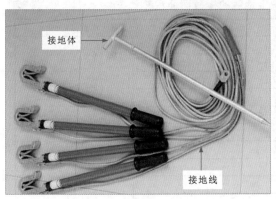
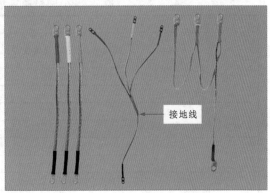

图7-56 施工专用接地线

接地干线是接地体之间的连接导线或一端连接接地体,另一端连接各接地支线的连接线。图7-57所示为接地体与接地干线的连接。

接地干线与接地体应采用焊接的方式连接，焊接处应添加镶块，增大焊接面积

没有条件使用焊接设备时，也允许使用螺母压接，但接触面必须经过镀锌或镀锡等防锈处理，螺母也要采用大于M12的镀锌螺母。在有振动的场所，螺杆上应加弹簧垫圈

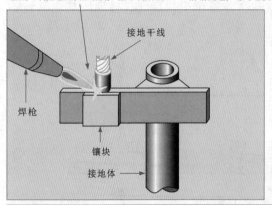

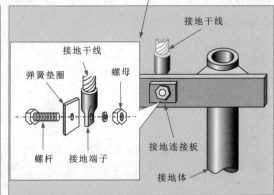

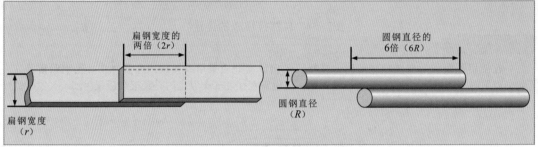

图7-57　接地体与接地干线的连接

> ### 补充说明
>
> 　　用于输配电系统的工作接地线应满足下列要求：
>
> 　　10kV避雷器的接地支线应采用多股导线；接地干线可选用铜芯或铝芯的绝缘电线或裸线，也可使用扁钢、圆钢或多股镀锌绞线，横截面面积不小于16mm²；用作避雷针或避雷线的接地线，横截面面积不小于25mm²；接地干线通常用扁钢或圆钢，扁钢横截面面积不小于4mm×12mm，圆钢直径不小于6mm；配电变压器低压侧中性点的接地线要采用裸铜导线，横截面面积不小于35mm²；变压器容量在100kVA以下时，接地线的横截面面积为25mm²。不同材质保护接地线的类别不同，横截面面积也不同，见表7-2。

表7-2　不同材质保护接地线的横截面面积

材料	接地线类别		最小横截面面积/mm²	最大横截面面积/mm²
铜	移动电具引线的接地线芯		生活用：0.12	25
			生产用：1.0	
	绝缘铜线		1.5	
	裸铜线		4.0	
铝	绝缘铝线		2.5	35
	裸铝线		6.0	
扁钢	户内：厚度不小于3mm		24.0	100
	户外：厚度不小于4mm		48.0	
圆钢	户内：厚度不小于5mm		19.0	100
	户外：厚度不小于6mm		28.0	

　　室外接地干线与接地体连接好后，接下来将室内接地干线与室外接地体进行连接。图7-58所示为室内接地干线与室外接地体的连接。

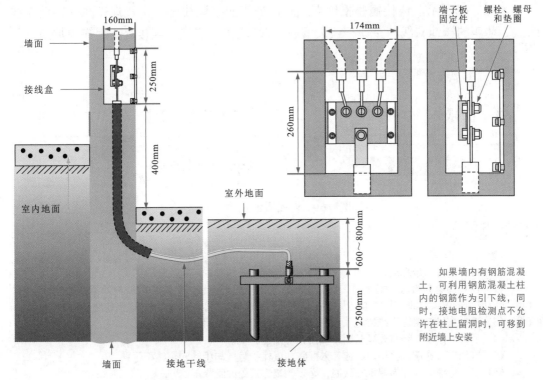

图7-58 室内接地干线与室外接地体的连接

室内接地干线与室外接地体连接好后，接下来安装接地支线。

图7-59所示为接地支线的安装。接地支线是接地干线与设备接地点之间的连接线。电气设备都需要用一根接地支线与接地干线连接。

若电动机所用的配线管路是金属管，则可作为自然接地体使用，从电动机引出的接地支线可直接连接到金属管上后再接地。

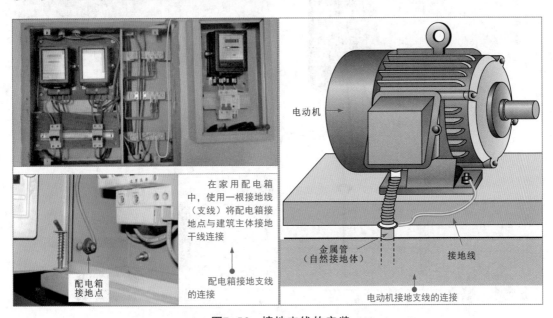

图7-59 接地支线的安装

如图7-60所示，连接插座接地支线时，插座的接地线必须由接地干线和接地支线组成。插座的接地支线与接地干线之间应按T形连接法连接，连接处要用锡焊加固。

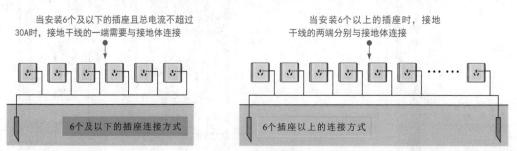

当安装6个及以下的插座且总电流不超过30A时，接地干线的一端需要与接地体连接

当安装6个以上的插座时，接地干线的两端分别与接地体连接

6个及以下的插座连接方式

6个插座以上的连接方式

图7-60　连接插座接地支线

补充说明

接地支线的安装应注意以下几点：
（1）每台设备的接地点只能用一根接地支线与接地干线单独连接。
（2）在户内容易被触及的地方，接地支线应采用多股绝缘绞线；在户内或户外不容易被触及的地方，应采用多股裸绞线；移动电具从插头至外壳处的接地支线，应采用铜芯绝缘软线。
（3）接地支线与接地干线或电气设备连接点的连接处应采用接线端子。
（4）铜芯的接地支线需要延长时，要用锡焊加固。
（5）接地支线穿墙或楼板时，应套入配管加以保护且应与相线和零线相区别。
（6）采用绝缘电线作为接地支线时，必须恢复连接处的绝缘层。

接地装置投入使用之前，必须检验接地装置的安装质量，以保证接地装置符合安装要求。检测接地装置的接地电阻是检验的重要环节。通常，使用接地电阻测量仪检测接地电阻，如图7-61所示。

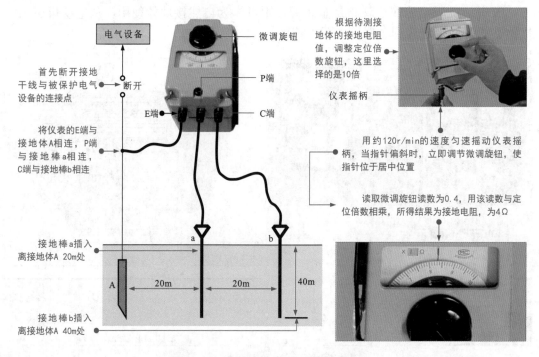

图7-61　检测接地装置的接地电阻

7.4 电源插座的安装

7.4.1 电源插座的安装要求

电源插座是为家用电器提供市电交流220V电压的连接部件。电源插座的类型多种多样，家庭供电一般为两相，也应选用两相插座，还有三孔插座、五孔插座、带开关插座、组合插座等，如图7-62所示。

（a）三孔插座 （b）五孔插座 （c）带开关插座 （d）组合插座 （e）带防溅水护盖
（一般为16A）（一般为10A） 插座

图7-62 常见的电源插座

图7-63所示为电源插座的安装要求。在安装电源插座时，插座距离地面不要低于0.3m；插座距离门框横向距离应不小于0.6m，空调插座至少要1.8m。

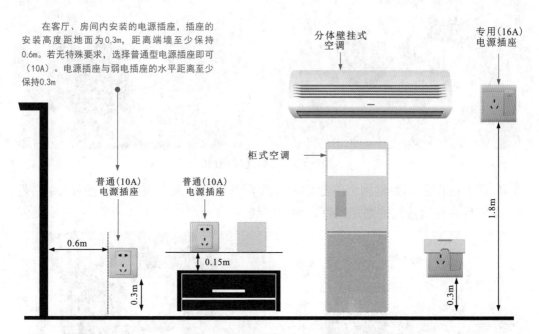

图7-63 电源插座的安装要求

7.4.2 安装单相三孔电源插座

单相三孔电源插座是指插座面板上仅设有相线孔、零线孔和接地孔三个插孔的电源插座。在电工操作中，单相三孔电源插座属于大功率电源插座，规格多为16A，主要用于连接空调器等大功率电器。

图7-64所示为单相三孔电源插座的特点和接线关系。

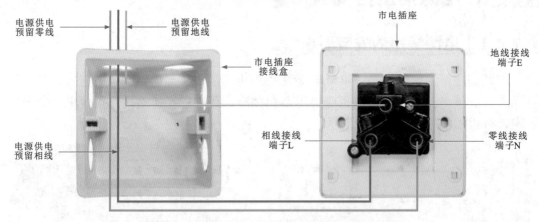

图7-64　单相三孔电源插座的特点和接线关系

如图7-65所示，先使用螺钉旋具将插座护板的卡扣撬开，取下护板后将剥去绝缘层的预留导线穿入插座相线接线柱L中，然后拧紧接线柱固定螺钉，固定相线。

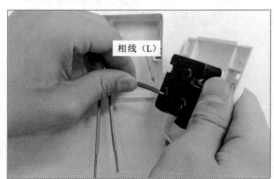
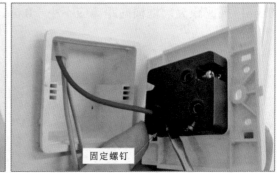

图7-65　安装连接相线L

如图7-66所示，先将剥去绝缘层的零线预留导线穿入插座零线接线柱N中，然后使用螺钉旋具拧紧接线柱固定螺钉，固定零线。

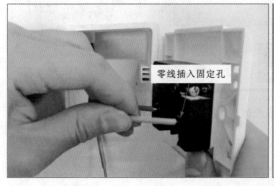
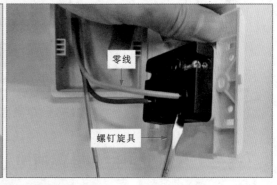

图7-66　安装连接零线N

如图7-67所示，先将剥去绝缘层的地线预留导线穿入插座地线接线柱E中，然后使用螺钉旋具拧紧接线柱固定螺钉，固定地线。

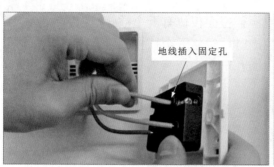
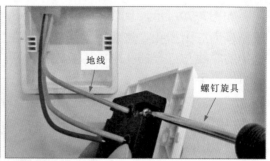

图7-67　安装连接地线E

如图7-68所示，确保接线准确且牢固后，首先将连接导线合理地盘绕在电源插座的接线盒中，然后用固定螺钉固定插座面板，最后扣上插座护板，完成安装。

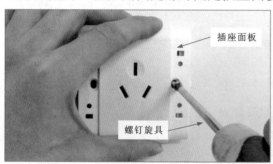

图7-68　安装固定电源插座面板

7.4.3 │ 安装单相五孔电源插座

单相五孔电源插座是两孔插座和三孔插座的组合。图7-69所示为单相五孔电源插座的特点和接线关系。

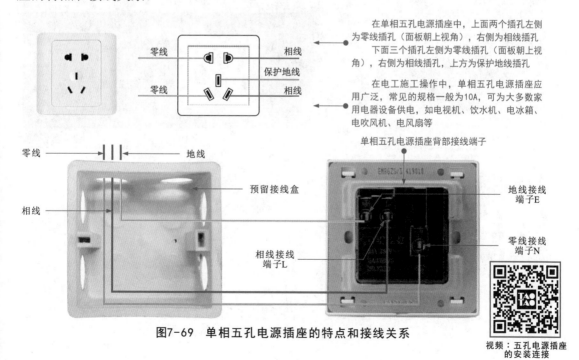

在单相五孔电源插座中，上面两个插孔左侧为零线插孔（面板朝上视角），右侧为相线插孔

下面三个插孔左侧为零线插孔（面板朝上视角），右侧为相线插孔，上方为保护地线插孔

在电工施工操作中，单相五孔电源插座应用广泛，常见的规格一般为10A，可为大多数家用电器设备供电，如电视机、饮水机、电冰箱、电吹风机、电风扇等

图7-69　单相五孔电源插座的特点和接线关系

视频：五孔电源插座的安装连接

如图7-70所示，目前，常见单相五孔电源插座面板侧有五个插孔，但背部接线端子侧多为三个插孔。这是因为生产厂家在生产时已经将五个插孔相应连接，即两个插孔中的零线与三个插孔中的零线连接，两个插孔中的相线与三个插孔中的相线连接，只引出三个接线端子。

内部已使用铜片接好

图7-70　常见单相五孔电源插座的背部接线端子

补充说明

如图7-71所示，对于未在内部连接的单相五孔电源插座，实际接线时需要先分别连接后，再与电源供电预留导线连接，注意不能接错。

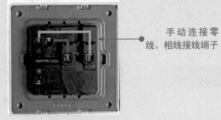

手动连接零线、相线接线端子

图7-71　五个接线端子的处理方法

图7-72所示为单相五孔电源插座的安装操作图。

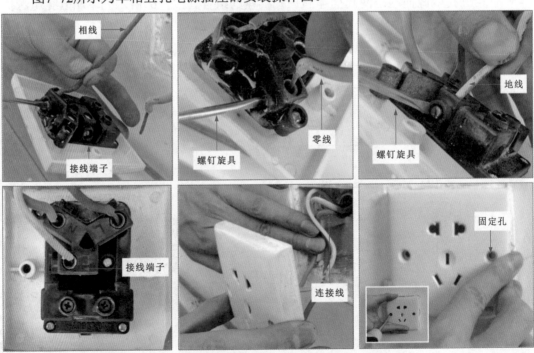

图7-72　单相五孔电源插座的安装操作图

7.4.4 | 安装组合电源插座

　　组合电源插座是指将多个三孔或五孔插座组合在一起构成的插座排，其结构紧凑，占用空间小。在电工操作中，组合电源插座多用于放置电气设备比较集中的场合，如客厅中集中安放的电视机、机顶盒、路由器等连接在一套组合电源插座中，可有效节省空间。

　　图7-73所示为三孔组合电源插座的安装与接线图。

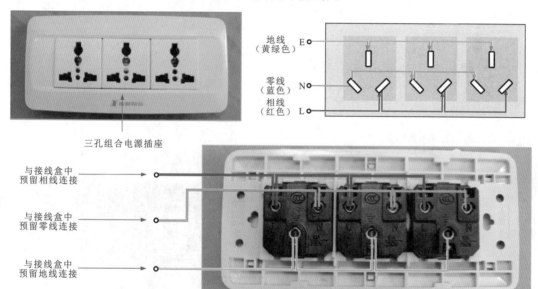

图7-73　三孔组合电源插座的安装与接线图

　　图7-74所示为五孔组合电源插座的安装与接线图。

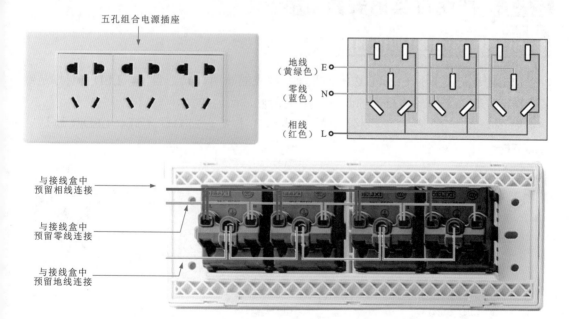

图7-74　五孔组合电源插座的安装与接线图

7.4.5 安装带开关功能的电源插座

带开关功能的电源插座是指在插座中设有开关的电源插座。在电工操作中，带开关功能的电源插座多用在厨房和卫生间。应用时，可通过开关控制电源通、断，无须频繁拔插电气设备的电源插头，控制方便，操作安全。

图7-75所示为带开关功能的电源插座的安装与接线图。

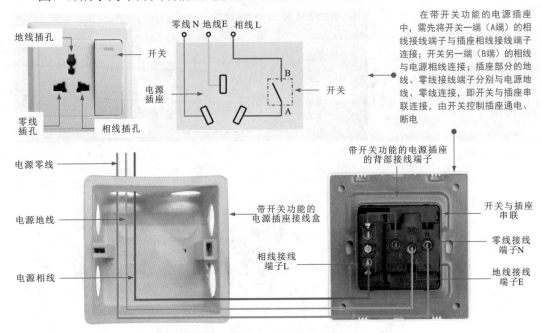

图7-75 带开关功能的电源插座的安装与接线图

7.5 照明灯具的安装

7.5.1 安装LED照明灯

LED照明灯是指由LED（发光二极管）构成的照明灯具。目前，LED照明灯是继紧凑型荧光灯（普通节能灯）的新一代照明光源。

如图7-76所示，LED照明灯根据安装形式主要有LED日光灯、LED吸顶灯、LED节能灯等。

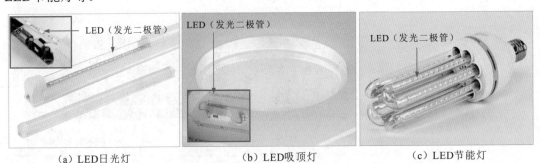

(a) LED日光灯　　　(b) LED吸顶灯　　　(c) LED节能灯

图7-76 LED照明灯

　　如图7-77所示，LED日光灯的安装方式比较简单。一般直接将LED日光灯管接线端与交流220V照明控制线路（经控制开关）预留的相线和零线连接即可。

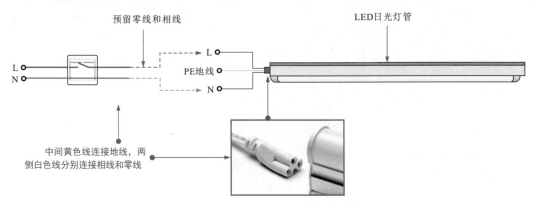

中间黄色线连接地线，两侧白色线分别连接相线和零线

图7-77　LED日光灯的安装

　　若需要在原来使用普通日光灯的支架上安装LED日光灯，则需要按照LED日光灯管的要求进行内部线路改造。

　　普通日光灯分为电感式镇流器与电子式镇流器两种，这两种的改造方式不同。

　　图7-78所示为电感式镇流器改造为LED日光灯的线路连接示意图。

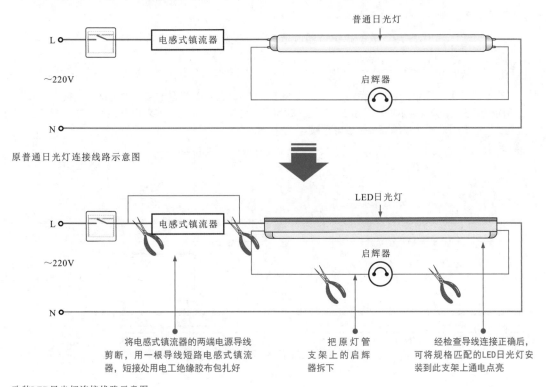

图7-78　电感式镇流器改造为LED日光灯的线路连接示意图

视频：LED灯的安装

　　图7-79所示为电子式镇流器改造为LED日光灯的线路连接示意图。

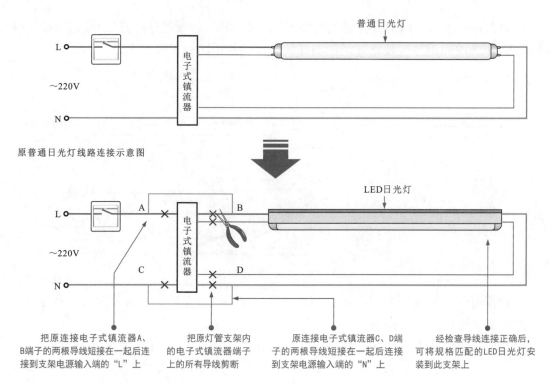

原普通日光灯线路连接示意图

LED日光灯

把原连接电子式镇流器A、B端子的两根导线短接在一起后连接到支架电源输入端的"L"上

把原灯管支架内的电子式镇流器端子上的所有导线剪断

原连接电子式镇流器C、D端子的两根导线短接在一起后连接到支架电源输入端的"N"上

经检查导线连接正确后，可将规格匹配的LED日光灯安装到此支架上

改装LED灯管连接线路示意图

图7-79　电子式镇流器改造为LED日光灯的线路连接示意图

💡 **补充说明**

　　在实际应用环境中，若照明面积较大，可将多根LED日光灯管串联连接，即用插接器或双头连接线将两两灯管之间对接构成串联电路，如图7-80所示。注意，串联电路的最后一根灯管末端应盖上堵头盖子，避免因误操作或触摸发生触电危险。

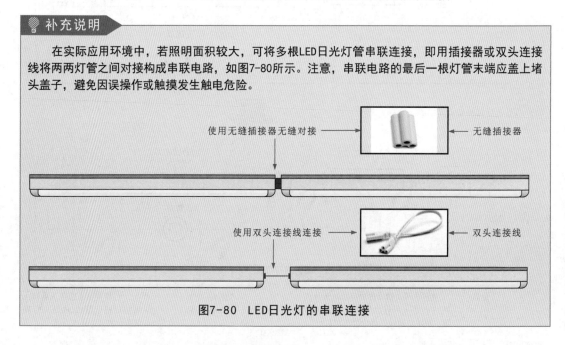

使用无缝插接器无缝对接

无缝插接器

使用双头连接线连接

双头连接线

图7-80　LED日光灯的串联连接

　　串联安装时，应计算出可串联连接LED日光灯的最大数量。例如，若每根LED日光灯的功率为7W，LED日光灯的连接线采用电子线18号线时，可以串联连接157根左右的LED日光灯（线径×额定电压值×额定允许通过的电流/功率=LED日光灯的数量），若要预留一部分空间，也可以串联连接100根左右的LED日光灯。

7.5.2 | 安装普通照明灯泡

采用普通照明灯泡照明是最常见的一种照明方式，这种照明灯具的安装操作比较简单，如图7-81所示。在照明灯座的顶端有两个接线柱，其中，与灯口内顶部铜片连接的接线柱是灯座的相线接线柱，与灯口内螺纹金属套连接的接线柱是灯座的零线接线柱。这两个接线柱分别用来连接供电线的相线和零线。

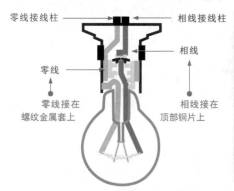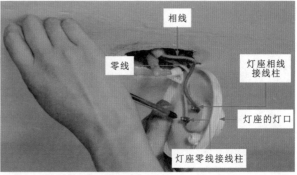

图7-81　照明灯座的安装连接

接下来，拧紧灯座两侧的固定螺钉，使灯座固定牢固，然后将灯泡由灯口顺时针旋入，直至旋紧在灯座的灯口中，照明灯具安装完毕，如图7-82所示。

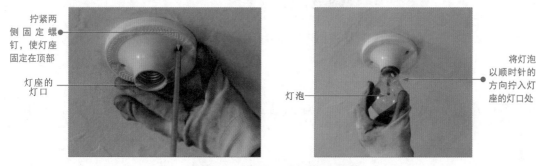

图7-82　普通照明灯泡的安装

7.5.3 | 安装日光灯

日光灯是室内常用的照明工具。图7-83所示为日光灯的安装示意图。

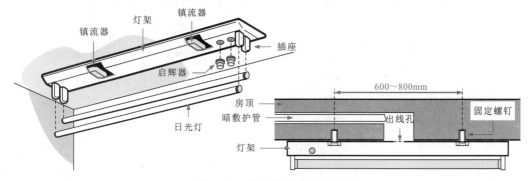

图7-83　日光灯的安装示意图

日光灯的线路连接如图7-84所示。将布线时预留的照明支路导线端子与灯架内的电线相连，将相线与镇流器连接线相连，将零线与日光灯灯架连接线相连。

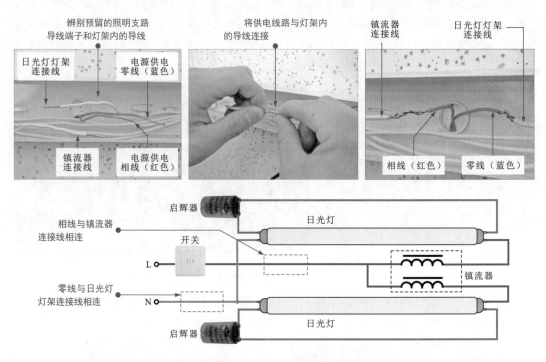

图7-84 日光灯的线路连接

7.5.4 安装节能灯

节能灯的安装方式与普通照明灯泡的安装方式类似。图7-85所示为节能灯的安装。

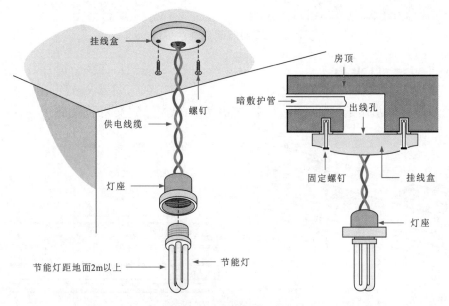

图7-85 节能灯的安装

7.5.5 | 安装吸顶灯

吸顶灯是目前家庭照明线路中应用最多的一种照明灯安装形式，主要包括底座、灯管和灯罩几部分，如图7-86所示。

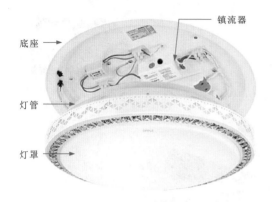

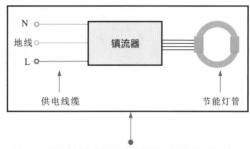

吸顶灯内包括灯具供电线缆、镇流器和节能灯管。节能灯管经镇流器后与供电线缆连接，实现供电

图7-86 吸顶灯的结构和接线关系

如图7-87所示，吸顶灯的安装与接线操作比较简单，可先将吸顶灯的灯罩、灯管和底座拆开，然后将底座固定在屋顶上，将屋顶预留相线和零线与底座上的连接端子连接，重装灯管和灯罩即可。

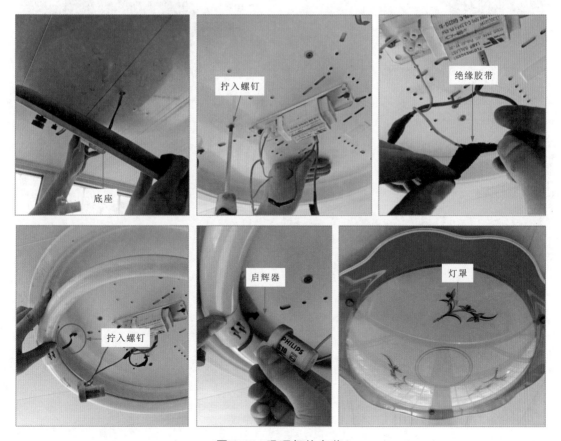

图7-87 吸顶灯的安装

7.5.6 | 安装吊扇灯

吊扇灯同时具有实用性和装饰性，将照明灯具与吊扇结合在一起，可以实现照明和调节空气的双重功能。图7-88所示为吊扇灯的结构组成。

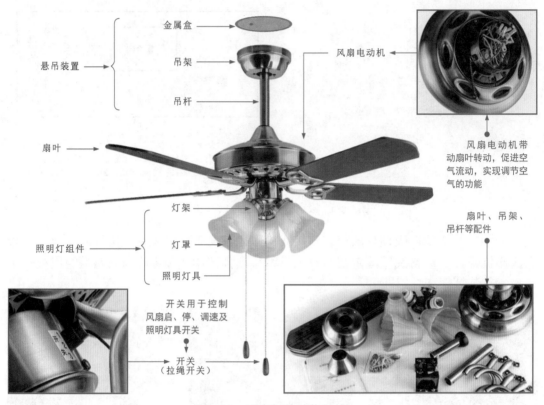

图7-88 吊扇灯的结构组成

图7-89所示为吊扇灯的安装规范。

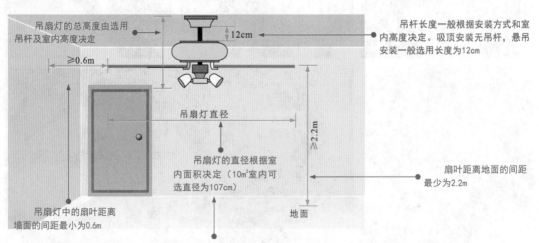

吊扇灯的直径是指对角扇叶间的最大距离。通常，房屋面积为8～15m²，可选择直径为107cm的吊扇灯；房屋面积为15～25m²，可选择直径为122cm的吊扇灯；房屋面积为18～30m²，可选择直径为132cm的吊扇灯

图7-89 吊扇灯的安装规范

1 ≫ 悬吊装置的安装

安装悬吊装置包括安装吊架和吊杆两部分。安装吊架需要充分了解待安装吊扇灯的房顶材质。若房顶材质为水泥，则应当先使用电钻在需要安装的地方打孔，再使用膨胀管和膨胀螺栓固定。

选择合适的吊杆，将电动机的电源线穿过吊杆后，将吊杆带有两个孔的一头放进与电动机相连的插孔内，另一端置于吊架内并固定，如图7-90所示。

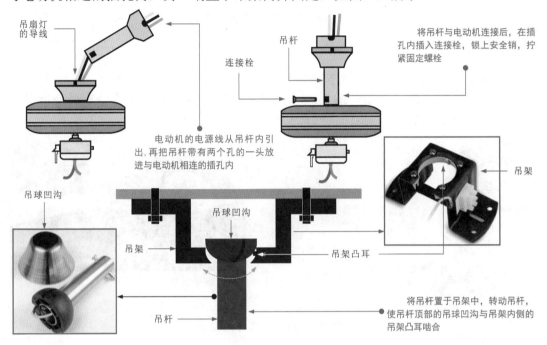

图7-90 吊扇灯悬吊装置的安装

2 ≫ 电动机的安装与接线

在预留电源线断电的状态下，将电动机引线与预留电源线按照吊扇灯的接线图对应连接，如图7-91所示。

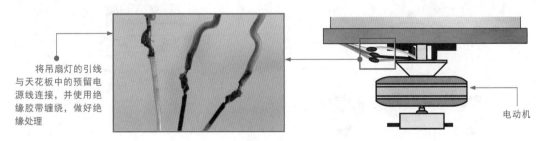

图7-91 电动机的安装与接线

一般情况下，吊扇灯共有四根引线，白色线为共用零线，黑色线为吊扇电动机相线，蓝色线为灯具相线，黄绿线为地线。图7-92所示为吊扇灯的几种接线图。实际接线时应根据接线图进行操作，不可错接。

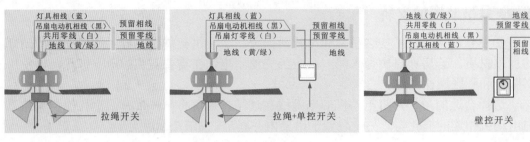

图7-92 吊扇灯的几种接线图

3 >> 扇叶的安装

如图7-93所示，安装扇叶需要先将扇叶与叶架组合，分清扇叶的正面与反面，将叶架放在扇叶的正面，在扇叶的反面垫上垫片，叶片螺钉通过垫片将扇叶与叶架连接，安装时不应用力过度，以防止叶片变形。

图7-93 吊扇灯扇叶的安装

4 >> 照明灯组件的安装

安装照明灯组件，即安装灯架、灯罩和照明灯具，包括灯架上的导线连接、灯架的固定和灯具的安装，如图7-94所示。

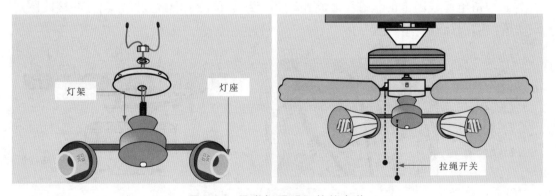

图7-94 吊扇灯照明组件的安装

吊扇灯安装完成后应进行检验，即检查吊扇灯上各固定螺钉是否拧紧，避免有松动的现象；接通吊扇灯电源，检验吊扇能否运转，在运行大概10min后，再次检查各固定螺钉及连接部件有无松动，必要时需要紧固。

7.6 控制开关的安装

7.6.1 安装单控开关

一般来说，单控开关就是用单个开关实现对电气设备（如照明灯具）的简单控制。图7-95所示为单控开关的安装连接关系。

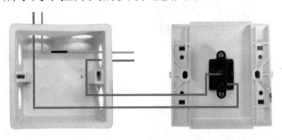

单控开关

视频：单控开关的安装

图7-95 单控开关的安装连接关系

单控开关的具体安装和接线如图7-96所示。

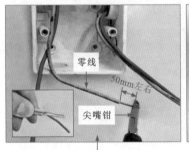

零线

50mm左右

尖嘴钳

剥除预留线盒中导线的接线端绝缘层，并头连接导线

单控开关底板

将处理好的接线端与单控开关对应的接线孔连接（相线进线和相线出线）

操作面板

调整预留接线盒中的导线，固定单控开关面板，完成单控开关的安装

图7-96 单控开关的具体安装和接线

7.6.2 安装多控开关

多控开关是指一个开关有多种控制功能。以常见的双控开关为例，双控开关用于对同一照明灯进行两地联控，操作两地任一处的开关都可以控制照明灯的点亮与熄灭。图7-97所示为双控开关的接线关系。

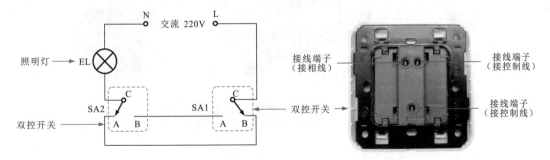

图7-97 双控开关的接线关系

双控开关的具体安装和接线如图7-98所示。

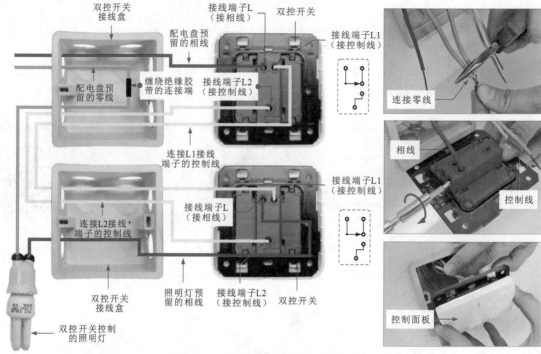

图7-98 多控开关的具体安装和接线

7.7 安防系统的安装

7.7.1 安装视频监控系统

视频监控系统是指在重要的边界、进出口、过道、走廊、停车场和电梯等区域安装摄像设备，在监控中心通过监视器对这些位置进行全天候的监控，并自动进行录像，方便日后查询。图7-99所示为视频监控系统的结构。

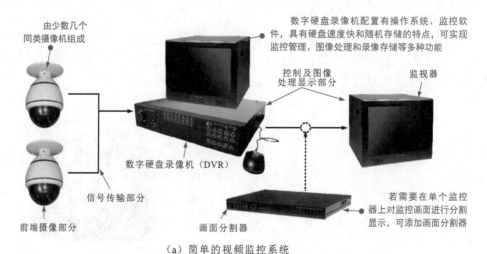

（a）简单的视频监控系统

图7-99 视频监控系统的结构

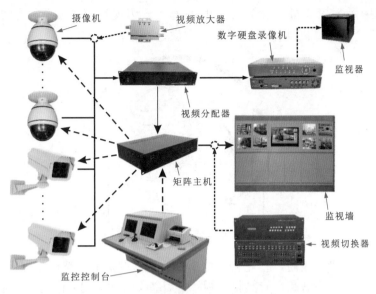

（b）大型楼宇视频监控系统

图7-99 （续）

> **补充说明**
>
> 　　视频监控系统常到的设备包括摄像机及其配件、视频分配器、数字硬盘录像机、矩阵主机、监视器和监控控制台等。
>
> 　　前端摄像部分用来采集音/视频信号，通过信号线路传送到图像处理显示部分，在专用设备的控制下，通过调节摄像设备的角度及焦距，还可改变采集图像的方位和大小。
>
> 　　信号传输部分用来传送采集的音/视频信号及控制信号，是各设备之间重要的通信通道。
>
> 　　控制部分是整个系统的控制核心，可被理解为一部特殊的计算机，通过专用的视频监控软件对整个系统的监控工作、图像处理、图像显示等进行协调控制，保证整个系统能够正常工作。
>
> 　　图像处理显示部分主要用来显示处理好的监控画面，保证图像清晰完整地呈现在监控工作人员的眼前。

1 >> 安装摄像机（头）

　　安装固定好支架或云台后，可对摄像机进行安装，先将摄像机面板罩取下，然后使用螺钉将其固定到支架或云台上，再对摄像机进行接线，最后装回摄像机面板罩。具体操作如图7-100所示。

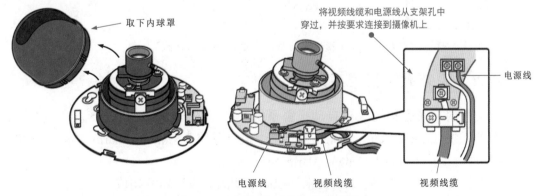

图7-100 摄像机（头）安装接线

图7-101所示为摄像机（头）方位的调整。一边观察监视器，一边调整水平、仰俯和方位，并检查摄像机动作是否正常，图像是否正常。

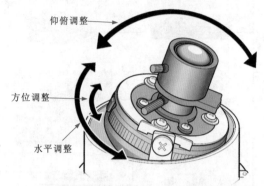

图7-101 摄像机（头）方位的调整

所有调整和连接完成后，首先将内球罩安装到摄像机上，然后将面板罩安装到摄像机上，最后，使用十字槽螺钉旋具将面板罩螺钉拧紧，并将遮挡橡皮帽装到螺钉孔上。

2 >> 连接解码器

解码器通常安装在云台附近，主要通过线缆与云台及摄像机镜头进行连接。
图7-102所示为解码器与云台、镜头的连接。

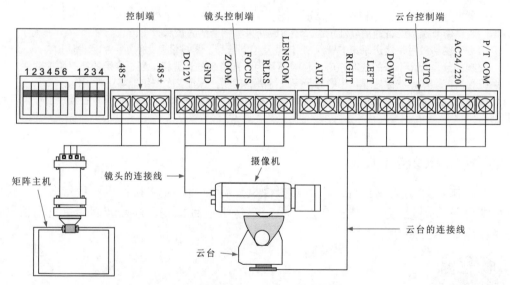

图7-102 解码器与云台、镜头的连接

7.7.2 | 安装火灾报警系统

火灾报警系统也称为火灾自动报警系统（Fire Alarm System，FAS），常见的有区域报警系统（Local Alarm System）、集中报警系统（Remote Alarm System）和控制中心报警系统（Control Center Alarm System）。

区域报警系统主要由区域火灾报警控制器和火灾探测器等构成，是一种结构简单的火灾自动报警系统。该类系统主要适用于小型楼宇或针对性单一防火对象。

图7-103所示为典型的区域报警系统结构。

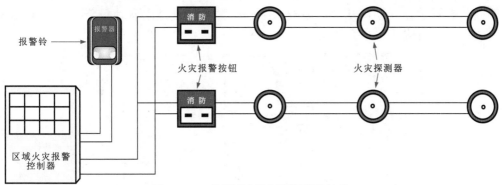

图7-103　典型的区域报警系统结构

在区域报警系统中，火灾探测器与火灾报警按钮串联在一起，同时与区域火灾报警控制器进行连接，再由区域火灾报警控制器与报警铃相连。若支路中一个探测器检测到有火灾发生的情况时，则通过区域火灾报警控制器控制报警铃发出警报。在该系统中每个部件均起着非常重要的作用。

集中报警系统主要由集中火灾报警控制器、区域火灾报警控制器和火灾探测器等构成，是一种功能较复杂的火灾自动报警系统。该类系统通常适用于高层宾馆和写字楼等楼宇中。图7-104所示为典型的集中报警系统结构。

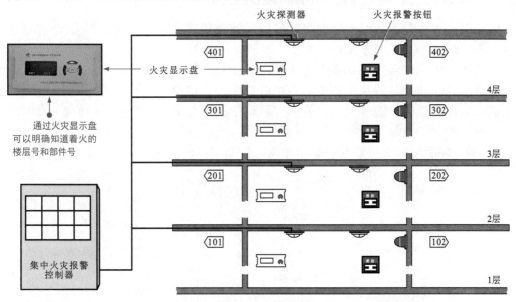

图7-104　典型的集中报警系统结构

在集中报警系统中，区域火灾报警控制器和火灾探测器在区域报警系统的基础上添加了集中火灾报警控制器，将整个火灾报警系统进行扩大化，适用的范围更广泛。

控制中心报警系统主要由消防控制室的消防控制设备、集中火灾报警控制器、区域火灾报警控制器和火灾探测器等构成，是一种功能复杂的火灾自动报警系统。该类系统适用于小区楼宇中。

图7-105所示为典型的控制中心报警系统结构。控制中心报警系统将各种灭火设施和通信装置进行联动，从而形成控制中心报警系统，是由自动报警、自动灭火、安全疏散等功能组成的一个完整系统。

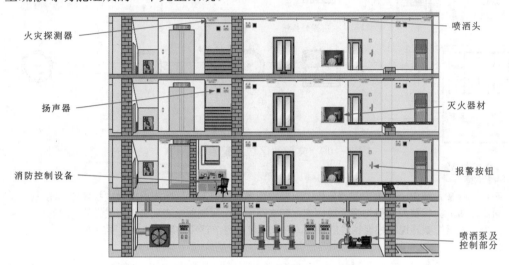

火灾探测器

喷洒头

扬声器

灭火器材

消防控制设备

报警按钮

喷洒泵及
控制部分

图7-105 典型的控制中心报警系统结构

1 >> 安装火灾联动控制器和消防控制主机

安装火灾报警系统时，需要将火灾联动控制器和消防控制主机安装在消防控制室内，安装时注意安装的方式。

首先将火灾联动控制器采用壁挂的方式安装在位于消防控制主机旁边的墙面上；然后将火灾联动控制器与消防控制主机进行连接，将消防控制主机与管理计算机进行连接，实现数据的传输；最后，将火灾联动控制器与火灾报警控制器的信号线分别连入各楼层的火灾报警设备中。

图7-106所示为火灾联动控制器和消防控制主机的安装。

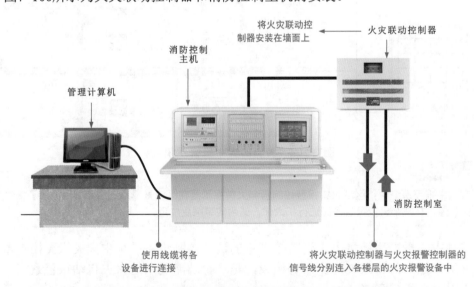

将火灾联动控制器安装在墙面上

火灾联动控制器

消防控制主机

管理计算机

消防控制室

使用线缆将各
设备进行连接

将火灾联动控制器与火灾报警控制器的
信号线分别连入各楼层的火灾报警设备中

图7-106 火灾联动控制器和消防控制主机的安装

2 ▶▶ 安装火灾探测器

图7-107所示为火灾探测器的安装及接线方法。将火灾探测器的接线盒安装到墙体内，再将火灾探测器的通用底座与接线盒用固定螺钉连接固定，固定完成后，对火灾探测器进行接线操作，即将火灾探测器的连接线与通用底座的接线柱进行连接，最后将火灾探测器接在通用底座上，并使用固定螺钉拧紧。

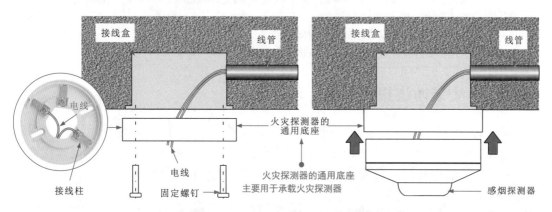

图7-107 火灾探测器的安装及接线方法

🎈 补充说明

在安装火灾探测器时，应符合下列规定：

（1）探测器至天花板或房梁的距离应大于0.5m，其周围0.5m内不应有遮挡物。

（2）当安装感烟探测器时，该探测器至送风口的水平距离应大于1.5m，与多孔送风天花板孔口的水平距离应大于0.5m。

（3）在宽度小于3m的内楼道天花板上设置火灾探测器时，应居中安装，并且火灾探测器的安装间距不应超过10m，感烟探测器的安装间距不应超过15m，探测器距墙面的距离应不大于探测器安装间距的一半。

（4）火灾探测器应水平安装，若必须倾斜安装时，其倾斜角度不大于45°。

（5）火灾探测器的通用底座应与接线盒固定牢固，其导线必须可靠压接或焊接，火灾探测器的外接导线应留有不小于15cm的余量。

（6）火灾探测器的指示灯应面向容易观察的主要入口方向。

（7）电线线管或线槽内不应有接头或扭结。电线接头应在接线盒内焊接或用接线端子连接。

3 ▶▶ 安装火灾报警铃、火灾报警按钮和火灾报警控制器

图7-108所示为火灾报警系统中其他部件的安装及接线方法。

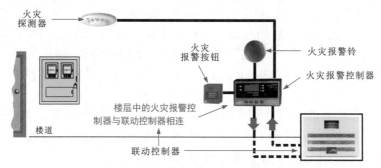

图7-108 火灾报警系统中其他部件的安装及接线方法

> **补充说明**
>
> 安装火灾报警按钮时，应注意以下几点：
> （1）每个保护区（防火单元）至少设置一个火灾报警按钮。
> （2）火灾报警按钮应安装在便于操作的出入口处，并且步行距离不得超过30m。
> （3）火灾报警按钮的安装高度应为1.5m左右。
> （4）火灾报警按钮应设有明显的标志，以防止发生误触发的现象。
> 安装火灾报警铃时，应注意以下几点：
> （1）每个保护区至少应设置一个火灾报警铃。
> （2）火灾报警铃应设在各楼层楼道靠近楼梯出口处。

7.7.3 | 安装防盗报警系统

图7-109所示为楼宇周边防盗报警系统的结构。各个前端探测器通过信号通道（或无线通信）与报警控制器相连，系统启动运行后，报警控制器时刻对前端探测器传送回的信号进行分析，发现异常后，立即发出信号控制报警器工作。

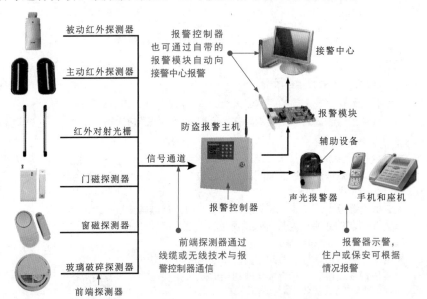

图7-109 楼宇周边防盗报警系统的结构

1 安装主动红外探测器

确定安装位置，使安装后的主动红外探测器射束能有效遮断目标通道，在安装面上做好标识，保证发射接收互相对准、平行。主动红外探测器安装的基本要求如下：

（1）根据主动红外探测器的有效防护区域、现场环境，确定主动红外探测器的安装位置、角度、高度，要求主动红外探测器在符合防护要求的条件下尽可能安装在隐蔽位置。

（2）走线应尽可能隐蔽，避免被破坏。一般线缆采用暗敷的方式进行敷设。

（3）做好备案，施工图样应注明各防区主动红外探测器及缆线的型号规格，并标明电缆内各色线的用途，便于后期的设备维护。

（4）将电源线及信号线从支架穿线孔中穿出。

（5）将电源线按照连接标识"＋""－"正确接入接线柱并拧紧，将信号线接在"COM"端和"NO"端，并将主动红外探测器固定到支架上。

图7-110所示为主动红外探测器的安装连接。

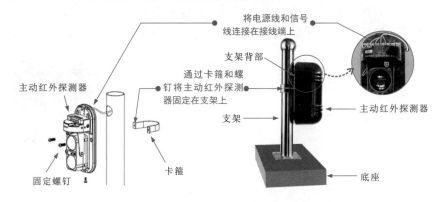

图7-110　主动红外探测器的安装连接

2 安装连接防盗报警主机

安装好探测器后，接下来要对报警控制器，也就是防盗报警主机、子机进行安装连接。防盗报警主机安装在监控中心中，防盗报警子机安装在各楼层报警控制箱中，固定好后再对线路进行连接。图7-111所示为报警控制器线路的连接。

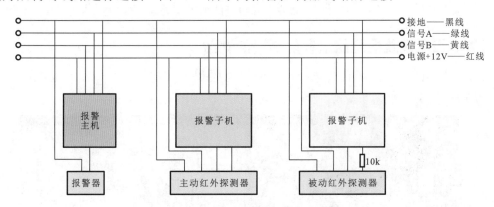

图7-111　报警控制器线路的连接

探测器和相关线路连接到防盗报警主机上后，要求在防盗报警主机上该防区警告灯无闪烁、不点亮，防区无报警指示输出，表示整个防区设置正常；否则，要对线路进行检查，重新对探头进行调试，重新对防区状态进行确定。

7.8　有线电视系统的安装

7.8.1　有线电视线路连接

有线电视系统（Cable Antenna Television，CATV）是指从有线电视中心（台）将电视信号以闭路传输的方式送至电视用户的系统。该系统主要以线缆（电缆或光缆）作为传输介质。

有线电视线缆（同轴线缆）是传输有线电视信号、连接有线电视设备的线缆，连接前，需要先处理线缆的连接端。

通常，有线电视线缆与分配器和机顶盒采用F头连接，与用户终端盒的接线端为压接，与用户终端盒的输出口之间采用竹节头连接，如图7-112所示。因此，对有线电视线缆的加工包括三个环节，即剥除绝缘层和屏蔽层、F头的制作、竹节头的制作。

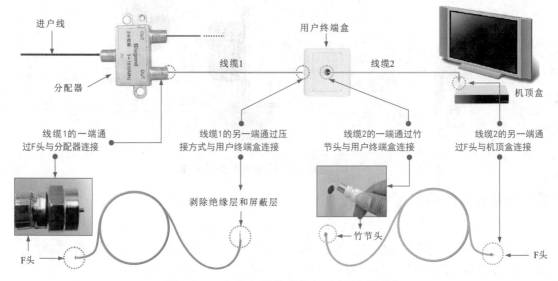

图7-112 有线电视线缆的加工与处理形式

1 》有线电视线缆绝缘层和屏蔽层的剥削

如图7-113所示，将有线电视线缆的绝缘层和屏蔽层剥除，露出中心线芯，为制作F头或压接做好准备。

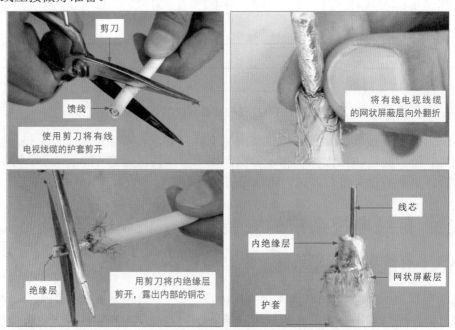

图7-113 有线电视线缆绝缘层和屏蔽层的剥除

2 >> 有线电视线缆F头的制作

图7-114所示为有线电视线缆F头的制作方法。

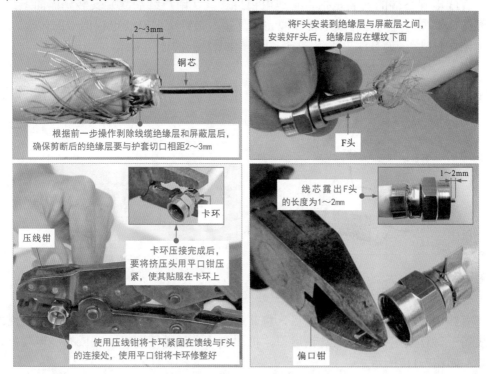

图7-114 有线电视线缆F头的制作方法

3 >> 有线电视线缆竹节头的制作

竹节头是连接有线电视用户终端盒输出口的接头方式。图7-115所示为有线电视线缆竹节头的制作方法。

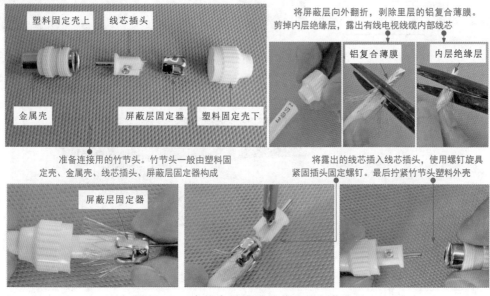

图7-115 有线电视线缆竹节头的制作方法

7.8.2 | 安装有线电视终端

有线电视终端的安装是指将有线电视终端盒（用户终端盒）安装到墙面上，并与分配器、机顶盒等通过有线电视线缆完成连接，最终实现有线电视信号的传输。

图7-116所示为有线电视终端盒（用户终端盒）的连接要求。

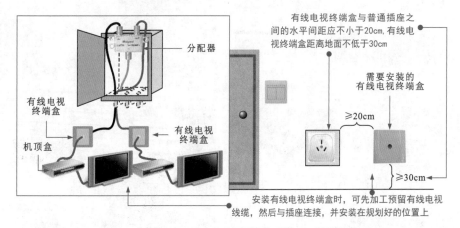

图7-116　有线电视终端盒（用户终端盒）的连接要求

有线电视线缆连接端制作好后，将其对应的接头分别与分配器、有线电视终端盒接线端子、有线电视机终端盒输出口、机顶盒等设备进行连接，完成有线电视终端的安装，如图7-117所示。

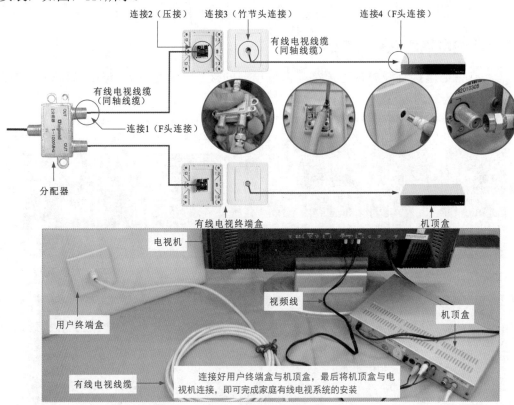

图7-117　有线电视终端盒的安装连接

7.9　门禁系统的安装

7.9.1　门禁系统的安装要求

门禁系统是一种进行访客识别的电控信息管理系统。该系统的主要功能是确保楼门平时处于闭锁状态，可有效避免非本楼人员未经允许进入楼内。楼内的住户可以在楼内通过手动旋钮或控制开关控制楼门电控锁打开，也可以通过钥匙或密码开启楼门电控锁进入楼内。如果有访客需要进入楼内时，则需要通过门禁系统呼叫楼内住户，在楼内住户通过对讲系统对话或看图像对来访者进行身份识别后，由楼内住户控制楼门电控锁打开，允许来访者进入。

除此之外，一些门禁系统还具有一定的管理功能，通过管理部分（楼宇物业中心）实现对门禁系统进行监视（线路故障报警或非法入侵报警）、管理部门与住户或住户与住户之间进行通话等功能，住户可以在紧急情况下向楼宇物业中心报警求救等。

图7-118所示为典型门禁系统的基本组成结构。

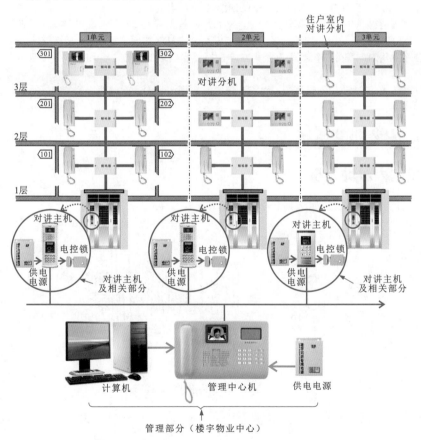

图7-118　典型门禁系统的基本组成结构

安装门禁系统通常可先对设备的安装位置进行定位，特别是对室外对讲主机和室内对讲分机的安装高度有一定要求，即要满足设备基本的语音和图像信息的采集功能。

图7-119所示为门禁系统中室外对讲主机和室内对讲分机的定位要求。

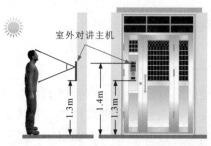 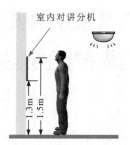

（a）室外对讲主机定位（数据可作为参考）　　　（b）室内对讲分机定位

图7-119　门禁系统中室外对讲主机和室内对讲分机的定位要求

补充说明

　　门禁系统在楼内敷设线管时通常采用暗敷的方式，所以在敷线和敷管时要求线路必须简明。具体操作步骤如下：

　　（1）对线管的安装位置进行定位，并在墙上画出预设线路。

　　（2）选择合适的线管，检查线管是否符合线路敷设要求。

　　（3）量好线路所需尺寸，并估算出各段线管需要预留出的长度。

　　（4）在线管要裁剪的位置用笔做上标记，然后用裁管工具进行裁切，裁切时要注意将管口剪齐。

　　（5）穿墙打眼，通常用到的工具是冲击钻。使用冲击钻时需要注意的是，在室内和室外之间进行打眼时，最好由室内向室外进行打眼，因为在冲击钻要穿出墙的时候，会将墙的外皮带下，以避免破坏室内装修。

　　（6）将裁切好的线管敷到管槽内，并将连接线缆穿到线管内，敷线要尽量简短。

7.9.2 安装门禁系统

1 >> 安装室内对讲分机

　　室内对讲分机的安装方法如图7-120所示。

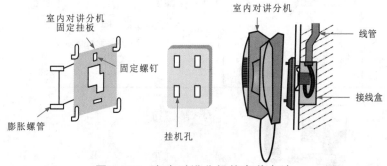

图7-120　室内对讲分机的安装方法

　　室内可视对讲分机或非可视对讲分机通常安装于用户户内大厅门口。具体安装步骤如下：

　　（1）用螺钉将室内对讲分机的挂板固定在墙上（位置距地1.3～1.5m），对应机体后面的槽口。

　　（2）将室内对讲分机与敷设、预埋好的线路进行连接（视频线和音频线分别接在室内对讲分机相应的接口上）。

　　（3）将室内对讲分机挂在挂板上，并摇动检查安装是否牢固。

2 ▶▶ 安装室外对讲主机

室外对讲主机的安装方法如图7-121所示。

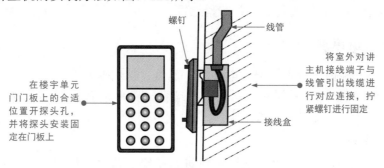

螺钉

线管

将室外对讲主机接线端子与线管引出线缆进行对应连接，拧紧螺钉进行固定

在楼宇单元门门板上的合适位置开探头孔，并将探头安装固定在门板上

接线盒

图7-121 室外对讲主机的安装方法

室外对讲主机通常安装在楼宇的单元防盗门上或单元楼外的墙壁上。具体安装步骤如下：

（1）用螺钉将室外对讲主机的挂板固定在墙上（位置距地1.4～1.5m）。

（2）把室外对讲主机后面的接线柱标记端与预埋好的线缆一一对应接好（信号线、电源线、视频线等）。

（3）用螺钉将室外对讲主机的固定架固定在挂板上，并检查安装是否牢固。

3 ▶▶ 安装电控锁

图7-122所示为电控锁的安装方法。

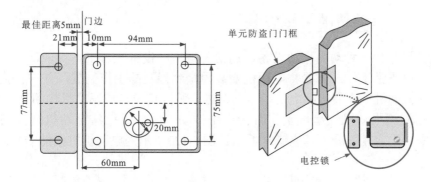

最佳距离5mm 门边

21mm 10mm 94mm

77mm 75mm

20mm

60mm

单元防盗门门框

电控锁

图7-122 电控锁的安装方法

（1）在楼宇单元门门板上的合适位置开探头孔，并将探头安装固定在门板上。

（2）打开电控锁的后盖板，用螺钉旋具将电控锁用螺钉固定在门板上。

（3）选好合适的线缆，并将线缆的各控制线及电源线接到相应的接头上。

（4）盖上电控锁的后盖板，并将端面螺钉拧紧。

4 ▶▶ 安装解码器

解码器通常安装于弱电井内。具体安装步骤如下：

（1）用螺钉旋具将解码器的外盖螺钉拆下。

（2）用螺钉将解码器固定在墙上，距离地面或楼面通常保持在1.5m左右。

（3）将连接室外对讲主机输入的主线接在解码器的主线接头上。

（4）将连接室内对讲分机输出的主线接在解码器的用户分线接头上。

（5）将解码器的外盖盖好，并拧紧螺钉。

5 》 安装供电电源

对讲系统电源箱通常安装于弱电井内。具体安装步骤如下：

（1）用螺钉把对讲系统电源箱固定在墙上，距离地面2m左右，然后打开对讲系统电源箱箱门，并检查固定是否牢固。

（2）关闭系统电源开关。

（3）将市电的220V输出线连接到对讲系统电源箱上。接线要分清极性，相线接在对讲系统电源箱的相线输入端，零线接在对讲系统电源箱的零线输入端。

（4）锁好对讲系统电源箱的箱门。

> **补充说明**
>
> 供电电源应安装在距离单元室外对讲主机最近的地方，一般不可超过10m，以保证系统正常工作。

7.10 电动机的安装

7.10.1 电动机的机械安装

电动机作为一种动力拖动设备，通常与被拖动设备配合工作实现动能的传递。为确保电动机正常工作，需要将电动机安装固定到指定的工作位置，并与被拖动设备连接。电动机的机械安装实际上是指电动机的安装固定及与被驱动机构的连接操作。

三相交流电动机较重，工作时会产生振动，因此不能将电动机直接放置在地面上，应安装固定在混凝土基座或木板上。图7-123所示为电动机机座的安装。

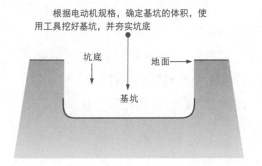
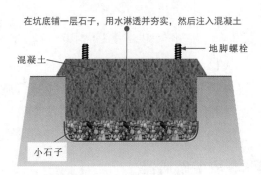

图7-123　电动机机座的安装

电动机机座处理完毕，如图7-124所示。使用吊装设备将电动机连同机座放到水泥平台上。

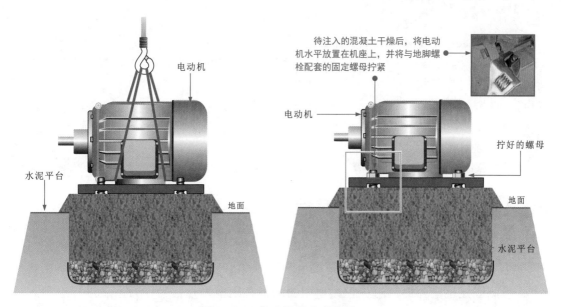

图7-124 电动机的安装固定

7.10.2 | 电动机的电气连接

电动机固定好后,需将供电线缆的三根相线连接到三相异步电动机的接线柱上。

普通电动机一般将三相端子共6根导线引出到接线盒内。电动机的接线方法一般有星形(Y)接法和三角形(△)接法两种。

如图7-125所示,将三相异步电动机的接线盖打开,在接线盖内侧标有该电动机的接线方式,根据控制要求按照接线图接线即可。

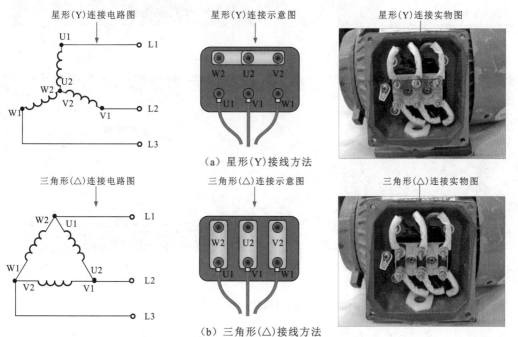

图7-125 电动机绕组的接线方法

第8章

电气检修

8.1 基础电子元件的检测

8.1.1 检测固定电阻器

检测固定电阻器时，首先识读电阻器的标称阻值，然后使用万用表进行检测，对照标称阻值来判断电阻器是否正常。图8-1所示为固定电阻器的检测方法。

黄色色环

棕色色环

金色色环

色环从左向右依次为"红""黄""棕""金"，对照表2-2可知，该电阻器的标称阻值为240Ω，允许偏差为±5%

❶ 识读待测固定电阻器的标称阻值（识读色环含义）

❷ 选择万用表的量程（与识读数值相近），并进行欧姆调零

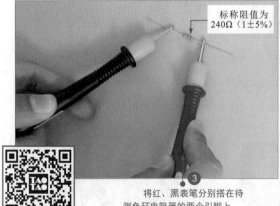

标称阻值为240Ω（1±5%）

❸ 将红、黑表笔分别搭在待测色环电阻器的两个引脚上

❹ 识读当前测量值为24×10Ω＝240Ω，正常

视频：色环电阻器的检测

图8-1 固定电阻器的检测方法

为确保检测准确，要根据待测电阻器的标称阻值选择最近量程，并且每调整一次量程，都需要进行欧姆调零校正。

8.1.2 | 检测可调电阻器

在检测可调电阻器之前，应首先识别可调电阻器的引脚。

图8-2所示为待测可调电阻器引脚的识别。

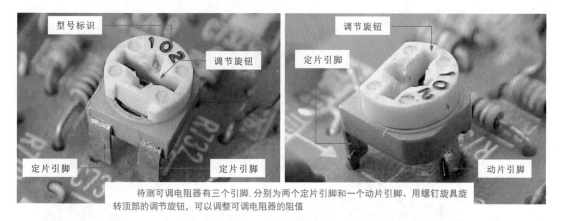

待测可调电阻器有三个引脚，分别为两个定片引脚和一个动片引脚。用螺钉旋具旋
转顶部的调节旋钮，可以调整可调电阻器的阻值

图8-2　待测可调电阻器引脚的识别

主要从两方面对可调电阻器进行检测。首先检测可调电阻器的阻值是否正常；其次检测可调电阻器的电阻调整功能是否正常。

图8-3所示为可调电阻器阻值的检测方法。检测时，首先检测可调电阻器两个定片引脚之间的阻值；然后依次检测定片引脚与动片引脚之间的阻值。正常情况下，定片引脚与动片引脚的阻值之和应该等于两个定片引脚之间的阻值。

两个定片引脚之间的阻值为$20 \times 10\,\Omega = 200\,\Omega$

某一定片引脚与动片引脚之间的阻值为$60\,\Omega$

另一定片引脚与动片引脚之间的阻值为$140\,\Omega$

根据检测结果可对可调电阻器的性能进行判断（若为在路检测，则应注意外围元器件的影响）：

◆若两个定片引脚之间的阻值趋近于0或无穷大，则表明可调电阻器已经损坏

◆正常情况下，定片引脚与动片引脚之间的阻值应小于标称阻值

图8-3　可调电阻器阻值的检测方法

视频：可调电阻器
的检测

补充说明

还可将万用表的红、黑表笔分别搭在可调电阻器的定片引脚和动片引脚上，使用螺钉旋具顺时针或逆时针调节可调电阻器的调节旋钮。观察阻值的变化即可判别可调电阻器的调整功能是否正常。

8.1.3 检测电容器

与电容器的标称电容量相比较，即可判断待测电容器的性能状态。下面以常见的电解电容器为例进行介绍。

检测前，首先识别待测电解电容器的引脚极性，然后用电阻器对电解电容器进行放电操作，如图8-4所示。

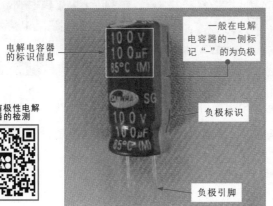
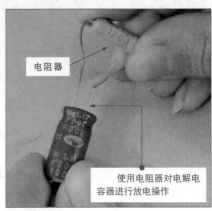

视频：有极性电解电容器的检测

图8-4 电解电容器的放电操作

放电操作完成后，使用数字万用表检测电解电容器的电容量，即可判别待测电解电容器性能的好坏，如图8-5所示。

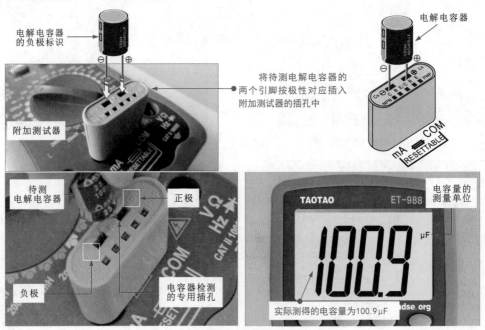

图8-5 电解电容器的检测方法

8.1.4 | 检测电感器

　　在实际应用中，电感器通常以电感量等性能参数体现其电路功能，因此，检测电感器一般使用数字万用表粗略测量其电感量即可。

　　图8-6所示为电感器的检测方法。

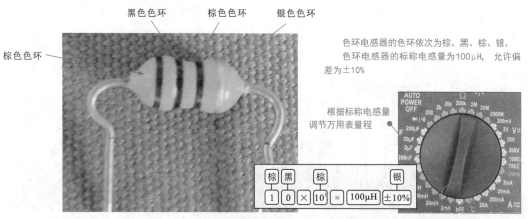

黑色色环　棕色色环　银色色环

棕色色环

色环电感器的色环依次为棕、黑、棕、银。
色环电感器的标称电感量为100μH，允许偏差为±10%

根据标称电感量调节万用表量程

棕	黑	棕		银
1	0	×10³	=100μH	±10%

待测色环电感器

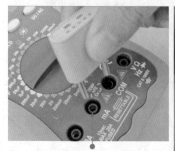

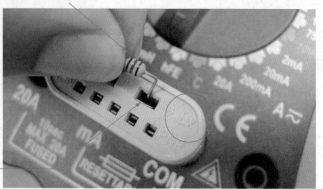

将附加测试器插入相应的插孔。将色环电感器插入附加测试器的Lx电感测量插孔

数字万用表显示屏显示的当前待测电感器的结果为0.114mH

视频：色环电感器的检测

图8-6　电感器的检测方法

⚙ 补充说明

　　电感器电感量的检测结果为0.114mH，根据单位换算公式1mH=10³μH，即0.114mH×10³=114μH，与标称电感量相近，若相差较大，则说明该电感器性能不良。

8.2 半导体器件的检测

8.2.1 检测整流二极管

整流二极管主要利用二极管的单向导电特性实现整流功能，判断整流二极管好坏可利用这一特性，用万用表检测整流二极管正、反向导通电压，如图8-7所示。

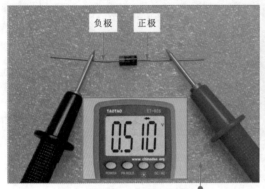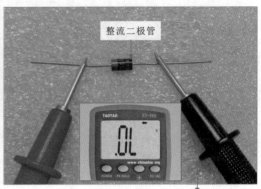

将万用表调整为二极管测量挡，红、黑表笔分别搭在整流二极管的正、负极，检测其正向导通电压

保持万用表挡位不变，调换表笔，检测整流二极管的反向导通电压

图8-7 整流二极管的检测方法

> **补充说明**
>
> 正常情况下，整流二极管有一定的正向导通电压，但没有反向导通电压。若实测整流二极管的正向导通电压在0.2～0.3V范围内，则说明该整流二极管为锗材料制作；若实测整流二极管的正向导通电压在0.6～0.7V范围内，则说明该整流二极管为硅材料制作；若测得的电压不正常，则说明整流二极管不良。

8.2.2 检测发光二极管

检测发光二极管的性能，可使用指针万用表欧姆挡粗略测量其正、反向阻值来判断其性能好坏，如图8-8所示。

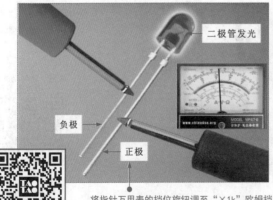

视频：发光二极管的检测

将指针万用表的挡位旋钮调至"×1k"欧姆挡，并进行欧姆调零，将黑表笔搭在发光二极管的正极引脚上，红表笔搭在发光二极管的负极引脚上

将指针万用表的红、黑表笔对调，检测发光二极管的反向阻值

图8-8 发光二极管的检测方法

由于万用表内压的作用，检测正向阻值时，发光二极管发光，并且测得正向阻值为20kΩ；检测反向阻值时，发光二极管不发光，测得反向阻值为无穷大，说明发光二极管性能良好。

8.2.3 检测三极管

三极管的放大能力是其最基本的性能之一。一般可使用数字万用表上的晶体管放大倍数检测插孔，来粗略测量三极管的放大倍数。

图8-9所示为三极管放大倍数的检测方法。

视频：三极管放大倍数的检测

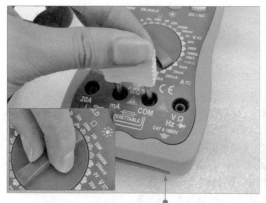
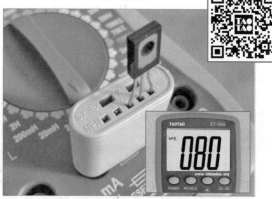

将数字万用表挡位旋钮调至放大倍数测量挡，在数字万用表相应插孔中安装附加测试器

将待测NPN型三极管，按附加测试器NPN一侧标识的引脚插孔对应插入，实测该三极管放大倍数为80，正常

图8-9 三极管放大倍数的检测方法

8.2.4 检测场效应晶体管

场效应晶体管的放大能力是其最基本的性能之一。一般可使用指针万用表粗略测量场效应晶体管是否具有放大能力。

图8-10所示为结型场效应晶体管放大能力的检测方法。

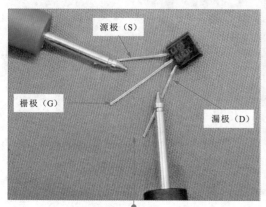

源极（S）
栅极（G）
漏极（D）

将指针万用表的挡位旋钮调至"×1k"欧姆挡，将指针万用表的黑表笔搭在结型场效应晶体管的漏极（D）上，红表笔搭在源极（S）上

观察指针万用表的指针位置可知，当前测量值为5kΩ

图8-10 结型场效应晶体管放大能力的检测方法

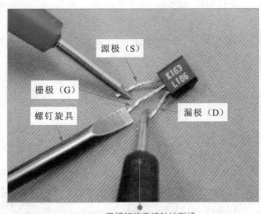

用螺钉旋具接触结型场
效应晶体管的栅极（G）

可看到指针产生一个较
大的摆动（向左或向右）

图8-10 （续）

正常情况下，指针万用表的指针摆动的幅度越大，表明结型场效应晶体管的放大能力越好；反之，则表明放大能力越差。若螺钉旋具接触栅极（G）时指针不摆动，则表明结型场效应晶体管已失去放大能力。测量一次后再次测量，指针可能不动，这也正常，可能是因为在第一次测量时G、S之间结电容积累了电荷。为能够使指针万用表的指针再次摆动，可在测量后短接一下G、S极。

绝缘栅型场效应晶体管放大能力的检测方法与结型场效应晶体管放大能力的检测方法相同。需要注意的是，为避免人体感应电压过高或人体静电使绝缘栅型场效应晶体管击穿，检测时尽量不要用手碰触绝缘栅型场效应晶体管的引脚，可借助螺钉旋具碰触栅极引脚完成检测。

8.2.5 检测晶闸管

晶闸管作为一种可控整流器件，采用阻值检测方法无法判断其内部开路状态。因此一般不直接用万用表检测阻值，但可借助万用表检测其触发能力。

图8-11所示为单向晶闸管触发能力的检测方法。

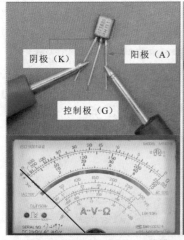

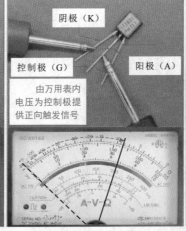

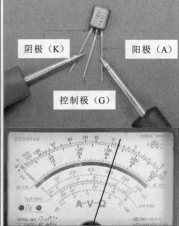

将万用表的黑表笔搭在单向晶闸管阳极上，红表笔搭在阴极上，测得阳极与阴极之间的阻值为无穷大

将黑表笔同时搭在阳极和控制极上，使两引脚短路，万用表指针向右侧大范围摆动，说明单向晶闸管已被正向触发导通

保持红表笔接触阴极，黑表笔接触阳极的前提下，脱开控制极，万用表指针仍指示低阻值状态，说明单向晶闸管维持导通状态

图8-11 单向晶闸管触发能力的检测方法

双向晶闸管触发能力的检测方法与单向晶闸管触发能力的检测方法基本相同。正常情况下，用万用表检测[选择"×1k"欧姆挡（输出电流大）]双向晶闸管的触发能力应满足以下规律：

（1）万用表的红表笔搭在双向晶闸管的第一电极（T1）上，黑表笔搭在第二电极（T2）上，测得的阻值应为无穷大。

（2）将黑表笔同时搭在T2和G上，使两引脚短路，即加上触发信号，这时万用表指针会向右侧大范围摆动，说明双向晶闸管已导通（导通方向：T2→T1）。

（3）若将表笔对换后进行检测，发现万用表指针向右侧大范围摆动，说明双向晶闸管另一方向也导通（导通方向：T1→T2）。

（4）黑表笔脱开G极，只接触第一电极（T1），万用表指针仍指示低阻值状态，说明双向晶闸管维持导通状态，即被测双向晶闸管具有触发能力。

8.3 传感器的检测

8.3.1 检测温度传感器

检测温度传感器时，可以使用万用表检测不同温度下的温度传感器阻值，根据检测结果判断温度传感器是否正常。以热敏电阻器为例，检测方法如图8-12所示。

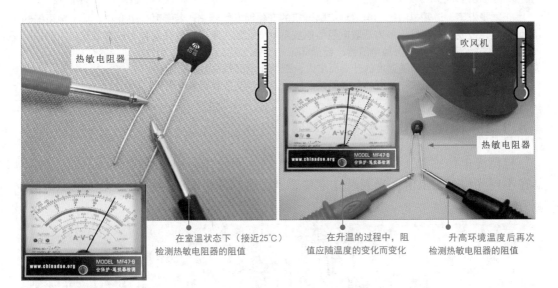

在室温状态下（接近25℃）
检测热敏电阻器的阻值

在升温的过程中，阻值应随温度的变化而变化

升高环境温度后再次检测热敏电阻器的阻值

图8-12 温度传感器的检测方法

若实测常温下热敏电阻器的阻值为350Ω，接近标称阻值或与标称阻值相同，则表明该热敏电阻器在常温下是正常的。使用吹风机升高环境温度时，万用表的指针随温度的变化而摆动，表明热敏电阻器基本正常；若温度变化但阻值不变，则说明该热敏电阻器性能不良。

若热敏电阻器的阻值随温度的升高而增大，则为正温度系数热敏电阻器（PTC）。

若热敏电阻器的阻值随温度的升高而减小，则为负温度系数热敏电阻器（NTC）。

8.3.2 检测湿度传感器

检测湿度传感器时，可以通过改变湿度条件，用万用表检测湿度传感器的阻值变化情况来判断其好坏。以湿敏电阻器为例，检测方法如图8-13所示。

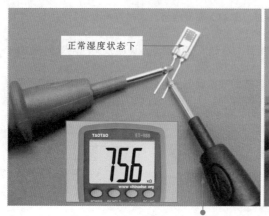

在一般湿度环境下检测湿敏
电阻器的阻值

在明显增加湿度的环境下
检测湿敏电阻器的阻值

图8-13 湿敏电阻器的检测方法

> **补充说明**
>
> 正常情况下，湿敏电阻器的电阻值应随湿度的变化而发生变化；若湿度发生变化，湿敏电阻器的阻值无变化或变化不明显，多为湿敏电阻器感应湿度变化的灵敏度低或性能异常；若湿敏电阻器的阻值趋近于0或无穷大，则该湿敏电阻器已经损坏。
>
> 若湿敏电阻器的阻值随湿度的升高而增大，则为正湿度系数湿敏电阻器。
>
> 若湿敏电阻器的阻值随湿度的升高而减小，则为负湿度系数湿敏电阻器。

8.3.3 检测光电传感器

检测光电传感器（以光敏电阻器为例）时，可使用万用表通过测量待测光敏电阻器在不同光线下的阻值，来判断光电传感器是否损坏。图8-14所示为光敏电阻器的检测方法。

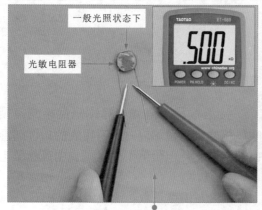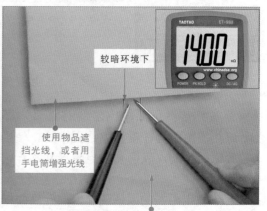

在一般光照状态下检测光敏电阻器的阻值

在较暗环境下检测光敏电阻器的阻值

图8-14 光敏电阻器的检测方法

8.4 常用电气部件的检测

8.4.1 检测开启式负荷开关

开启式负荷开关又称为刀开关，通常用于在带负荷状态下接通或切断低压较小功率电源电路。

开启式负荷开关主要用于断开电路、隔离电源。正常情况下，拉下开启式负荷开关，电源供电应切断；合上开关，电路应接通。若操作开启式负荷开关时功能失常，则需要断开电路，进一步打开开启式负荷开关的外壳，对内部进行检查。

如图8-15所示，开启式负荷开关可采用直接观察法进行检测。打开开启式负荷开关后，观察其熔丝是否连接完好，若有断开，则该开启式负荷开关不能正常工作。

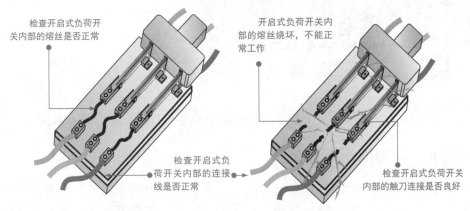

图8-15 开启式负荷开关的检测方法

8.4.2 检测封闭式负荷开关

封闭式负荷开关是在开启式负荷开关的基础上改进的一种手动开关，其操作性能和安全防护性能都优于开启式负荷开关。封闭式负荷开关通常用于额定电压小于500V、额定电流小于200A的电气设备中。图8-16所示为封闭式负荷开关的检测方法。

图8-16 封闭式负荷开关的检测方法

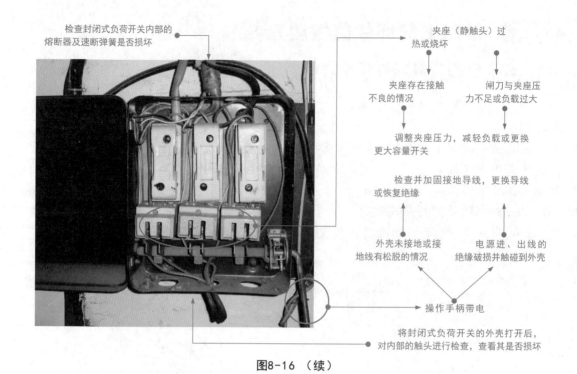

检查封闭式负荷开关内部的
熔断器及速断弹簧是否损坏

夹座（静触头）过
热或烧坏

夹座存在接触
不良的情况

闸刀与夹座压
力不足或负载过大

调整夹座压力，减轻负载或更换
更大容量开关

检查并加固接地导线，更换导线
或恢复绝缘

外壳未接地或接
地线有松脱的情况

电源进、出线的
绝缘破损并触碰到外壳

操作手柄带电

将封闭式负荷开关的外壳打开后，
对内部的触头进行检查，查看其是否损坏

图8-16 （续）

8.4.3 检测低压断路器

低压断路器是一种既可以手动控制，又可以自动控制的开关，主要用于接通或切断供电电路。该类开关具有过载和短路保护功能，有些类型开关还具有欠电压保护功能，常用于不频繁接通和切断电源的电路中。

对低压断路器进行检测时，首先将低压断路器置于断开状态，将万用表的红、黑表笔分别搭在低压断路器的①脚和②脚处，测得低压断路器断开时的阻值为无穷大；然后万用表表笔保持不动，拨动低压断路器的操作手柄，使其处于闭合状态。此时，万用表的指针立即摆动到电阻为0的位置，如图8-17所示。接着使用同样的方法检测另外两组开关。

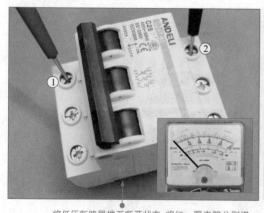

将低压断路器拨至断开状态，将红、黑表笔分别搭在①脚和②脚上，正常情况下测得阻值为无穷大

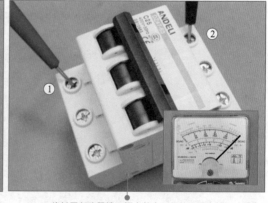

将低压断路器拨至闭合状态，保持万用表的红、黑表笔搭在①脚和②脚上，正常情况下测得阻值为0

图8-17 低压断路器的检测方法

8.4.4 检测漏电保护器

漏电保护器实际上是一种具有漏电保护功能的开关，具有漏电、触电、过载、短路保护功能，对防止触电伤亡事故的发生，避免因漏电而引起的火灾事故等具有明显的效果。图8-18所示为漏电保护器的检测方法。

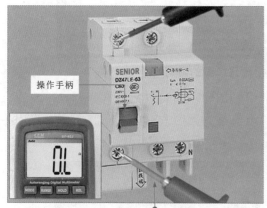
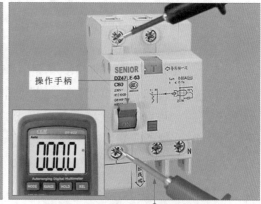

将万用表的红、黑表笔分别搭在漏电保护器的接线柱上。当漏电保护器开关断开时，测得的电阻值为正无穷大

万用表表笔保持不动，拨动漏电保护器的操作手柄，使其处于闭合状态，两接线端间的阻值应趋于0

图8-18 漏电保护器的检测方法

8.4.5 检测交流接触器

交流接触器位于热继电器的上一级，用来接通或断开用电设备的供电线路。

在对交流接触器进行检测前，应对其接线端子进行识别。图8-19所示为待测交流接触器的接线端子分布。

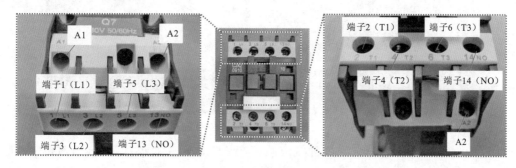

图8-19 待测交流接触器的接线端子分布

补充说明

根据标识可知，接线端子1、2为相线L1的接线端，接线端子3、4为相线L2的接线端，接线端子5、6为相线L3的接线端，接线端子13、14为辅助触点的接线端，A1、A2为线圈的接线端。

为了使检修结果准确，可将交流接触器从控制线路中拆下，然后根据标识判断好接线端子的分组后，将万用表调至"R×100"欧姆挡，对交流接触器线圈的阻值进行检测，如图8-20所示。将红、黑表笔搭在与线圈连接的接线端子上，正常情况下测得阻值为1400Ω。若测得阻值为无穷大或为0，则说明该交流接触器已经损坏。

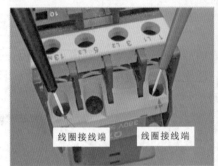

图8-20 检测交流接触器线圈的阻值

根据交流接触器标识可知，该接触器的主触点和辅助触点都为常开触点，将红、黑表笔搭在任意触点的接线端子上，测得的阻值都为无穷大，如图8-21所示。当用手按下测试杆时，触点便闭合，测得阻值为0。

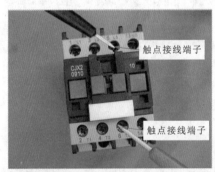

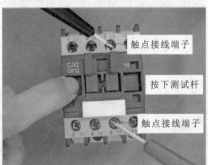

图8-21 检测交流接触器触点的阻值

若检测结果正常，但交流接触器依然存在故障，则应对该接触器的连接线缆进行检查，对不良的线缆进行更换。

8.4.6 ┃ 检测直流接触器

直流接触器受直流电的控制，它的检测方法与交流接触器的检测方法相同，也是对线圈和触点的阻值进行检测，如图8-22所示。正常情况下，触点间的阻值应为无穷大，触点闭合时，阻值为0；触点断开时，阻值为无穷大。

图8-22　检测直流接触器的触点

8.4.7 ┃ 检测按钮开关

按钮开关位于接触器线圈和供电电源之间，用来控制接触器线圈的得电，从而控制用电设备的工作。若按钮开关损坏，应对其触点的闭合和断开阻值进行检测。将万用表调至"×1"欧姆挡，对触点的阻值进行检测。图8-23所示为典型按钮（常开）开关的检测方法。

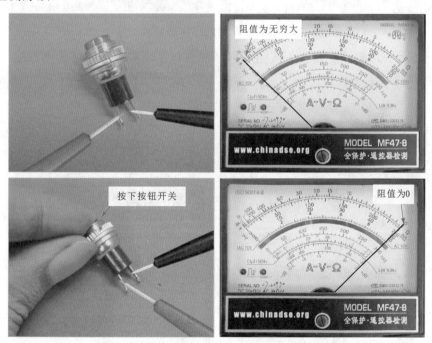

图8-23　典型按钮（常开）开关的检测方法

将红、黑表笔分别搭在触点接线柱上，正常情况下测得的阻值应为无穷大；按下按钮开关后，测得的阻值应变为0。若测得阻值偏差很大，则说明按钮开关已经损坏。

8.4.8 │ 检测复合开关

复合开关内部有两组触点，即一组常开触点和一组常闭触点。当按下复合开关按钮时，常开触点随即闭合，而常闭触点则会断开。根据这一特性，将红、黑表笔分别搭在常开触点和常闭触点上，正常情况下，常开触点阻值应为无穷大，常闭触点阻值应为0，如图8-24所示。

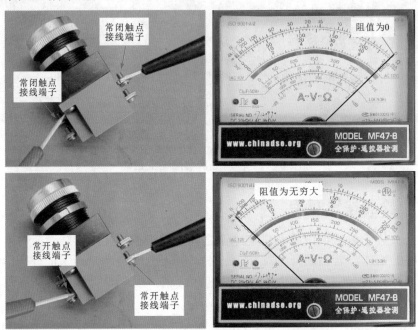

图8-24　检测常开触点和常闭触点的阻值

图8-25所示为按下复合开关按钮后常开触点和常闭触点的阻值检测方法。

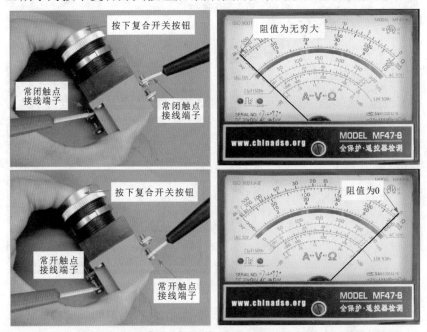

图8-25　按下复合开关按钮后常开触点和常闭触点的阻值检测方法

8.4.9 检测电磁继电器

电磁继电器可通过其内部线圈的得电或失电进而控制触点的动作。图8-26所示为电路板上电磁继电器的引脚标识。

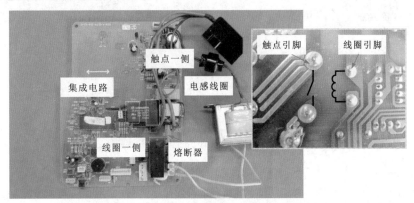

图8-26 电路板上电磁继电器的引脚标识

对线圈的阻值进行检测,将万用表调至"×10"欧姆挡,将红、黑表笔搭在线圈引脚上,测得阻值为1300Ω,如图8-27所示。若测得线圈的阻值为0或无穷大,则说明电磁继电器已经损坏。

图8-27 检测线圈的阻值

接下来,对电磁继电器的触点进行检测,将万用表调至"×1"欧姆挡,将红、黑表笔搭在触点引脚上,在断开状态下,阻值应为无穷大,如图8-28所示。当为线圈提供电流后,触点闭合,测得的阻值应为0。

图8-28 检测触点的阻值

8.4.10 检测时间继电器

时间继电器通常有多个引脚。图8-29所示为时间继电器外壳上的引脚连接图。

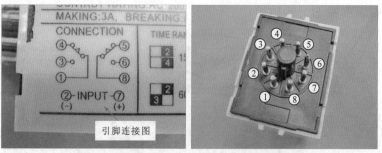

图8-29 时间继电器外壳上的引脚连接图

补充说明

图8-29所示时间继电器的①脚和④脚、⑤脚和⑧脚为接通状态。此外，②脚和⑦脚为控制电压的输入端，②脚为负极，⑦脚为正极。

将万用表调至"×1"欧姆挡，进行零欧姆校正后，将红、黑表笔任意搭在时间继电器的①脚和④脚上，万用表测得两引脚间阻值为0，如图8-30所示；然后将红、黑表笔任意搭在⑤脚和⑧脚上，测得两引脚间阻值也为0。

图8-30 检测引脚间阻值

补充说明

在未通电状态下，①脚和④脚、⑤脚和⑧脚是闭合状态，而在通电并延迟一定的时间后，①脚和③脚、⑥脚和⑧脚是闭合状态。闭合引脚间阻值应为0，而未接通引脚间阻值应为无穷大。

如图8-31所示，若确定时间继电器损坏，可分别对其内部的控制电路和机械部分进行检查，对内部损坏的元器件或机械部件进行更换。

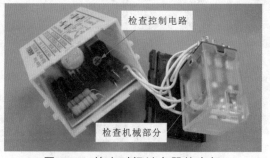

图8-31 检查时间继电器的内部

8.4.11 检测热继电器

热继电器上有三组相线接线端子，即L1和T1、L2和T2、L3和T3。其中，L侧为输入端；T侧为输出端。接线端子95、96为常闭触点接线端，接线端子97、98为常开触点接线端，如图8-32所示。

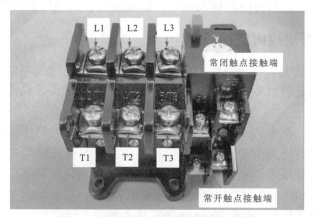

图8-32 识别热继电器的引脚分布

将红、黑表笔搭在热继电器的95、96接线端子上，测得常闭触点的阻值为0；然后将红、黑表笔搭在97、98接线端子上，测得常开触点的阻值为无穷大，如图8-33所示。

图8-33 检测触点的阻值

如图8-34所示，用手拨动测试杆模拟过载环境，继续检测热继电器触点的阻值。将红、黑表笔搭在热继电器的95、96接线端子上，测得的阻值应为无穷大；然后将红、黑表笔搭在97、98接线端子上，测得的阻值应为0。

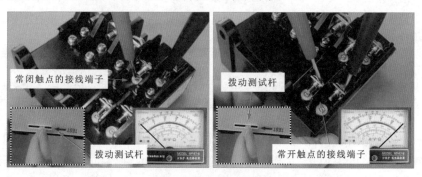

图8-34 过载环境下热继电器触点阻值的检测

8.5 变压器的检测

8.5.1 检测电力变压器

电力变压器的体积一般较大且附件较多。在对电力变压器进行检测时，可以通过检测其绝缘电阻、绕组直流电阻以及油箱、储油柜等，判断电力变压器的好坏。

1 电力变压器绝缘电阻的检测

使用兆欧表测量电力变压器的绝缘电阻是检测设备绝缘状态最基本的方法。这种测量手段能有效地发现设备受潮、部件局部脏污、绝缘击穿、瓷件破裂、引线接外壳以及老化等问题。

如图8-35所示，对电力变压器绝缘电阻的测量主要分为低压绕组对外壳的绝缘电阻测量、高压绕组对外壳的绝缘电阻测量和高压绕组对低压绕组的绝缘电阻测量。以低压绕组对外壳的绝缘电阻测量为例，将高、低压侧的绕组桩头用短接线连接，接好兆欧表，按120r/min的速度顺时针摇动绝缘电阻表的摇杆，读取15s和1min时的绝缘电阻值。将实测数据与标准值进行比对，即可完成测量。

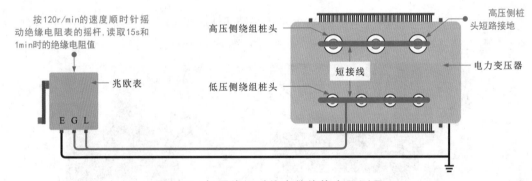

图8-35 低压绕组对外壳的绝缘电阻测量

高压绕组对外壳的绝缘电阻测量是将"线路"端子接电力变压器高压侧绕组桩头，"接地"端子与电力变压器接地连接即可。

若要检测高压绕组对低压绕组的绝缘电阻，则将"线路"端子接电力变压器高压侧绕组桩头，"接地"端子接低压侧绕组桩头，并将"屏蔽"端子接电力变压器外壳。

> **补充说明**
>
> 使用兆欧表测量电力变压器绝缘电阻前，要断开电源，并拆除或断开设备外接的连接线缆，使用绝缘棒等工具对电力变压器充分放电（约5min为宜）。
>
> 接线测量时，要确保测试线的接线必须准确无误，并且测试连接线要使用单股线分开独立连接，不得使用双股绝缘线或绞线。
>
> 在测量完毕，断开兆欧表时，要先将"电路"端测试引线与测试桩头分开后，再降低兆欧表摇速，否则会烧坏兆欧表。测量完毕，在对电力变压器测试桩头充分放电后，方可允许拆线。

另外，使用兆欧表检测电力变压器的绝缘电阻时，要根据电气设备或回路的电压等级选择相应规格的兆欧表。表8-1所列为电气设备或回路的电压等级与兆欧表规格的对应关系。

表8-1 电气设备或回路的电压等级与兆欧表规格的对应关系

电气设备或回路的电压等级	100V以下	100~500V	500~3000V	3000~10000V	10000V及以上
兆欧表规格	250V/50MΩ及以上兆欧表	500V/100MΩ及以上兆欧表	1000V/2000MΩ及以上兆欧表	250V/10000MΩ及以上兆欧表	5000V/10000MΩ及以上兆欧表

2 >> 电力变压器绕组直流电阻的检测

电力变压器绕组直流电阻的检测主要用于检查电力变压器绕组接头的焊接质量是否良好、绕组层匝间有无短路、分接开关各个位置接触是否良好，以及绕组或引出线有无折断等情况。通常，对中、小型电力变压器多采用直流电桥法测量。

补充说明

根据规范要求：1600kVA及以下的变压器，各相绕组的直流电阻值相互间的差别应不大于三相平均值的4%，线间差别应不大于三相平均值的2%；1600kVA以上的变压器，各相绕组的直流电阻值相互间的差别应不大于三相平均值的2%，并且当次测量值与上次测量值相比较，其变化率应不大于2%。

在测量前，将待测电力变压器的绕组与接地装置连接，进行放电，放电完成后拆除一切连接线。连接好电桥对电力变压器各相绕组（线圈）的直流电阻值进行测量。

以直流双臂电桥测量为例，检查电桥性能并进行调零校正后，使用连接线将电桥与被测电阻连接。估计被测绕组的电阻值，将电桥倍率旋钮置于适当位置，检流计灵敏度旋钮调至最低位置，将非被测绕组短路接地。

图8-36所示为使用直流双臂电桥测试电力变压器绕组直流电阻的方法。先打开电源开关按钮（B）充电，充足电后按下检流计开关按钮（G），迅速调节测量臂，使检流计指针向检流计刻度中间的零位线方向移动，增大灵敏度微调，待指针平稳停在零位上时，记录被测绕组电阻值（被测绕组电阻值＝倍率数×测量臂电阻值）。

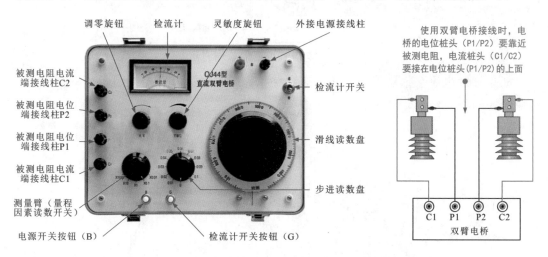

图8-36 使用直流双臂电桥测试电力变压器绕组直流电阻的方法

测量完毕，为防止在测量具有电感的直流电阻时其自感电动势损坏检流计，应先按检流计开关按钮（G），再按电源开关按钮（B）。

补充说明

由于测量精度及接线方式的误差，测出的三相电阻值也不相同，可使用误差公式进行判别：$\Delta R\% = (R_{max} - R_{min}/R_P) \times 100\%$。

$$R_P = (R_{ab} + R_{bc} + R_{ac})/3$$

式中，$\Delta R\%$为误差百分数；R_{max}为实测中的最大值（Ω）；R_{min}为实测中的最小值（Ω）；R_P为三相中实测的平均值（Ω）。

在进行当次测量值与前次测量值比对分析时，一定要在相同温度下进行，如果温度不同，则要按如下公式换算至20℃时的电阻值：

$$R_{20℃} = R_t K, \quad K = (T+20)/(T+t)$$

式中，$R_{20℃}$为20℃时的直流电阻值（Ω）；R_t为t℃时的直流电阻值（Ω）；T为常数（铜导线为234.5，铝导线为225）；t为测量时的温度。

8.5.2 检测仪用变压器

1 电流互感器的检测

电流互感器又称为电流检测变压器。它的输出端通常连接电流表，用以指示电路的工作电流。在正常供电的情况下，通过观察电流表的指示情况，可判断电流互感器是否有故障。图8-37所示为电流互感器的检测方法。

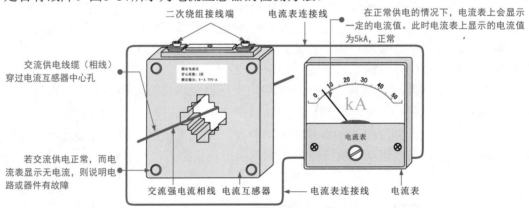

图8-37　电流互感器的检测方法

如果怀疑电流互感器故障，还可在短路状态下对电流互感器绕组阻值进行检测。具体操作如图8-38所示。

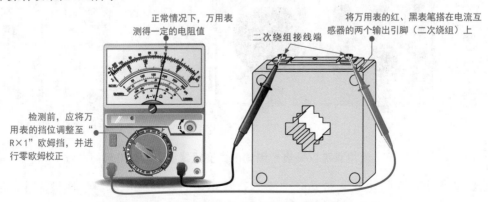

图8-38　检测电流互感器绕组的阻值

有些电流互感器既有二次绕组，又有一次绕组，因此除了对二次绕组的阻值进行检测外，还需要对一次绕组的阻值（导体）进行检测，具体检测方法同上。正常时一次绕组（导体）的阻值应趋于0，若出现无穷大的情况，则说明电流互感器已经损坏。

2 ▶▶ 电压互感器的检测

如图8-39所示，电压互感器又称为电压检测变压器。它主要用来为测量仪表（如电压表）、继电保护装置或控制装置供电，以测量线路的电压、功率或电能等，或者对低压线路中的电气部件提供保护。

在结构上，电压互感器有两个绕组，即一次绕组（N1）和二次绕组（N2）。两个绕组都绕制在铁芯上，并且两个绕组之间及绕组与铁芯之间相互绝缘

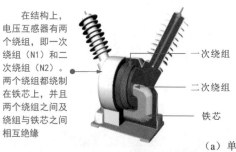

一次绕组
二次绕组
铁芯

在运行时，一次绕组（N1）引出端并联接在高压线路中，二次绕组（N2）引出端接测量仪表或继电保护装置。这就有效地将一次（高压）侧交流高压按额定电压比转换成二次（低压）侧可供测量仪表、继电保护装置或控制装置使用的低压

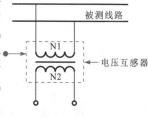

被测线路
N1
N2
电压互感器

（a）单相电压互感器

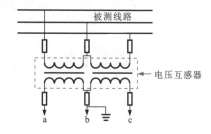

被测线路
电压互感器
a b c

（b）三相电压互感器

图8-39 电压互感器的结构

首先，检查电压互感器的外观是否良好，接线端子标志、铭牌标识信息清晰、准确、完整，高压套管无绝缘缺陷，绝缘表面无放电痕迹等。

然后，可采用互感器校验仪，配合标准电压互感器（简称标准器）、电源及调节设备（升压器、调压器等）完成对电压互感器绕组极性、基本误差的检定。

当被检电压互感器额定变比为1时，可采用电压互感器自检接线方式检定。

图8-40所示为电压互感器自检接线方式。

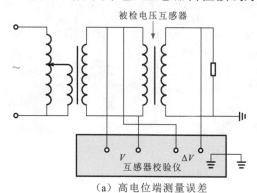

被检电压互感器

V ΔV
互感器校验仪

（a）高电位端测量误差

被检电压互感器

V ΔV
互感器校验仪

（b）低电位端测量误差

图8-40 电压互感器自检接线方式

当标准器和被检电压互感器的额定变比相同时，可根据误差测量装置的类型，从高电位端取出差压或从低电位端取出差压进行误差测量。当差压从低电位端取出时，标准器一次绕组和二次绕组之间的泄漏电流反向流入被检互感器所引起的附加误差不得大于被检互感器误差限值的1/20。图8-41所示为采用标准电压互感器作为标准器检定被测电压互感器的接线方式。

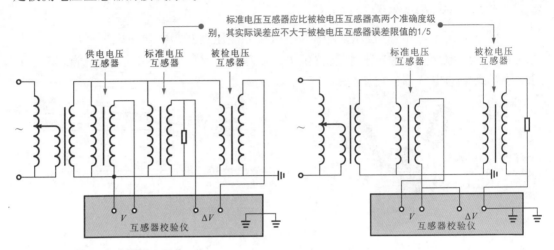

图8-41 采用标准电压互感器作为标准器检定被测电压互感器的接线方式

8.5.3 检测电源变压器

电源变压器在电工电路中应用广泛，可以在工作状态下检测电源变压器输入端和输出端的电压。图8-42所示为待测的电源变压器。在检测之前，应根据待测电源变压器表面的标识信息区分变压器的输入引脚和输出引脚。

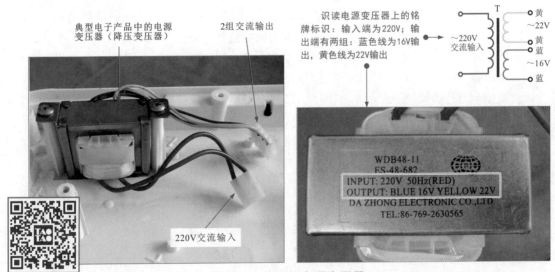

图8-42 待测的电源变压器

将待测电源变压器置于工作环境中，然后分别对其输入端和输出端的电压值进行测量即可判别待测电源变压器的性能。图8-43所示为电源变压器输入端电压的检测方法。

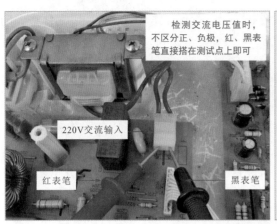

图8-43　电源变压器输入端电压的检测方法

在正常工作状态下，实测的输入端电压应为220V。接下来，分别检测电源变压器两输出端的输出电压，如图8-44所示。

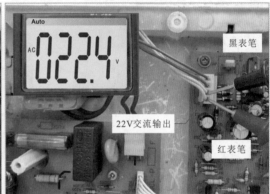

图8-44　电源变压器输出端电压的检测方法

在检测过程中，若输入端电压正常，而输出端电压不正常，则说明待测电源变压器存在故障。

8.5.4 | 检测开关变压器

图8-45所示为待测的开关变压器。开关变压器一般应用于电子产品中。

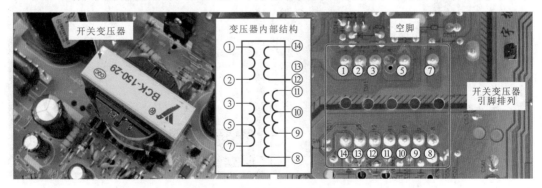

图8-45　待测的开关变压器

对于开关变压器的检测，可以在开路状态下或在路状态下检测其一次绕组和二次绕组的电阻值，并判断其是否正常。

1 ▶▶ **开关变压器一次绕组电阻值的检测**

首先对开关变压器一次绕组间的电阻值进行检测。图8-46所示为开关变压器一次绕组电阻值的检测方法。检测时可将万用表调至"×10"欧姆挡，用两支表笔分别搭在开关变压器一次绕组的两个引脚上（①脚和②脚）。不同的开关变压器一次绕组的电阻值差别很大，必须参照相关数据资料，若出现偏差较大的情况，则说明开关变压器已经损坏。

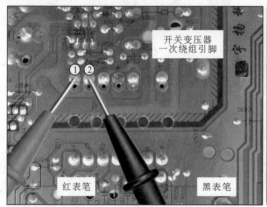

图8-46 开关变压器一次绕组电阻值的检测方法

2 ▶▶ **开关变压器二次绕组电阻值的检测**

图8-47所示为开关变压器二次绕组电阻值的检测方法。开关变压器的二次绕组有多个，有些绕组还带有中心抽头，因此在进行检测时应注意绕组的连接方式。下面以③脚、⑤脚和⑦脚连接的绕组为例，保持万用表"×10"欧姆挡，并将表笔分别搭在③脚和⑦脚上，③脚和⑤脚、⑤脚和⑦脚的检测方法与此相同。正常情况下，开关变压器二次绕组之间的电阻值范围较大，具体值应参照相关数据资料，若出现偏差较大的情况，则说明开关变压器已经损坏。

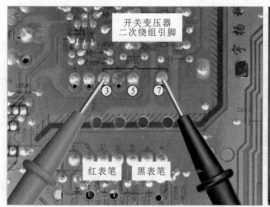

图8-47 开关变压器二次绕组电阻值的检测方法

3 开关变压器一次绕组和二次绕组之间绝缘电阻值的检测

图8-48所示为开关变压器一次绕组和二次绕组之间电阻值的检测方法。检测时将万用表调至"×10k"欧姆挡，一支表笔搭在开关变压器一次绕组的引脚上，另一支表笔搭在二次绕组的引脚上。以①脚和⑭脚连接的绕组为例，其他引脚的检测方法相同。正常情况下，开关变压器一次绕组引脚和二次绕组引脚之间的电阻值为无穷大，若出现零或有固定阻值的情况，则说明开关变压器绕组之间有短路故障，或者绝缘性能不良。

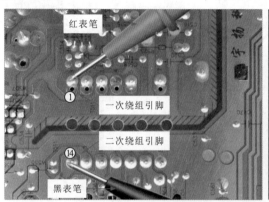

图8-48 开关变压器一次绕组和二次绕组之间电阻值的检测方法

8.6 电动机的检测

8.6.1 检测直流电动机

用万用表检测电动机绕组阻值是一种比较常用、简单易操作的测试方法。该方法可粗略检测出电动机内各相绕组的阻值，根据检测结果可大致判断出电动机绕组有无短路或断路的故障。图8-49所示为直流电动机绕组阻值的检测方法。

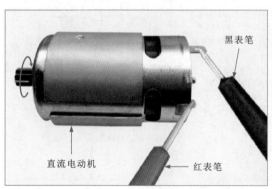

图8-49 直流电动机绕组阻值的检测方法

> **补充说明**
>
> 判断直流电动机本身的性能时，除检测绕组的阻值外，还需要对绝缘阻值进行检测，检测方法可参考前文的操作步骤。正常情况下，阻值应为无穷大，若测得的阻值很小或为0，则说明直流电动机的绝缘性能不良，内部导电部分可能与外壳相连。

8.6.2 检测单相交流电动机

如图8-50所示，单相交流电动机有三个接线端子，用万用表分别检测任意两个接线端子之间的阻值，然后对测量值进行比对，即可根据对照结果判断绕组的情况。

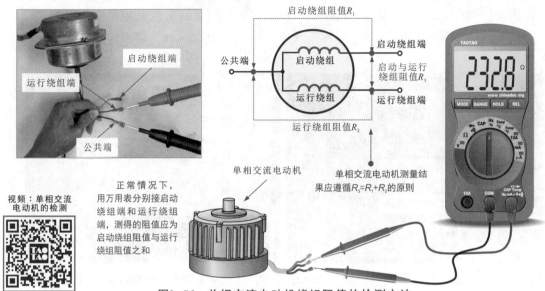

视频：单相交流电动机的检测

正常情况下，用万用表分别接启动绕组端和运行绕组端，测得的阻值应为启动绕组阻值与运行绕组阻值之和

单相交流电动机测量结果应遵循$R_3=R_1+R_2$的原则

图8-50 单相交流电动机绕组阻值的检测方法

8.6.3 检测三相交流电动机

1 >> 检测三相交流电动机绕组阻值

如图8-51所示，用万用表检测三相交流电动机绕组阻值的操作与检测单相交流电动机的方法类似。三相交流电动机每两个引线端子的阻值测量结果应基本相同。

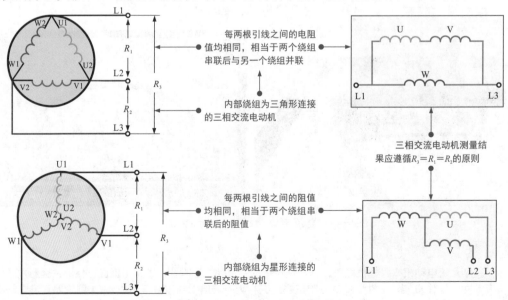

每两根引线之间的电阻值均相同，相当于两个绕组串联后与另一个绕组并联

内部绕组为三角形连接的三相交流电动机

三相交流电动机测量结果应遵循$R_3=R_1=R_2$的原则

每两根引线之间的阻值均相同，相当于两个绕组串联后的阻值

内部绕组为星形连接的三相交流电动机

图8-51 三相交流电动机绕组阻值的检测方法

如果在测量过程中，R_1、R_2、R_3任意一阻值为无穷大或0，则说明绕组内部存在断路或短路的故障。

用万用电桥检测电动机绕组的直流电阻可以精确测量出每组绕组的直流阻值，即使有微小偏差也能够被发现，是判断电动机制造工艺和性能是否良好的有效测试方法。图8-52所示为使用万用电桥精确测量三相交流电动机绕组阻值的方法。万用电桥实测数值为0.433×10Ω=4.33Ω，属于正常范围。

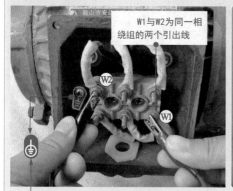
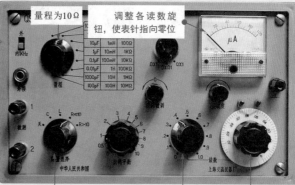

W1与W2为同一相绕组的两个引出线

量程为10Ω

调整各读数旋钮，使表针指向零位

保护接地标志　　功能旋钮R≤10　　第一位读数为0.4　　第二位读数为0.033

图8-52　使用万用电桥精确测量三相交流电动机绕组阻值的方法

2 检测三相交流电动机绝缘阻值

使用兆欧表测量电动机的绝缘阻值是检测设备绝缘状态最基本的方法。这种测量手段能有效发现设备受潮、部件局部脏污、绝缘击穿、引线接外壳及老化等问题。

图8-53所示为三相交流电动机绕组与外壳之间绝缘阻值的检测方法。

借助兆欧表检测三相交流电动机绕组与外壳之间的绝缘阻值，可以判断内部绕组与外壳之间的绝缘状态。

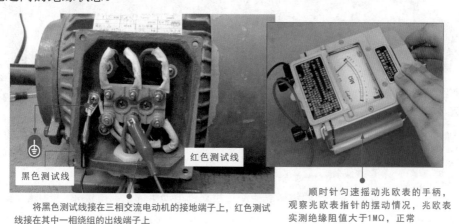

黑色测试线　　红色测试线

将黑色测试线接在三相交流电动机的接地端子上，红色测试线接在其中一相绕组的出线端子上

顺时针匀速摇动兆欧表的手柄，观察兆欧表指针的摆动情况，兆欧表实测绝缘阻值大于1MΩ，正常

图8-53　三相交流电动机绕组与外壳之间绝缘阻值的检测方法

为确保测量值的准确度，需要待兆欧表的指针慢慢回到初始位置后再顺时针摇动兆欧表的手柄，检测其他绕组与外壳的绝缘阻值是否正常。若检测结果远小于1MΩ，则说明电动机绝缘性能不良或内部导电部分与外壳之间有漏电的情况。

图8-54所示为兆欧表检测三相交流电动机绕组与绕组之间绝缘阻值（三组绕组分别两两检测，即检测U—V、U—W、V—W之间的阻值）的方法。

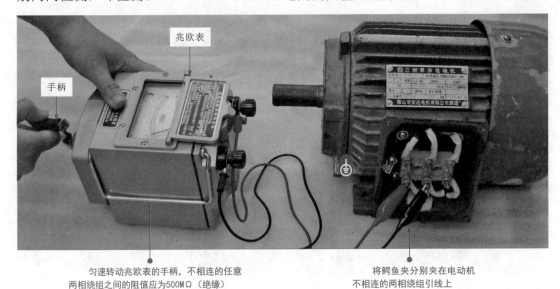

匀速转动兆欧表的手柄，不相连的任意
两相绕组之间的阻值应为500MΩ（绝缘）

将鳄鱼夹分别夹在电动机
不相连的两相绕组引线上

图8-54 兆欧表检测三相交流电动机绕组与绕组之间绝缘阻值的方法

3 检测三相交流电动机空载电流

检测电动机的空载电流就是在电动机未带任何负载的情况下检测绕组中的运行电流，多用于单相交流电动机和三相交流电动机的检测。

图8-55所示为借助钳形表检测三相交流电动机的空载电流。

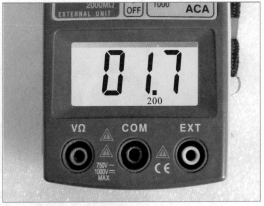

用钳形表的表头
钳住三相交流电动机
三根引线中的一根

图8-55 借助钳形表检测三相交流电动机的空载电流

补充说明

若测得的空载电流过大或三相空载电流不均衡，则说明电动机存在异常。一般情况下，空载电流过大的原因主要是电动机内部铁芯不良、电动机转子与定子之间的间隙过大、电动机绕组的匝数过少、电动机绕组连接错误。

在上述实际检测案例中，所测电动机为2极1.5kW容量的电动机（铭牌标识额定电流为3.5A）。正常情况下，空载电流为额定电流的40%~55%。

8.7 电气线路的检修

8.7.1 典型照明控制线路的检修

图8-56所示为典型触摸延时照明控制线路图。触摸延时照明控制电路是利用触摸开关控制照明电路中晶体管与晶闸管的导通与截止状态，从而实现照明灯工作状态的控制。在待机状态，照明灯不亮；当有人触碰触摸开关时，照明灯点亮，并可以实现延时一段时间后自动熄灭的功能。

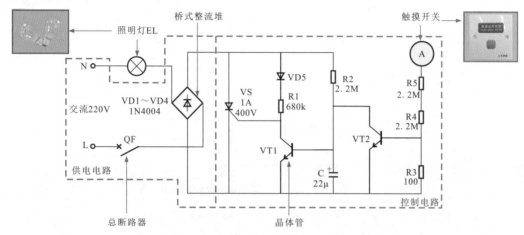

图8-56 典型触摸延时照明控制线路图

在触摸延时照明控制线路中，当触碰触摸开关A后，如果照明灯不能正常点亮，可根据故障现象，重点对照明灯和触摸开关进行检测。

1 ▶▶ 照明灯的检测

判断照明灯是否可以正常使用时，通常先查看照明灯灯丝是否有断路的情况，并更换损坏的照明灯。

2 ▶▶ 触摸开关的检测

若照明灯性能正常，则需要对控制部件（触摸开关）进行检测。判断触摸开关是否正常时，通常可采用替换法进行判断，若更换性能良好的触摸开关后，照明灯可以正常点亮，则表明原触摸开关损坏。图8-57所示为触摸开关的更换方法。

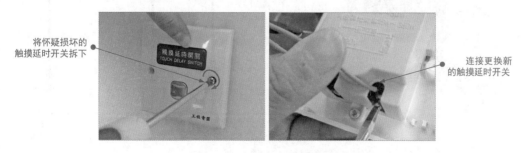

图8-57 触摸开关的更换方法

8.7.2 典型小区照明控制线路的检修

小区照明控制线路中多采用一个控制部件控制多盏照明路灯的方式对其进行控制，从而为小区提供照明。图8-58所示为典型小区照明控制线路图。

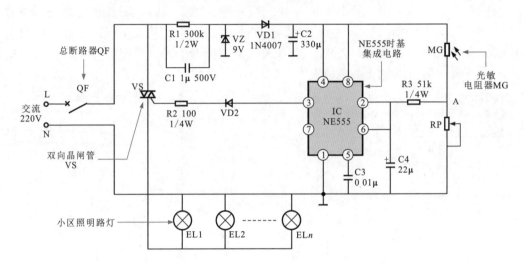

图8-58 典型小区照明控制线路图

在小区照明控制线路中，各照明路灯均由控制部件进行控制，若该控制线路中出现照明路灯全部无法点亮的故障时，应检查主供电线路是否有故障，当主供电线路正常时，应继续检测控制部件是否有故障；若控制部件正常，应检查断路器是否正常；当控制部件和断路器都正常时，应检查供电线路是否正常。

若照明支路中的一盏照明路灯无法点亮时，应检查该照明路灯是否发生故障；若照明路灯正常，则检查支路供电线路是否正常；若该线路故障，应对其进行更换，具体的检测流程如图8-59所示。在小区照明控制线路中重点检测的部分为主供电线路、支路供电线路以及照明路灯。

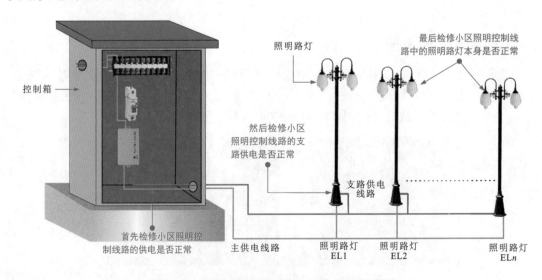

图8-59 小区照明控制线路故障的检测流程

1 ▶ 小区照明控制线路供电的检测

当小区照明控制线路中的照明路灯EL1、EL2、EL3不能正常点亮时，应当检查路灯控制箱送出的供电线缆是否有供电电压。

图8-60所示为小区照明线路中照明路灯供电的检测方法。

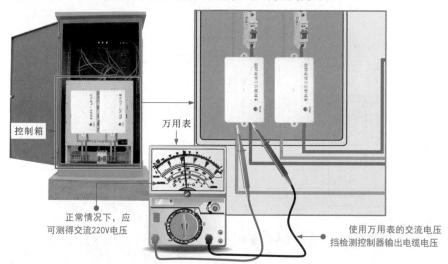

控制箱

万用表

正常情况下，应
可测得交流220V电压

使用万用表的交流电压
挡检测控制器输出电缆电压

图8-60 小区照明线路中照明路灯供电的检测方法

2 ▶ 支路照明路灯供电的检测

若检测小区照明线路中的供电正常，则应对支路照明的供电电压进行检测。通常可以使用万用表在照明路灯处检查线路中的电压，若有交流220V电压，则说明主供电线缆供电系统正常，应对照明路灯进行检查。

图8-61所示为小区照明线路中支路供电的检测方法。

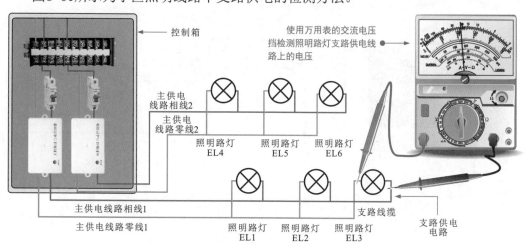

控制箱

使用万用表的交流电压
挡检测照明路灯支路供电线
路上的电压

主供电
线路相线2
主供电
线路零线2

照明路灯
EL4

照明路灯
EL5

照明路灯
EL6

支路线缆

支路供电
电路

主供电线路相线1

主供电线路零线1

照明路灯
EL1

照明路灯
EL2

照明路灯
EL3

图8-61 小区照明线路中支路供电的检测方法

3 ▶ 照明路灯的检测

当小区供电线路正常时，应对照明路灯进行检查。此时，通常可以替换相同型号的照明路灯，若新换照明路灯可以点亮，则说明原照明路灯故障。

8.7.3 典型公路照明控制线路的检修

公路照明控制线路是由路灯控制箱控制多盏路灯的工作状态，在控制箱中设有断路器以及多个控制电路板，用于控制路灯的工作电压，即控制路灯的工作状态。图8-62所示为典型公路照明控制线路图。

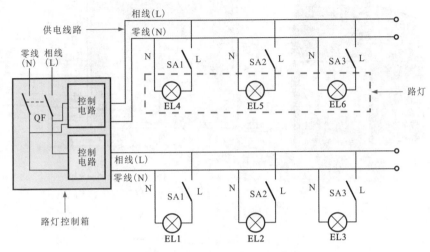

图8-62 典型公路照明控制线路图

在公路照明控制线路中，各路灯均由控制器进行控制，在路灯内部设有控制器，若路灯均不亮时，则应重点对供电电路进行检测；若公路照明控制线路中的一盏路灯不能正常点亮时，则应先对路灯进行检测；确定路灯正常的情况下，再进一步对控制器进行检测，排除故障。具体检修流程如图8-63所示。

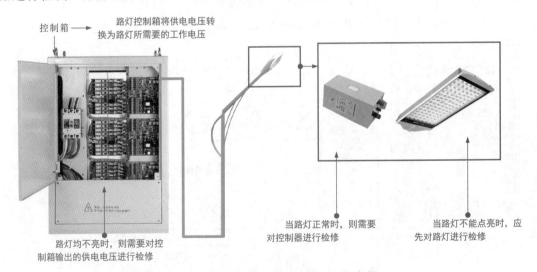

图8-63 公路照明控制线路中的检修流程

1 >> 照明路灯的检测

若公路照明线路中的一盏照明灯不能正常点亮，可通过替换的方法将该故障排除。图8-64所示为用替换的方法对照明路灯进行检测。

维修电工

维修电工乘坐电力维修工
程车的升降梯对路灯进行检测

维修人员将路灯上端
的灯罩打开，更换路灯

低压钠灯

图8-64 用替换的方法对路灯进行检测

2 路灯控制器的检修

若检测路灯正常，接下来应当检查该路灯的控制器。通常情况下，可通过替换的方法检测控制器，若更换后路灯可以点亮，则表明故障是由控制器造成的。

图8-65所示为路灯控制器的检修。

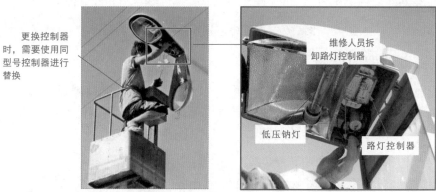

更换控制器
时，需要使用同
型号控制器进行
替换

维修人员拆
卸路灯控制器

低压钠灯

路灯控制器

图8-65 路灯控制器的检修

8.7.4 典型低压供配电线路的检修

低压供配电线路主要是380/220V的供电和配电线路。图8-66所示为典型低压供配电线路图。

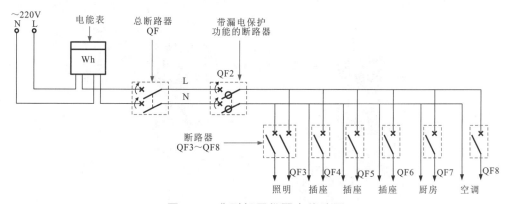

~220V

电能表

总断路器
QF

带漏电保护
功能的断路器

Wh

L

N

QF2

断路器
QF3～QF8

QF3 QF4 QF5 QF6 QF7 QF8

照明 插座 插座 插座 厨房 空调

图8-66 典型低压供配电线路图

在低压供配电线路中，重点检修电气部件配电箱输出的电流和支路断路器。

1 ▶ 配电箱输出电流的检测

在低压供配电线路中，配电箱是将供电电源送入各支路的必要通道，因此对配电箱的检修是非常重要的。通常可以使用钳形表检测配电箱输出的电流，若输出电流正常，则应对各支路部分进行检修。图8-67所示为对配电箱输出电流的检测。

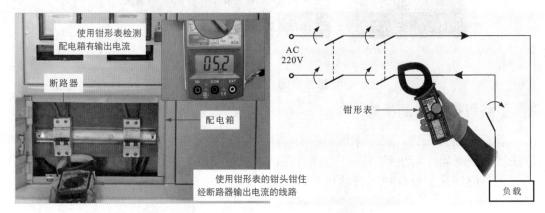

图8-67　对配电箱输出电流的检测

2 ▶ 支路断路器的检测

若配电箱输出的电流正常，则需要进一步对各支路中的断路器进行检修。判断支路断路器是否正常时，通常可以使用电子试电笔检测支路断路器的输出是否正常。

图8-68所示为支路断路器的检测。

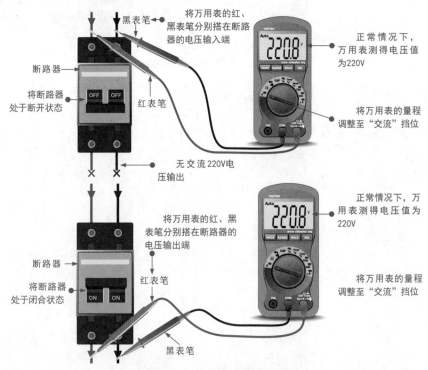

图8-68　支路断路器的检测

8.7.5 典型高压供配电线路的检修

高压供配电线路主要实现将35～110kV的供电电源电压下降为6～10kV的高压配电电压，并供给高压配电所、车间变电所和高压用电设备等。

图8-69所示为典型的高压供配电线路图。

高压供配电线路主要是依靠高压配电设备对线路进行分配的，高压供配电线路主要是由高压供电线路、母线和高压配电线路三大部分构成的。

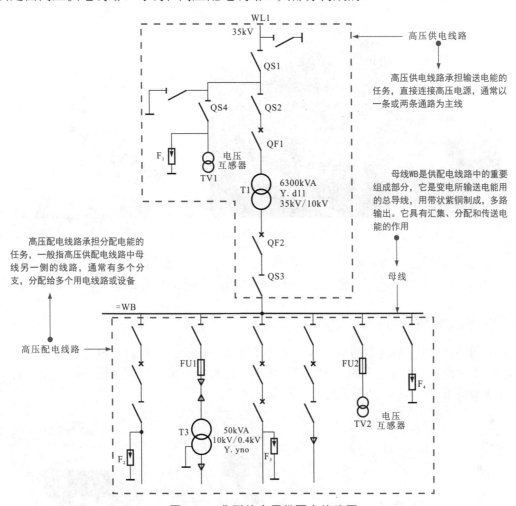

图8-69 典型的高压供配电线路图

高压供配电线路是按一定的顺序进行供电的，当高压供电线路出现供电异常的故障时，可先查看异常供电线路的同级线路是否也发生停电故障。

若同级线路未发生停电故障，则检查停电线路中的设备和线缆；若同级线路也发生停电故障，则应检查分配电压的母线是否有电；若该母线上的电压正常，则应同时查看同级线路和该线路上的设备与线缆，以此类推，找到故障点，完成高压供配电线路的检修。

在高压供配电线路中重点检修的部位分别为同级高压线路、母线、高压熔断器、高压电流互感器和高压隔离开关。

1 同级高压线路的检修

当高压供配电线路出现供电异常时，应先对同级高压线路进行检查。检查同级高压线路时，可以使用高压钳形表检测该线路中的电流是否在允许的范围内、有无过载的情况。图8-70所示为同级高压线路的检测方法。

高压钳形表

在使用高压钳形表检测同级高压线路时，应当佩戴绝缘手套，并且单手持高压钳形表的绝缘手柄

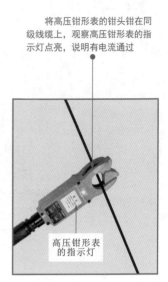

将高压钳形表的钳头钳在同级线缆上，观察高压钳形表的指示灯点亮，说明有电流通过

高压钳形表的指示灯

图8-70 同级高压线路的检测方法

当确定同级高压线路有正常的电流输出时，说明同级线路供电正常。还可以使用高压钳形表检测该供电线上级电流是否在允许的范围内，有无异常。

2 母线的检查维护

如果所有的支路输出都不正常，应对母线进行检查。在对母线进行检查时，首先检查母线的连接端有无断路、损坏等；其次检查母线有无明显的锈蚀，以及是否有短路和断路等情况。图8-71所示为母线的检查维护。

检查母线上是否有过多的污渍或杂物

母线

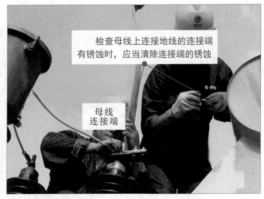

检查母线上连接地线的连接端有锈蚀时，应当清除连接端的锈蚀

母线连接端

图8-71 母线的检查维护

> **补充说明**
>
> 在对高压线路进行检修操作前，应先将电路中的高压断路器和高压隔离开关断开，并且放置安全警示牌，用于安全提示，防止其他人员合闸，避免人员伤亡。

3 >> 高压熔断器的检修

在高压供配电线路的检修过程中，若供电线路正常，则可进一步检查高压熔断器是否正常。

对高压供电线路中的高压熔断器进行检查之前，可先进行观察，若发现高压熔断器表面出现裂纹，并且有击穿现象，则表明该高压熔断器损坏，应及时更换。

图8-72所示为高压熔断器的检修。

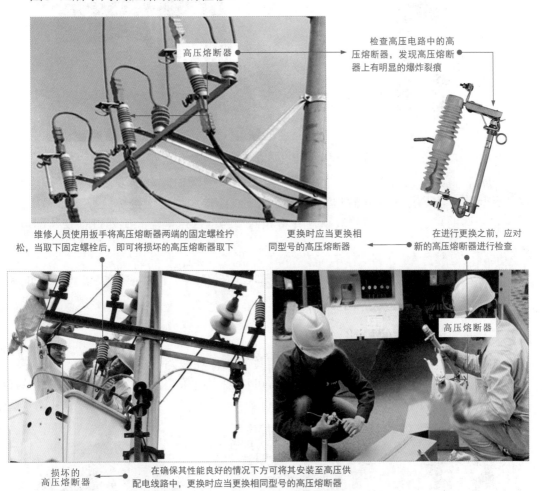

图8-72 高压熔断器的检修

补充说明

在进行高压熔断器的更换时，断开高压断路器和高压隔离开关后，可能无法将高压线缆中原有的电荷释放。所以在操作之前，应先进行放电，再消除静电。这样可以将高压线缆中剩余的电荷通过接地进行释放，以防止对维修人员造成人身伤害。

4 >> 高压电流互感器的检修

如果检查发现高压熔断器发生损坏，出现熔断现象，说明该线路中发生了过流的情况。应继续对相关的器件进行检查，也应对高压电流互感器进行检查，通常可直接观察高压电流互感器的表面是否正常，有无明显损坏的迹象。

若发现高压电流互感器上带有黑色烧焦痕迹，并有电流泄漏现象，说明其内部发生损坏，失去电流的检测与保护作用，当线路中电流过大时不能进行保护，导致高压熔断器熔断。图8-73所示为高压电流互感器的检测方法。

对高压电流互感器进行检查，发现高压电流互感器上带有黑色烧焦痕迹，并有电流泄漏现象

高压电流互感器

图8-73　高压电流互感器的检测方法

通常，高压电流互感器的表面出现黑色烧焦的迹象时，就需要对其进行拆除并更换。使用扳手将高压电流互感器两端连接高压线缆接线处的连接螺栓拧下，然后使用吊车将损坏的高压电流互感器取下，并将相同型号的高压电流互感器进行安装即可。

📝 补充说明

高压电流互感器中可能存有剩余的电荷，在拆卸前，应使用绝缘棒将其接地连接，将内部的电荷完全释放，才可对其进行拆卸和检修。

5 ▶▶ 高压隔离开关的检修

如果高压电流互感器损坏，则应对相关的器件和线路进行检查，如高压隔离开关。判断高压隔离开关是否正常时，通常可以观察高压隔离开关是否出现烧焦的迹象。图8-74所示为高压隔离开关的检修。

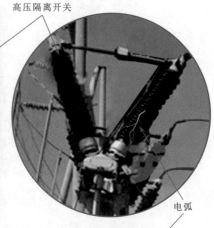
高压隔离开关

电弧

检查与高压电流互感器连接的高压隔离开关

高压隔离开关上有黑色烧焦的痕迹并带有电弧，说明该高压隔离开关也发生损坏

图8-74　高压隔离开关的检修

8.7.6 | 典型三相交流电动机控制线路的检修

图8-75所示为典型的三相交流电动机控制线路。该控制线路采用点动控制方式。

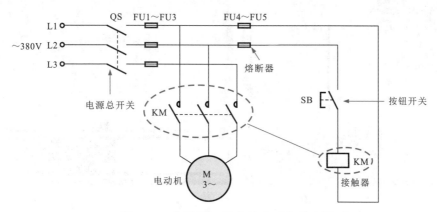

图8-75 典型的三相交流电动机控制线路

根据图8-75中的线路控制关系可知，通过按钮开关SB、接触器KM控制三相交流电动机的工作状态；三相交流电动机作为执行部件，在该电路中实现运转和停止。

由此可以根据故障现象，初步判定供电电压、断路器、熔断器、按钮开关、接触器可能存在故障，明确了故障的范围，接下来便可对该电路中的相关部件进行检修。

1 电动机供电电压的检测

在三相交流电动机中，接通开关后，按下点动按钮，使用万用表检测电动机接线柱是否有电压，正常情况下，任意两接线柱之间的电压为380V。若供电电压失常，则表明有控制器件发生断路的故障。

图8-76所示为电动机供电电压的检测方法。

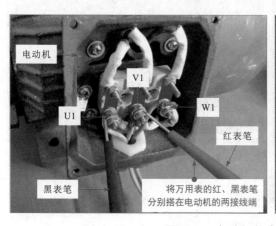

图8-76 电动机供电电压的检测方法

2 断路器的检测

若供电电压失常，根据供电流程，先对断路器进行检测，检修断路器时，可在工作状态下用万用表检测断路器的输入电压，即可判断断路器供电是否正常。

正常情况下，断路器的供电端应有380V的交流电压，否则供电线路会发生故障。图8-77所示为断路器的检测方法。

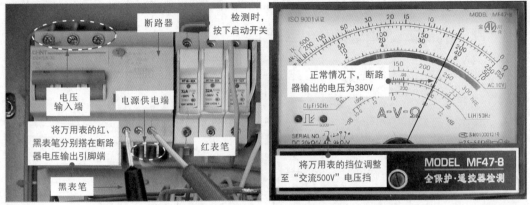

图8-77　断路器的检测方法

将万用表的两支表笔任意搭在断路器的供电端上，当启动开关处于断开状态时，电压应为0；当启动开关处于闭合状态时，电压应为交流380V。

3 熔断器的检测

若控制电路的电压为0，则需要对电路中的熔断器进行检修。当熔断器损坏时，会造成电动机无法正常启动的故障，因此对熔断器的检修也非常重要。可使用万用表检测输入端和输出端的电压是否正常。正常情况下，使用万用表电压挡检测输入端有电压，输出端也有电压，说明熔断器良好。图8-78所示为熔断器的检修方法。

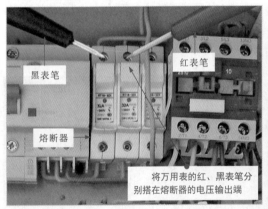

图8-78　熔断器的检修方法

> **补充说明**
>
> 熔断器在电路中主要起保护作用，当电流量超过其额定值时，熔断器将会熔断，使电路断开，起到保护电路的作用。当其损坏时，会使操作失灵，电动机无法启动。

4 按钮开关的检测

图8-79所示为按钮开关的检测方法。将万用表的表笔搭在按钮的两个接线柱上，用手按压开关，检测引脚间的阻值。

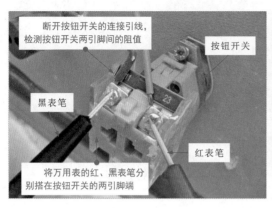

图8-79　按钮开关的检测方法

5　接触器的检测

在电路中检测接触器多使用电压检测法，即使用万用表分别检测接触器的线圈端和触点端。若线圈端有控制电压，则接触器的输出端会有输出电压。

图8-80所示为接触器线圈端的检测方法。

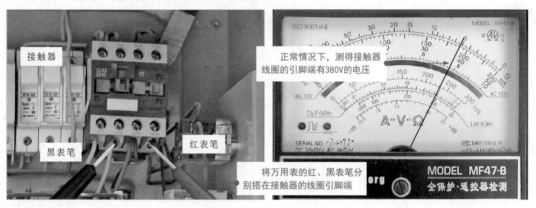

图8-80　接触器线圈端的检测方法

若接触器的线圈端有电压，则需要对接触器的触点端进行检测。正常情况下，接触器触点端应有输出的电压值，若无输出，则表明接触器本身损坏，需要更换。

图8-81所示为接触器触点端的检测方法。

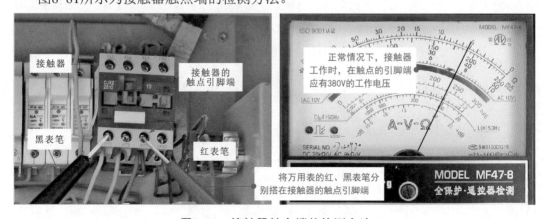

图8-81　接触器触点端的检测方法